插图本
人造卫星简史

SATELLITES

［美］约瑟夫·A. 安吉洛 —— 著

迟文成 —————— 丛书主译

龙志超　王　欢 —— 译

上海科学技术文献出版社

Shanghai Scientific and Technological Literature Press

图书在版编目（CIP）数据

插图本人造卫星简史 /（美）约瑟夫·A. 安吉洛著；龙志超，
王欢译 . —上海：上海科学技术文献出版社，2023
ISBN 978-7-5439-8865-1

Ⅰ . ① 插… Ⅱ . ①约…②龙…③王… Ⅲ . ①人造卫
星—世界—青少年读物 Ⅳ . ① V474-49

中国国家版本馆 CIP 数据核字（2023）第 104906 号

选题策划：张　树
责任编辑：苏密娅
封面设计：留白文化
审　　校：尹晓萌

插图本人造卫星简史
CHATUBEN RENZAOWEIXING JIANSHI

[美]约瑟夫·A. 安吉洛　著　迟文成　丛书主译　龙志超　王　欢　译
出版发行：上海科学技术文献出版社
地　　址：上海市长乐路 746 号
邮政编码：200040
经　　销：全国新华书店
印　　刷：商务印书馆上海印刷有限公司
开　　本：720mm×1000mm　1/16
印　　张：18
字　　数：300 000
版　　次：2023 年 9 月第 1 版　2023 年 9 月第 1 次印刷
书　　号：ISBN 978-7-5439-8865-1
定　　价：78.00 元
http://www.sstlp.com

主译的话

....

当抬起双眼遥望星空之时，我们一定会惊叹于星空的美丽，并对太空充满敬畏与好奇。虽然，人类无时无刻不受着地球重力的束缚，但从来没有停止过对太空的向往、对飞行的渴望。世界航天技术的突飞猛进使人类文明编年史从国家疆域、地球视野进入"光速世界"。

为了满足广大航天爱好者特别是青少年对最新航天技术及太空知识的渴求，上海科学技术文献出版社从美国Facs On File出版公司引进这套"太空探索"系列丛书，旨在介绍世界最新的航天技术和太空科普知识。

丛书不仅向人们介绍了众多科学原理和科技实践活动，还向人们介绍了太空科技对现代人类社会的诸多影响。从火箭推进原理到航天器发射装置，从航天实验设备到宇航员，从卫星到外空生命，丛书以其广博丰富的科普内容，向读者展现了一个神秘璀璨的世界。

受上海科学技术文献出版社的委托，我组织了此次丛书的翻译工作。这是一项责任重大、意义深远的工作。为了把原著的内容科学、准确地传递给我国读者，每本书的译者都做了许多译前准备工作，查阅了大量相关资料、核校相关术语。在近3个月的工作中，他们一丝不苟的态度，严谨、科学的精神令我感动，也使我对该丛书的成功翻译、出版充满信心。诚然，受译者专业知识的局限，书中难免有不足之处，望读者给予理解和支持。

迟文成

前　言

　　世界上很难说有什么事情是绝对不可能的，因为昨天的梦想不仅是今天的希望，而且也是明天的现实。

　　——罗伯特·哈金斯·戈达德（美国物理学家，现代火箭技术之父）

　　"太空探索"是一套综合性的科普读物。它向人们介绍了众多科学原理和科技实践活动，以及太空科技对现代人类社会的诸多影响。实际上，太空科学涵盖了许多不同学科的科学探索。例如，它涉及利用火箭推进原理使航天器进入外层空间的发射装置；又如，它涉及在太空中或在其他星球上执行航天任务的各种航天器；此外，它还会涉及执行一系列航天任务的航天器上所搭载的各种实验设备和宇航员。人类正是通过这些设备和宇航员实现了各项航天目标。在太空时代，与火箭有关的航天技术不断地帮助人类实现新的梦想。本丛书向人们介绍了与上述技术相关的人物、事件、发现、合作和重要实验。同时，这些科普读物还有火箭推进系统是如何支持人类的太空探索和航天计划的相关内容，这些计划已经并将继续改变人类文明的发展轨迹。

　　人类航天技术的发展史、天文学的发展史和人类对航天飞行的兴趣密不可分。许多古代民族针对夜空出现的奇异光线创作出流传千古的神话传说。例如，古希腊神话传说中就有一则讲述一位老人渴望摆脱地球引力的束缚，在天空中自由地飞翔的故事。自从人类社会进入文明时代以来，巴比伦人、玛雅人、中国人和埃及人都研究过太空，并有太阳、月亮、可观测的行星和"固定的"恒星的运动过程的相关记载。任何短暂的天文现象，例如彗星的经过、日食的出现或超新星的爆炸，都会在古代人类社会中引起人们的不安。人类的恐惧不仅仅是由于这些天文现象看上去十分可怕，而且是由于在当时这些天文现象既是无法预测的又是无法解释的。

　　古希腊人和他们的"地心说"理论对早期天文学和西方文明的出现产生了重大的影响。在大约公元前4世纪，古希腊的众多哲学家、数学家和天文学家分别系统地阐述了"地心说"的宇宙理论。根据他们的理论，地球是宇宙的中心，其他的天体都是围绕地球运行的。在大约公元 150 年的时候，古希腊一位伟大的天文学家托勒密对"地心说"理论进行了加工完善，从而使其成为一套完整的思想体系。在接下来相当长的历史时期内，这一思想体系一直在西方社会处于权威的地位。16 世纪，尼古拉斯·哥白尼提出了"日心说"的理论，结束了"地心说"理论长期以来对人们思想的统治。17 世纪，伽利略和约翰尼斯·开普勒利用天文观测证明了"日心说"理论。同时，他们所进行的天文观测也为科学革命的到来奠定了坚实的基础。17 世纪晚期，艾萨克·牛顿爵士最终完成了这场科学革命。牛顿在著名的《自然哲学的数学原理》一书中系统地总结了基本的物理学原理。利用这些原理，人们可以解释众多天体是如何在宇宙中进行运动的。在人类科学发展史上，牛顿的地位是难以超越的。

18 世纪和 19 世纪的科学发展为航天技术在 20 世纪中叶的出现打下了扎实的基础。正如本丛书所讲述的那样，航天技术的出现从根本上改变了人类历史的发展进程。一方面，带有核弹头的现代军用火箭使人们不得不重新定义战略战争的本质。实际上，这也标志着人类在历史上第一次研发出可以毁灭自身的武器系统。另一方面，科学家们可以利用现代火箭技术和航天技术将机器人探测器发射到太阳系的所有主要行星上，从而使那些遥远而陌生的世界在人们的眼中变得像对月球一样熟悉。航天技术还在"阿波罗号"成功登月的过程中发挥了关键作用。成功登月是人类迄今为止所取得的最伟大的科学成就。20 世纪初，俄罗斯的航天预言家康斯坦丁·E. 齐奥尔科夫斯基大胆地预言：人类不会永远被束缚在地球上。当宇航员尼尔·阿姆斯特朗和埃德温·奥尔德林在 1969 年 7 月 20 日踏上月球的表面时，他们也将人类的足迹留在了另一颗星球上。在经过几百万年漫长的等待之后，随着生命的不断进化，终于有一种高级的生命形式实现了从一个星球到另一个星球的迁移。在宇宙长达 140 亿年的历史当中，这种迁移是第一次发生吗？或许，如许多外空生物学家所说，高等生命形式在不同星球之间的迁移是各大星系内部经常发生的现象。对于上述问题，科学界目前尚无定论。不过，科学家们在航天技术的帮助下，正努力在其他星球上寻找各种生命形式。有趣的是，随着航天技术的不断发展，宇宙既是人类太空旅行的目的地，又是人类命运的最终归宿。

"太空探索"丛书适合所有对太空科技、现代天文学和太空探索感兴趣的读者。

简　介

．．．

现代人造地球轨道卫星是非常精密的机器，它们综合了人类文明的各方面的成就，包括从通讯、导航到国防、全球监控及智能服务等各个方面。本书考察了绕地卫星从 19 世纪幻想家的推理小说所指的卫星到改变现代生活方方面面的高尖端平台的演变史。世界上第一颗人造卫星"斯普特尼克 1 号"于 1957 年 10 月 4 日由苏联发射，此举是苏联与美国激烈冷战的一部分。很快，美国军事卫星开始极大地用于巩固国防，提高情报收集和侦察能力。早期的美国和苏联科学卫星对地球物理的磁层和近地太空进行探索并有了重大发现。绕地卫星还极大地改善了行星监测和全球通讯，人类文明的发展轨迹从此发生了改变。

本书描述了使人造卫星能够绕地球轨道运行的历史事件、科学原理和技术突破。大量的补充介绍巧妙地贯穿全书，进一步讨论了基本科学原理和卫星工程技术。本书还包括一些重要的科学家和航天工程师的简要传记，使读者了解他们在开发和应用绕地卫星方面所做的贡献。地球观测卫星使地球与系统科学这一令人兴奋的新学科得以发展。从太空对地球的远程监测为人类提供了许多重要的信息，这对于那些想要更好地管理这颗星球的人们来说是极其珍贵的。对于卫星远程监测的重视也使那些将来想成为科学家、工程师和宇航员的中学生和大学生拥有更多的职业选择。

为什么这样的职业选择是重要的？未来航天技术的不断发展是人类文明进步的必然趋势。卫星工程的应用和发展是技术和文明交织的产物。作为地球上的高等生物，我们必须学会使用这个由绕地卫星创造的"透明的联网星球"，这是人类发展远景的一部分，这个远景就包括以信息为基础管理这个美丽的充满生机的星球。

本书关注科学技术对社会的影响，考察了绕地卫星自从 20 世纪中期以来在人类发展中所起的作用，并且设想卫星对未来的影响。卫星现在支持着许多重要的领域，如全球安全和防御、对于地球作为一个复杂的环境系统的更好的理解、气象预报、自然灾害预警、全球通讯和导航。

本书也指出，如果没有技术进步、政治干预及资金投入，就不可能有现代绕地卫星的发展。这本书也选用了很多图表，包括历史和当代的卫星，使读者能够欣赏自"斯普特尼克1号"诞生以来人类在太空探索方面所取得的巨大进步。

本书还涉及与现代卫星技术应用有关的当代亟待解决的问题，其中包括逐步增加的太空垃圾以及卫星在现代战争中的作用。同时也描述了太空飞行技术的发展前景以及对未来社会、政治以及技术的影响。其中许多潜在影响包括人们更加关注环境问题、更认真地管理地球资源，以及对信息的需求日益增加、全球经济相互依赖性增强等问题。

本书能够帮助对卫星感兴趣的学生和老师了解什么是绕地卫星、它们是怎么建造出来的、它们是怎样运行的以及它们为什么如此重要。尽管在现代科学和工程学领域，国际单位系统更常用，但本书也使用了传统的美国工程单位系统。例如，表示物体的质量既使用了磅又使用了千克。这种编辑方式应该能够使学生和老师更好地在国际背景下了解科学和工程学，读者能够更容易地在美制单位和公制单位之间进行换算。

目　录

1　从苏联的第一颗人造卫星到美国的"先锋号"卫星

5   气象卫星

6   通信卫星

7　导航卫星

8　作为科学天文台的卫星

9　遥感技术原理

1

从苏联的第一颗人造卫星到美国的『先锋号』卫星

月球是地球唯一的天然卫星和天空中最近的邻居（天文学家按此意理解时，会将"月球"一词的首字母大写）。由于太阳的存在才使地球上的生命成为可能，月球的周期运动也会对陆地的生物产生影响。例如，潮水的起落就是由地球与月球之间引力的变化引起的。有史以来，月球这一天然卫星已经对人类文化、艺术和文学产生了深远的影响。从远古时期开始，人类就通过月球绕地球的周期运动来测量时间的流逝。

地球天然卫星的轨道运动对于历法的发展起着重要作用。当人们参照某些恒星进行测量时，月球的轨道周期（就是说，它的"恒星月"）是 27.321 66 天。然而，每月的月运周期（从新月到半月，再到满月，再回到月牙的周期）却是 29.530 59 天。这是由于从地球上看到的月球的形状代表了太阳光照的不同角度，并且是由天空中太阳的位置决定的，而其位置在每一周期运动中又略有不同。两个连续新月之间的平均时间被称作太阴月或会合月。"阴历月"就是基于此周期产生的。

许多古代的立法都是以阴历月份为基础的。其中最成功的是以古希腊天文学家雅典的默冬（Meton，生卒不详，约生活在公元前 5 世纪）的名字命名的默冬周期。大约公元前 432 年，默冬发现每隔 235 个阴历月，也就是 19 年这样一个周期之后，月亮可以在一年中同一天达到同样的月相。古希腊和犹太历法都采用了默冬周期，它成为古代地中海国家的主要历法，直到公元前 46 年才被公历取代。在犹太教里，每月始于新月之初这样的宗教历法在今天仍被沿用。传统的中国历法也采用了与默冬周期相似的经验式历法。很有趣的是，当我们在 19 年上再加上 7 个月，基于默冬周期的历法就与每年的季节几乎完全同步。

即使在当代，月球仍在技术等方面激发着人类的联想。地球这颗唯一的天然卫星距地球（月球中心至地心）38.44 万千米，这一距离给想要踏上月球的地球人提出了真正的技术挑战。然而，这一可及的距离也使得人类宇航员能够集中全人类的力量成功地踏上另一个世界。自 1959 年美国的"先驱者 4 号"和苏联的"月神 1 号"探月计划以来，多种人造卫星已被发至月球——环绕着地球的天然卫星。这些项目中最令人激动的是 1968—1972 年间美国国家航空航天局的"阿波罗登月计划"。

今天，月球已经有许多人造的伙伴，它们也在距地球不同的高度绕地球旋转。这一章将探讨这些人造地球轨道卫星的发展历史。同时也展示出现代卫星是如何在诸多方面改变人类文明的。绕地球飞行的卫星现在已成为与几十亿地球人的生活密不可分的一部分。复杂的地球轨道卫星舰队正在全球范围内提供通讯和导航、警示恶劣的天气和可能的敌对军事行动、提供环境监测。人类能够利用如此精密的信息采集工具，不受政治界限的干扰，为全球提供智能服务，这在历史上也是首次。

◎卫星的概念

作为第一位利用望远镜观测天空的天文学家，意大利科学家伽利略·伽利莱（Galileo Galilei，1564—1642）所进行的早期的天文观测点燃了 17 世纪科学革命的火种。1609 年，伽利略（直呼这位伟大的物理学家的名字，这在物理学和天文学上是一个传统）了解到荷兰刚刚发明了一种新型的光学仪器（放大管）。6 个月之内，伽利略就自行设计了该种设备。此后，在 1610 年，他就将这种改进的望远镜用于观测苍穹，并开始了天文学的望远镜时代。就是借助这种较粗糙的设备，他作出了一系列的惊人发现，其中包括观测月球山脉、许多新星，以及木星的 4 个主要卫星——现在被称为伽利略卫星。同年，伽利略将这些重要的天文发现通过他的《星际使者》（Sidereus Nuncius）一书公布出来。这本书同时激发了人们的热情和某些人的愤怒。

月球表面有两个主要的区域，其中包含很明显的地理特征和进化历史。一面是相对光滑的被伽利略称作"玛丽亚"的黑暗区域，另一面是坑洼不平的被伽利略称为"特雷"的高地。尽管这种说法在物理学上不正确，天文学家们仍然按照传统沿用这些拉丁术语来描述月球的不同特征。高地大约占据 83% 的月球表面积，而且相对较高（高于月球平均半径 5 千米）。在其他地方，"玛丽亚"低于月球平均半径 4.8 千米并集中在近地点附近。伽利略通过望远镜观测地球天然卫星的社会意义在于，月球一度被广泛认为是宇宙中的另一个"地方"和世界。

在伽利略的观测之前，月球和许多其他天体通常会被认为是天空中神秘的、不可到达的发光体——神和魔鬼的居所。尽管如今看这一认识荒诞可笑，但是伽利略把月球看作有自己地形特征的另外一个不同的世界，这一认识在当时还是代表着重要的智力突破。在当今信息爆炸的文明社会，那些曾经花费人类数百年甚至数千年所发现的重要的、根本的观念现在往往只用一行文字或小插图印到自然科学书本里而并没有详细阐述。在这里要强调的是人类对地球唯一的天然卫星所做的详细研究为现代文明打下了基础。正如在下文中很快会谈到的，卓越的英国物理学家和数学家艾萨克·牛顿爵士（Sir Isaac Newton，1642—1727）正是利用月球的运动创立了他著名的经典物理学中的方程式。

伽利略对于木星的 4 个主要卫星的发现对社会和科学两方面产生了同样重大的影响。其运动方式就如同一个小的太阳系这一事实强烈地激发了他对尼古拉斯·哥白尼（Nicolaus Copernicus）的"日心说"理论的支持。

不幸的是，伽利略对于哥白尼假设的积极宣扬（即地球及其他行星是太阳的卫星）导致了他与宗教权威的直接冲突，因为很多政治和社会因素，他们坚持保留托勒密体系。

由于《星际使者》一书，伽利略享誉意大利和整个欧洲，他的望远镜也供不应求，他热情地把它们提供给欧洲知名的天文学家，其中包括一位非常重要的科学家约翰尼斯·开普勒（Johannes Kepler）。1611 年，他自豪地将一架望远镜带到罗马，并让教堂的官员亲自观看一些奇异的天文发现。在罗马的时候，他还成为 Lyncean 研究院的一名有声望的成员。该院成立于 1603 年，是世界上首家真正的科研团体。

德国天文学家和数学家约翰尼斯·开普勒发现了 3 个重要的行星运动规律，这些规律描述了所有卫星围绕其相应主体运动的情况。1610 年前，尽管伽利略和开普勒从未谋面，他们仍然通信交流。据一历史轶事所说，除非亲自观测到，开普勒拒绝相信木星有 4 个卫星。这时，他恰好得到了一架伽利略望远镜，开普勒立即用它来观测，并马上将 4 个主要的木星的月亮用"卫星"一词表达——该术语来自拉丁词 satelles，意指伴随或围绕重要人物的那些人。开普勒定律现在广泛用于描述人造卫星的运动情况。1611 年，开普勒用两块凸透镜替代伽利略的一块凸透镜和一块凹透镜的设计，从而改进了伽利略的望远镜。

在 1630 年去世前，开普勒完成了一部名为《梦想》的小说，这部小说是关于一

德国天文学家和数学家约翰尼斯·开普勒（1571—1630）的画像（美国国家航空航天局档案／加州工业大学）

位冰岛的天文学家去月球旅行的故事。传说中包含魔鬼和女巫（他们帮助故事主人公在梦境中到达月球表面），而开普勒在书中对于月表的描述是相当精确的。结果是，许多历史学家都将其称作第一部真正的科幻小说（出版于开普勒死后的 1634 年）。

伽利略和开普勒所作的开拓性的工作为艾萨克·牛顿爵士在 17 世纪末将所有这些新的天文学观测和规律结合起来奠定了基础。牛顿于 1687 年出版了他的伟大著作《自然哲学的数学原理》（*Mathematical Principles of Natural Philosophy*）一书，其中，牛顿的万有引力定律和三大运动基本定律使得科学家能够用精确的数学术语解释宇宙中几乎一切天体的运动——从苹果落地到行星绕太阳进行轨道运动（第二章包括牛顿描述的物体绕地球进行轨道运动的内容）。牛顿将天文学与物理学相结合，形成了一个令人激动的新的技术领域——天体物理学，其卓越的洞察力是常人无法企及的。

人类能够利用合适的数学工具和物理学规律观测天体，这在历史上尚属首次。宇宙变得不再那么神秘，也更加有趣及可预见。下面就是一个有力的证据。在整个人类历史中，彗星——古希腊人称之为头发星——一直被认为是灾难和不幸的预兆。哈雷彗星是最著名的周期性彗星，公元前 240 年就有记载。英国数学家和天文学家埃德蒙·哈雷（Edmond Halley，1656—1742）成功地预测到这颗彗星在 18 世纪的回归。哈雷利用以前的历史目击记录和牛顿的机械学正确地预测出这颗彗星将

科学家

约翰尼斯·开普勒

德国天文学家约翰尼斯·开普勒（1571—1630）揭示了行星绕太阳进行椭圆轨道运动的三大法则。他的作品用现代数学为天文学奠基，也为人们接受哥白尼的日心假说提供了理论基础。开普勒在《关于新星》一书中描述了他在 1604 年 10 月 9 日首次通过肉眼观测到的蛇夫星座的这颗超新星。大约在 1610 年，他创造了卫星这一术语并用来描述木星的 4 个主月亮的轨道运动。这一术语现在被用来描述绕地球以及其他天体进行轨道运动的人造天体。

开普勒于 1571 年 12 月 27 日生于德国的符腾堡。幼时多病，他在德国的蒂宾根大学接受了神学教育，期望成为一名路德教派牧师。然而，他在 1594 年放弃了这些计划，并成为奥地利格拉茨大学的一名数学教师。当他钻研数学与天文学的关系时，遇到并接受了全新的哥白尼日心模式。

开普勒是一位卓越的数学家和天文学家，但他一生都对神秘主义怀有强烈的兴趣。他从古希腊天文学中选取了许多象征的概念，如最早由毕达哥拉斯所提出的"穹顶的音乐"。就

像许多 17 世纪的天文学家一样，开普勒涉足星相学，并以此赚钱。他经常为重要人物占星，如国王鲁道夫二世及阿尔布雷克特·冯·沃伦斯坦公爵。

1596 年，他出版了《宇宙的神秘》（*The Cosmographic Mystery*）一书——这是一部有争议的作品，在这部作品中，他试图按希腊数学将 5 个基本的几何体与 6 个已知行星到太阳的距离相关联，但未取得成功。这部作品吸引了著名天文学家第谷·布拉赫（Tycho Brahe，1546—1601）的注意。1600 年，这位年长的丹麦天文学家邀请开普勒去布拉格做他的助手。当第谷 1601 年去世时，开普勒继任他成为罗马皇帝鲁道夫二世的帝国数学家。

1604 年，开普勒出版了《关于新星》一书，他在这部书中描述了 1604 年 10 月 9 日所观测到的蛇夫星座的一颗超新星。为了纪念他的伟大发现，天文学家将这颗超新星（无线电来源 3C 358）命名为开普勒星。

从 1604—1609 年，开普勒的主要兴趣集中在对火星的详细研究上。他发现只有假设太阳为中心，火星是

沿着椭圆轨道运行时，才能解释火星的运动。这一假设对于太阳系的理解是一大进步，同时也为哥白尼模式的真实性提供了可观测的依据。开普勒意识到其他行星也是沿着椭圆轨道绕太阳运行的。他于1609年在《新天文学》（New Astronomy）一书中公布了这一发现。这本献给鲁道夫二世的书证实了哥白尼的模式，并彻底推翻了统治了2 000多年的古希腊"地心说"。天文学家现在称开普勒宣布的行星绕太阳进行轨道运动为开普勒第一运动定律。大概是由于他有强大的皇帝作为后盾，开普勒从来没有因为支持哥白尼的宇宙论而受到教会的攻击和迫害。

当他于1619年出版了《宇宙谐和论》（De Harmonica Mundi）一书后，开普勒继续他关于行星轨道动力学的伟大研究。尽管这本书反映出开普勒对于神秘论的痴迷，他同时也洞悉了关于行星距太阳的平均距离与轨道周期的关系问题。这一发现成为人们后来所熟知的开普勒行星运动的第三定律。

1618—1621年间，开普勒总结了他对行星运动的全部研究并出版了《哥白尼天文学概要》（Epitome of Copernican Astronomy）一书。这部作品包含了开普勒行星运动第二定律。作为科学史上的里程碑，开普勒行星运动第二定律实际上是基于一个错误的物理假设，即太阳对所有行星施加了一个强大的磁力。17世纪末，艾萨克·牛顿爵士通过他的万有引力定律为开普勒第二定律所描述的行星运动提供了正确的物理解释。

1627年，开普勒的《鲁道夫星表》（以其资助者鲁道夫皇帝命名，并以此书献给第谷·布拉赫）为天文学家提供了详细的行星位置数据。这些表格一直沿用到18世纪。开普勒是一位卓越的数学家，他利用对数［苏格兰数学家约翰·内皮尔（John Napier, 1550—1617）新发明的规律］帮助进行广泛的运算。这是对数的第一个重要应用。

开普勒养育了13个孩子，他一生都在为养家糊口而不停地奔波。他在德国生活、工作，当时那是一个饱受战乱和宗教势力影响的地方。开普勒于1630年11月15日在巴伐利亚雷根斯堡死于热病，当时他正在努力寻求政府官员的新资助。

于 1758 年回归,此时哈雷本人已经去世 16 年了。

今天,科学卫星仍然继续着哥白尼、伽利略、开普勒和牛顿这些先驱者们伟大的工作。轨道观测站和科学飞行器收集了重要的数据,这些都在激励人们在观测天文学、高能天体物理学和宇宙学等各个领域取得进步。宇宙正变得越来越为人所理解,因此也变得更加迷人。

◎太空时代的来临

今天,许多人认为没有卫星的世界是难以想象的。

如果没有气象卫星、通信卫星、导航卫星及国防卫星,这世界将变得怎样?然而,太空时代迄今为止只有不到 70 年的历史。它的到来是当代历史上最引人注目的一幕,同时也是在极端政治威胁和国际竞争条件下产生的伟大的技术进步。

1952 年,国际科学联盟理事会(ICSU)宣布 1957—1958 年为国际地球物理学年,旨在研究地球及其大气。美国政府宣称美国将发射一颗人造地球卫星作为响应这个世界性科研计划的一部分。

尽管受到火箭科学家冯·布劳恩(Wernher von Braun)等的技术方面的反对,艾森豪威尔政府作出政治决定,发射非军事科研卫星,用以支持国际物理学年会的工作。这是冷战时期的紧张阶段,艾森豪威尔不想转移冯·布劳恩及美国军队中德裔美国火箭团队的注意力,他们当时正在从事能够装载核武器的弹道导弹的开发项目。总统也受到了国防部关于卫星可行性研究的影响,该报告表明,绕地球飞行的卫星装载和投放核炸弹的威胁极小。因此,来自太空的对国家安全所造成的威胁几乎没有。所以,总统并没有意图使美国成为第一个发射科技卫星的国家,也未给予任何政治上的优先权。再者,这些机密的卫星可行性研究报告也表明:用来观测地球的军事飞行器可能会引起相关国家主权及制空权等严重的国际法律问题——即所谓的自由太空问题。

对于这一新出现的技术,艾森豪威尔决定采取谨慎、耐心的措施。他公开支持民用科技卫星项目——这种无争端的卫星发射和卫星操控会帮助解决自由领空问题。他也同时授权开始进行高度机密的军事侦察卫星计划,即武器系统 117L 计划(这一计划将在第四章详细探讨)。

苏联也宣布它将发射一颗人造卫星作为国际地球物理学年研究工作的一部分。

1955 年 4 月 15 日，苏联政府宣布建立星际通讯特别委员会。这也标志着绕地球飞行的卫星项目开发的开始，卫星的发射将作为纪念苏联天文学先驱康斯坦丁·齐奥尔科夫斯基（Konstantin Eduardovich Tsiolkovsky, 1857—1935）的百年诞辰的礼物。然而，这一卫星发射计划在 1955 年并未得到美国政府的足够重视，因为当时大多数的美国情报分析家和政治决策者都认为苏联不具备这种改变世界的技术力量。

第二次世界大战之后，美国军事设施的进步很难达到现代火箭技术的要求，这主要是由于国家对于核武器的垄断及更重视防空力量的策略。直到苏联在 1949 年成功爆炸了第一颗核炸弹以及次年的朝鲜战争，美国的国防官员们才开始重视开发更强大的火箭。但是这一新的策略重点又有一种保守的、追求成功的倾向，这无疑使早期的太空发射活动偏向了勇于冒险的苏联一方。由于在大规模杀伤性核武器技术方面有优势，美国在 20 世纪 50 年代早期将工作重点转向洲际弹道导弹的研制上。这些洲际弹道导弹规格适中，构造精密。相比而言，苏联的军事官员和科学家深知他们在精密的核武器技术方面远远落后于美国，因此做出了开发大型、远程火箭发射器的战略决策，升空的火箭将装载苏联最原始的、笨重的核武器。这一策略使得苏联在最初的太空竞争时代取得优势。

齐奥尔科夫斯基的科幻作品激励了包括谢尔盖·科罗廖夫（Sergei Korolev）在内的许多苏联太空工程师努力奋斗。作为苏联庆祝齐奥尔科夫斯基百年诞辰的一部分工作，科罗廖夫努力寻求利用国家最强大的军事火箭发射"斯普特尼克 1 号"并得到批准。1957 年 10 月 4 日，"斯普特尼克 1 号"成为绕地球轨道运行的第一个人造物体。科罗廖夫利用改装的远程弹道导弹 R-7 作为发射工具。这个 29 米高的经改造的远程弹道导弹 R-7（称为 A-1 火箭）将闪光的球形人造卫星送入大约 230 千米 × 950 千米的轨道。这个简单的 83.5 千克的太空飞行器是由钢制成的空心球体，装有电池和无线电发射器和 4 根鞭子状的长达 2.4—2.9 米的天线。当它绕地球轨道飞行时，"斯普特尼克 1 号"为科学家提供了地球外层大气层的温度及电子密度等数据。由于球体内充满了加压氮气，"斯普特尼克 1 号"也为科学家们提供了测量近地太空的流星体数量的机会。

从"斯普特尼克 1 号"的任务来看，苏联科学家认为这颗卫星并未受到明显的流星碰撞。流星碰撞会导致卫星外表的凹陷，从而改变球体内部压力以及相应的卫星内部温度变化。这颗卫星的发射器运行了 3 个星期，直到装载的化学电池耗尽。

在其活动期间，通过"斯普特尼克 1 号"的遥感勘测得到监控，引起了世界各地人们的强烈兴趣。电池耗尽后，人们仍然可以观测到这颗卫星，直到它在 1958 年 1 月 4 日再次进入大气层并烧毁。

俄语中 Sputnik 的意思是朋友或者卫星（用于天文学概念）。由俄国资深火箭工程师科罗廖夫从拜科努尔（Baikonur）人造卫星发射基地发射的"斯普特尼克 1 号"代表了先进的技术，同时也将政治和心理刺激传递给美国及其盟国。这次发射通常被认为是当代太空时代的到来。同时也标志着美国和苏联之间激烈的太空竞赛的开始——当美国航天员尼尔·阿姆斯特朗及埃德温·奥尔德林于 1969 年 7 月 20 日首次在月球的表面进行人类太空行走时，这场激烈的太空技术竞赛到达了高潮。

通过发射"斯普特尼克 1 号"，苏联戏剧般地粉碎了所谓"美国在技术方面具有压倒性优势"的说法。不到一个月，苏联人在 1957 年 11 月 3 日通过成功发射一颗载重量高达 508 千克的被称作"斯普特尼克 2 号"的卫星进一步加强了这种技术震撼。这颗大的人造卫星是第二个发射到地球轨道的太空飞行器。科罗廖夫再次应用了改进的 R-7 远程弹道导弹，与"斯普特尼克 1 号"所用的相似。从拜科努尔人造卫星发射基地成功升空的"斯普特尼克 2 号"卫星进入了 212 千米 × 1 660 千米 的地球轨道，倾斜度为 65.3°，周期为 103.7 分钟。除了重量大之外，"斯普特尼克 2 号"卫星也是世界上第一个生物太空飞行器。这个太空飞行器内部包括几个舱室、装载无线电发射器、遥感勘测系统、程序单元、舱室蓄热及温控系统。"斯普特尼克 2 号"也有一个独立的封闭舱室，装有一只混种的母犬——莱卡（Laika）。

Laika（俄语的意思是狗）是第一个通过太空飞行器进入地球轨道的生

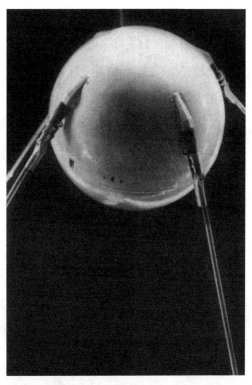

这是第一颗绕地球轨道运行的人造卫星的模型（美国国家航空航天局历史办公室）

这张 1978 年的邮票是专门为纪念首个绕地球外间轨道飞行的动物莱卡而制作，苏联在 1957 年 11 月 3 日让莱卡搭载"斯普特尼克 2 号"卫星飞向太空（约瑟夫·安吉洛）

物体。

发射时，这只萨莫耶德母猎犬的体重为 6 千克。"斯普特尼克 2 号"为这只狗提供了足够的站立和卧倒的空间。空气再生系统提供氧气，而食物和水则以胶状形式供给。莱卡身上配有挽具，有收集废物的袋子以及在飞行过程中监控动物活性的电极。根据一份报告，最初的遥感勘测表明莱卡非常焦虑，却仍然进食。因为"斯普特尼克 2 号"是苏联太空计划早期建造的，这个飞行器无法将莱卡安全带回地球。苏联科学家原来估计莱卡的氧气供应将在其进入轨道大约 10 天之后耗尽。然而，它大概是在进入轨道一两天之后就死了，这是由于卫星内部的温控系统出了问题。莱卡成为国际认可的"太空先锋"，而这条小狗也完成了任务，它为苏联科学家们提供了世界上第一手的有关生物体在地球轨道中微重力的环境下的生物物理学数据。1958 年 4 月 14 日，在轨道中运行了 162 天之后，"斯普特尼克 2 号"重新进入地球大气层并坠毁。

在不到一个月的时间里，由于受到苏联太空探险的两次巨大成功的震撼，美国开始匆忙发射第一颗先锋卫星——一颗重量仅有 1.5 千克的柚子大小的微型太空飞行器。

先锋太空飞行器是直径仅有 15.2 厘米的铝球。卫星上面装有一个水银电池发射器和另一个由 6 块太阳能电池供电的发射器。6 个短的天线从铝球表面凸出来。1957 年 12 月 6 日，这个广受宣传的即将升空的美国人造卫星在佛罗里达州卡纳维拉尔角却以发射失败而告终。在全球的关注之下，这个先锋发射器仅从发射台升空几英寸之后就爆炸了。火箭的荷载，微型球状卫星也被抛离爆炸地并在灌木丛中滚动。苏联部长会议主席赫鲁晓夫讽刺地称这颗小型试验卫星为"美国的柚子卫星"，从技术和政治两方面打击美国人。

据史料记载，先锋 TV-3 卫星坠地后受到了损坏，其中包括弯曲的天线。受损的卫星不能够再次被发射，因此，一颗相同的卫星在 1958 年 3 月 17 日从卡纳维拉尔角被成功发射，官方名称为"先锋 1 号"。第三章将讨论卫星成功发射的结果以及先锋项目的其他部分。那个不走运的先锋 TV-3 卫星后来被复原，现在在哥伦比亚特区华盛顿的史密森太空博物馆中展出。

一组科学家在检查柚子大小的先锋 TV-3 卫星，当时这颗卫星在佛罗里达卡纳维拉尔角的发射器上准备升空（1957 年 11 月末）（美国海军研究实验室）

1957 年 12 月 6 日，"先锋号"火箭因故障导致其起飞两秒后下落，也使得这次广受关注的民用太空计划失败。火箭发射器灾难性的毁坏也动摇了美国对苏联成功发射两颗不同的人造地球卫星作出有效反应的希望。爆炸的火箭荷载是仅有 1.5 千克的先锋 TV-3 科学卫星。救援人员发现这个被破坏的柚子大小的卫星仍然在卡纳维拉尔角的发射台附近的地面上发出"滴滴"的声音（美国海军）

知识窗 ————————————————————————————————●

美国的第一位太空总统：德怀特·D.艾森豪威尔

德怀特·D.艾森豪威尔（1890—1969）在1953—1961年间任美国第34任总统。此前，他曾是美国职业军官，第二次世界大战期间，他在欧洲战场担任盟军总司令。在20世纪50年代中期逐渐升级的冷战敌视环境下，艾森豪威尔总统对于应用太空技术保卫国家安全产生了浓厚的兴趣。基于国家安全至上的原则，他授权开始了洲际弹道导弹和侦察卫星的研制工作。

有一些因素决定了艾森豪威尔在太空时代的初期如何应用太空技术。第一个因素是他越来越担心苏联可能会针对美国执行所谓"核珍珠港"袭击。第二个因素是20世纪50年代初期来自美国空军的报告，该报告表明以军事侦察为目的的卫星观测系统将很快建成，但其运作可能会侵犯其他国家的主权。在这种管理体制下，组建并发射军事卫星之前，艾森豪威尔必须解决"自由太空"问题。再者，他不想用一颗军事卫星将卫星飞越领空的问题推上国际军事法庭。

艾森豪威尔决定通过发射一颗民用科技卫星来探测国际法律的容忍度，从而解决自由太空问题。因此在1955年7月29日，他公开宣布美国计划发射小型无人驾驶地球卫星，作为美国参与国际地球物理学年的一部分。然而，由于低估了苏联太空技术及因此产生的心理震动，他仍然不急于使美国成为第一个发射卫星的国家。他支持"先锋"项目——发射科技卫星，参与国际物理学年。先锋项目要求用民用的三级火箭发射装置发射一艘小型太空飞行器（重1.5千克）。

此时，艾森豪威尔避免使用军事弹道导弹发射民用卫星看起来相当合理。既然对于美国来说匆忙向外太空发射一颗民用卫星从而成为发射卫星的第一个国家并没有明显的必要，因此他并不想中断关系国家安全的弹道导弹计划。艾森豪威尔也想保证自由太空问题的解决能够有利于美国，因此美国能够最终发射军事侦察卫星——在武器体系117L计划之下，当时正在秘密地进行开发。

对这些情况的了解可以帮助历史学家解释苏联于1957年10月4日成功发射"斯普特尼克1号"卫星——第一颗人造卫星震惊世界的时候，起初并未引起艾森豪威尔关注的原因。即使当苏联在 1957 年 11 月 4 日成功发射了"斯普特尼克 2 号"卫星时,其管理层继续低估了这种技术震撼对美国普通大众的强烈影响。当美国于 12 月 6 日最终尝试发射先锋卫星而失败时,美国人心理上遭受了最重的一击。全世界媒体都见证了火箭的爆炸,这迫使艾森豪威尔认识到,不论是否正确,世界各地的人们都会将一个国家在太空探索方面的成功等同于它的综合国力。在冷战年代,美国根本不可能忍受在世界舞台上被主要对手远远甩在后边,只能成为第二大太空超级强国的命运。

结果,艾森豪威尔放弃了他长期以来反对利用军用火箭发射地球轨道卫星的观点。由冯·布劳恩领衔的一支美国迅速反应部队于 1958 年1 月 31 日成功发射了"探险者 1 号"(Explorer 1),从而开始了冷战时期的太空技术对抗。

尽管艾森豪威尔最初错误地判断了地球轨道卫星的地缘政治价值,但是他在太空时代之初耐心追求军事及民用卫星的双重效果却被证明是极其重要的。由于没有国家(包括美国)对"斯普特尼克 1 号"卫星飞越领空提出正式的反对,自由太空的问题就这样无声地解决了。第一颗人造卫星发射为以后开发的地球探测飞行器,甚至包括军事侦察卫星都敞开了大门。尽管早期卫星有很多缺点,艾森豪威尔的功绩在于他始终支持第一颗美国人造卫星侦察计划。最终,"科罗纳"卫星及后来的许多卫星发射在冷战时期激烈的核军备竞赛过程中都被证明是促进文明、稳定世界的重要因素。

科学家

俄罗斯太空飞行的梦想家:康斯坦丁·齐奥尔科夫斯基

俄罗斯教师康斯坦丁·齐奥尔科夫斯基(Konstantin Eduardovich Tsiolkovsky,1857—1935)是太空航空学三个主要奠基人之一,另外两位是美国的罗伯特·戈达德(Robert Goddard)和德国的赫尔曼·奥伯特(Hermann Oberth)。在 20 世纪初,齐奥尔科夫斯基独立进行研究工作,但他们三人关于利用火箭进行星际旅行的想法却不谋而合。

齐奥尔科夫斯基，这位几乎全聋的俄罗斯教师，是一位理论火箭专家和太空旅行先驱者，他的思路远远超前于时代。这位睿智的教师过着一种简朴的生活，他生活在俄罗斯帝国遥远的山区小镇。然而即使他与主流的科学活动隔离，他却能在所开创的太空航空学领域作出许多有关现代火箭和太空的精确的推断。作为一位理论学者，他从来没有按自己的预言建造任何火箭。他在 1895 年所著的《关于地球和天空的梦想》（*Dreams of Earth and Sky*）一书中提出了人造地球轨道卫星的概念。太空航空学中许多重要的原则出现在他 1903 年所写的《利用喷射仪器研究宇宙空间》（*Exploration of Space by Reactive Devices*）这部开创性的作品中。这部书的内容包括利用火箭进行太空旅行以及用高性能的液态氢和氧驱动火箭。齐奥尔科夫斯基 1924 年的作品《宇宙火箭车》（*Cosmic Rocket Trains*），介绍了多级火箭的概念。他的作品激励了许多未来的俄罗斯宇航员、太空科学家，以及火箭工程师［其中包括谢尔盖·科罗廖夫（Sergei Korolev）］，他们建造的强大的火箭帮助实现了齐奥尔科夫斯基的预言。

19 世纪末，齐奥尔科夫斯基远离国内外科学活动的主流，在俄国乡村学校教书。然而他却用自己微薄的资金在俄国创建了第一个风洞。因此他可以使各种不同的最新型的物体穿越风洞进行试验。他也开始制造充气的、金属外壳的飞船模型。在太空航空学方面的兴趣促使他创作了很多关于火箭理论及火箭在太空旅行中的作用方面的作品。早在 1883 年，他在一篇名为《自由空间》（*Free Space*）的文章中精确地描述了失重条件下的太空情况。1895 年，在《关于地球和天空的梦想》一书中，齐奥尔科夫斯基探讨了人造地球轨道卫星的概念。到 1898 年，他已正确地将火箭与太空旅行联系起来，并预言火箭必须由液态化学燃料驱动，从而达到必要的脱离速度。

许多太空航空学中的基本原则在他开创性的作品《利用喷射仪器研究宇宙空间》中都有论述。这些重要的理论依据表明，利用火箭可以使太空旅行成为可能。这本书中另一个开拓性的概念是利用液态氢和液态氧设计一种液体燃料推进火箭。齐奥尔科夫斯基于 1903 年发布了这一重要论文。

随着 1917 年俄国革命的爆发，新的苏联政府对火箭产生了浓厚的兴趣，并重新认识到齐奥尔科夫斯基工作的重要性。他在 1919 年成为苏联科学院的会员。苏联政府在 1921 年宣布他终身享有政府津贴，并认可他在教学和科研方面的全部贡献。

齐奥尔科夫斯基继续为太空航空学作出巨大贡献。他在 1924 年出版的《宇宙火箭车》一书中指出，单级火箭的推进力本身不足以使其逃离地球的引力，并且引入多级火箭的概念，他称之为火箭列车。他在 1935 年 9 月 19 日于卡卢加去世。他的墓志铭上刻着这样的话："人不能永远生活在地球这个摇篮里。"

科学家 ●

开启太空之旅的人：谢尔盖·科罗廖夫

俄国火箭工程师谢尔盖·科罗廖夫（Sergei Korolev，1907—1966）在最初的洲际弹道导弹计划中起着重要的推动作用，他也是早期苏联外太空探索项目的创始人。1954 年，他开始研究苏联的一颗洲际弹道导弹——R-7 火箭。这颗强大的火箭有很大的有效负荷，并可进行洲际飞行。作为冷战政治的一部分，苏联领导人赫鲁晓夫（Nikita Khrushchev，1894—1971）批准科罗廖夫利用军事火箭将第一颗人造卫星"斯普特尼克 1 号"在 1957 年 10 月 4 日送入地球轨道。这一事件被人们普遍认为是太空时代的开始。

科罗廖夫于 1907 年 1 月 12 日出生在乌克兰的日托米尔——当时是俄国的一部分。当科罗廖夫还是孩童的时候，他就受到康斯坦丁·齐奥尔科夫斯基作品的影响，并产生了去太空旅行的想法。1931 年，他开始支持火箭推进技术，并帮助组建了莫斯科反作用运动研究组（GIRO）。科罗廖夫在早期航空工程方面的最大成就是创建了 RP-318，俄国第一台火箭推进飞行器。

1934 年，苏联国防部出版了科罗廖夫的书——《火箭飞入同温层》（*Rocket Flight into the Stratosphere*）。1936—1938 年，他指导了一系列的火箭引擎测试及火箭飞行。但是，苏联领导人约瑟夫·斯大林（Joseph Stalin，1879—1953）却通过一系列的运动，铲除了许多知识分子。虽然在技术上很有才华，科罗廖夫却在 1938

年入狱。在第二次世界大战期间，科罗廖夫仍被关在科技劳动改造营地。他在此地致力于研究飞机喷气式辅助起飞系统。

战后，他从劳改营地被释放，继续从事火箭方面的工作。他接受了开发远程弹道导弹总工程师的任命。从此以后，科罗廖夫就从公众视野中彻底消失了，他所有的火箭及太空方面的研究都成为严格的国家机密。

1947 年 10 月下旬，科罗廖夫率领他的团队在斯大林格勒附近的新火箭发射地成功测试了德国 V-2 火箭。1949 年，科罗廖夫已经开发了一种新型火箭——Pobeda 弹道导弹。他利用俄国改造的德国 V-2 火箭及 Pobeda 火箭将设备和动物送到上层空间。

1954 年，随着苏联及美国冷战局势的升级，科罗廖夫设计了洲际弹道导弹——R-7。这颗荷载 5 000 千克的强大火箭能够飞行超过 5 000 千米。

1953 年，斯大林去世之后，苏联新任领导人赫鲁晓夫决定利用俄罗斯的技术成就来证明苏联的社会主义比西方资本主义更有优越性。因此，科罗廖夫得到批准，在太空探索过程中，将一些强大的军事导弹送入太空，这也会提升苏联在国际政治舞台上的形象。

1955 年夏，在哈萨克斯坦以北的偏远城镇列宁斯克市（Tyuratam），一个秘密火箭发射基地开始建造。这一基地现在被称为拜科努尔（Baikonur）人造卫星发射场，位于哈萨克斯坦共和国境内。1957 年八九月间，科罗廖夫从此地成功发射了苏联第一颗远程洲际弹道导弹（R-7）。受到这些成功测试的鼓舞，赫鲁晓夫批准科罗廖夫利用 R-7 军事导弹作为发射器来发射第一颗人造卫星，从而击败美国。

1957 年 10 月 4 日，经改造的 R-7 火箭呼啸着从列宁斯克市秘密发射基地升空，将"斯普特尼克 1 号"送入地球轨道。科罗廖夫，这位不为人知的工程天才，将苏联推向世界舞台的前沿并开始了太空时代。令赫鲁晓夫高兴的是，一个被普遍认为技术上相对薄弱的国家在与美国的竞争中无论从技术上还是心理上都取得了胜利。

随着"斯普特尼克 1 号"的成功发射，太空技术在冷战时期政治及超级大国竞赛中开始起到核心的作用。因此，赫鲁晓夫要求科罗廖夫在太空探索方面取得更多令人瞩目的成功。这位火箭工程师在 1957 年 11 月 3 日将另一颗更大的卫星送入轨道。"斯普特尼克 2 号"载着第一位有生命的太空旅行者进入地球轨道。这位旅客是一只名叫"莱卡"的狗。随着斯普特尼克系列卫星的成功发射,科罗廖夫开始利用他强大的火箭将苏联的大型飞行器送往月球、火星和金星。这些太空飞行器之——"卢尼克3号"(Lunik 3),在1959年10月从月球的远端拍摄了第一批照片。

科罗廖夫通过开发载人飞行器"东方"(Vostok),从而使本国取得更大的优势。1961年4月12日,科罗廖夫用另外一个强大的军事火箭将载有航天员尤里·加加林(Yuri Gagarin, 1934—1968)的"东方1号"(Vostok 1)宇宙飞行器送入地球轨道。

1962—1964年,赫鲁晓夫继续在政治上利用太空技术,他将科罗廖夫的主要精力从非常重要的项目中,诸如新的火箭助推器、联盟(Soyuz)太空飞行器、人类月球登陆计划及空间站等转移开。他的设计团队刚刚开始从赫鲁晓夫不停的干扰中恢复过来,灾难就降临了。1966年1月14日,科罗廖夫在莫斯科的一家医院进行的常规手术中去世,年仅58岁。

科罗廖夫对太空探索的主要贡献包括建造强大的、传奇的R-7火箭(1956)、第一颗人造卫星(1957)、倡导月球太空飞行器计划(1959)、人类首次太空飞行(1961)、太空飞行器飞向火星(1962)以及第一次太空行走(1965)。即使在他去世后,苏联政府仍然选择隐藏他的真实身份,只是公开称他为"运载火箭及太空飞行器的总设计师"。尽管官方隐瞒,总设计师和学者科罗廖夫现在被正确评价为开创太空时代的火箭工程师。

这张于1969年发行的邮票庆祝俄国火箭工程师谢尔盖·科罗廖夫(Sergei Korolev)(乌克兰出生)指导发射了世界上第一颗人造地球卫星"斯普特尼克1号",开创了太空时代(根据现在的日历,科罗廖夫1907年1月27日出生于乌克兰的日托米尔——当时是俄帝国的一部分。但是,这张邮票表明科罗廖夫的出生日期是1906年12月30日——俄帝国时代日历。)

◎通过"探险者1号"卫星重塑美国国家威望

苏联发射卫星的成功迫使艾森豪威尔重新评估民用航空项目的价值。结果，他授权利用改进的军事弹道导弹发射美国第一颗人造卫星。

艾森豪威尔管理集团匆忙组建了由加利福尼亚理工学院火箭推进实验室（JPL）及美国军方弹道导弹机构（ABMA）组成的联合项目组。卫星发射任务由技术主任冯·布劳恩（Wernher von Braun）主持——他原来是德国火箭科学家，第二次世界大战之后，他带领他的军事火箭小组来到美国。冯·布劳恩小组在亨茨维尔（Huntsville）提供了朱庇特–C型（Jupiter-C）发射器（改进的中程弹道导弹），而加州理工学院火箭推进实验室则提供了第四级火箭和"探险者1号"卫星。艾奥瓦州立大学詹姆斯·范·艾伦（James Van Allen）博士提供了卫星的设备，这些设备用来检测地球内部的两条主要辐射带。由于美国卫星此次发射必须取得成功，有这样的政治压力，在艾森豪威尔管理机构中，原来对于军事火箭和民用火箭的明确区分很快被人们所遗忘。1958年1月31日夜晚10点48分（或格林尼治标准时间2月1日3点48分，据某些太空学文献记载），匆忙组装的四级朱庇特-C型火箭从卡纳维拉尔角点火起飞，并成功将"探险者1号"——这颗美国人造卫星送入地球轨道。

冯·布劳恩的朱庇特–C型火箭发射器由四级推进火箭组成。第一级是升级的美国军方红石液体推进火箭。第二、第三及第四级火箭则分别由美国军方服役导弹中11个、3个和1个固体推进火箭引擎组成。美国民用航空机构在1958年10月1日建立，此后，美国国家航空航天局继续利用美国军方现存的导弹作为发射器，只是重新命名了这些发射器。例如，发射"探险者1号"卫星的朱庇特–C型配置被改称为"朱诺1号"发射器。

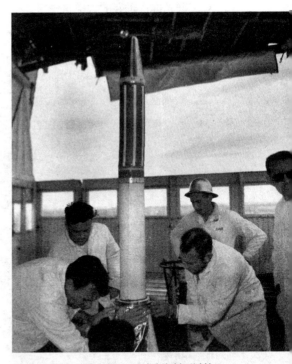

科学家和技师们正在第26号综合发射区域的火箭竖立架最上部认真工作，他们正在将"探险者1号"卫星放置在朱庇特–C型发射器上。这是在成功发射美国第一颗卫星之前，于1958年1月，在卡纳维拉尔角空军基地拍摄的照片（美国国家航空航天局）

　　"探险者1号"是第一个成功发射的美国太空飞行器。这颗卫星实际上是朱庇特–C型发射器的第四级。它呈圆柱形，2.03米长，直径为0.15米。这颗14千克重的卫星载有各种仪器，作用是研究宇宙光、微小陨石及监控卫星温度。"探险者1号"4.8千克重的仪器包被安装在第4级火箭的前部。一个盖格–缪勒（Geiger–Mueller）计数器被用来监控宇宙光。微小陨石的探测是由输电线路和声学探测器共同完成的。仪器不间断地收集、传输数据，但是只有当宇宙飞行器恰好飞过地面的接收站时，才会获得这些数据。第二章将提供"探险者1号"卫星的剖面图及有关的细节。

　　作为第一颗检测地球磁气圈辐射的太空飞行器，"探险者1号"卫星开创了现代静磁研究及太空物理学的令人振奋的新纪元。后来的科学任务（例如在第三章讨论的探索宇宙飞船系列）扩展了人们关于地球辐射带的知识。今天，地球辐射带被普遍称为范艾伦辐射带，用来纪念詹姆斯·范·艾伦，这位通过"探险者1号"卫星致力于对宇宙光进行研究的太空科学家，他还提供了载入科学史册的盖革–缪勒计数器。

1958年1月31日深夜（当地时间），这颗4级配置的朱庇特–C型火箭从卡纳维拉尔角空军基地点火起飞并成功将"探险者1号"太空飞行器（美国第一颗人造卫星）送入地球轨道（美国国家航空航天局）

冯·布劳恩

德国出生的美国火箭工程师冯·布劳恩（Wernher Magnus von Braun，1912—1977）将不可能实现的星际旅行梦想变成现实。他最初为德国军方开发第一颗现代弹道导弹，一种液体燃料 V-2 火箭。他协助美国军方开发系列弹道导弹，后来为美国民用航空机构——美国国家航空航天局开发大型的系列太空飞行器。作为美国国家航空航天局阿波罗项目的一部分，1969 年 7 月，他的大型"土星 5 号"火箭成功地将人类送到月球表面实现人类历史上第一次太空行走。

冯·布劳恩 1912 年 3 月 23 日出生于德国的维尔希茨（Wirsitz，现在波兰的韦尔西斯克）。当他年轻的时候，朱尔斯·维尼（Jules Verne）以及 H. G. 韦尔斯（H. G. Wells）的科幻小说激起了他探索太空的强烈愿望。H. 奥伯特（Hermann Oberth）的书《飞往星际空间的火箭》（*The Rocket into Interplanetary Space*）使他了解了火箭。1929 年，他成为目视飞行规则——德国太空旅行协会的奠基人之一。

1934 年，冯·布劳恩在柏林大学获得物理学博士学位。他博士研究的主要内容包括测试小型液体推进火箭。到 1934 年时，他已经成为位于柏林南部 100 千米的测试机构中非常重要的人物，位于库麦斯多夫（Kummersdorf）的机构是拥有 80 名工程师的火箭组装开发小组。库麦斯多夫小组在 1937 年 4 月搬到佩内明德（Peenemunde）并开始测试一系列的被称为 A-3 和 A-4 的新型火箭。第二次世界大战临近时，德国军方要求冯·布劳恩开发远程军事火箭，因此他加速了称之为 A-4 的大型火箭的研制工作。

第二次世界大战伊始（1939），他利用较小的 A-3 和 A-5 火箭进行了一系列卓有成效的实验，这给了冯·布劳恩技术上的信心，他开始进行 A-4 火箭（世界上第一颗液体燃料推动的远程军事导弹）最后的开发工作。A-4 火箭采用的是尖端的以酒精和液态氧作为燃料的引擎。这颗卫星射程高达 275 千米，并于 1942 年 10 月 3 日进行了首次成功发射。

到 1943 年时，战争对纳粹德国极为不利，因此，阿道夫·希特勒（Adolf Hitler，1889—1945）决定采用 A-4 军事火箭作为报复性武器袭击盟军的人口集中地区。他称这颗远程火箭为"复仇者2号"，或V-2。1944年9月，德国军队开始发射装有重达1吨的高爆炸性弹头的V-2火箭袭击伦敦及英国南部和其他盟军占领的欧洲地区。1945年5月，冯·布劳恩及五百多名同事，从佩内明德向西撤退，以逃避迅速逼近的苏联军队。携带着无数的方案、测试器及重要文献，他和他的团队在德国罗伊特（Reutte）向美军投降。

通过美国情报机构的保护，一些精选的德国工程师和科学家获得批准，与冯·布劳恩一起在美国安顿下来，继续作为团队从事他们的火箭开发工作。战争后期，美国军队也缴获了数百枚崭新的V-2火箭。德国战败后，冯·布劳恩及其同事们被派往得克萨斯州的布利斯堡（Fort Bliss）。他参与了赫尔墨斯项目，协助美国军方重组缴获的德国V-2火箭，并在新墨西哥州南部的白沙导弹基地（White Sands Proving Grounds）发射。

1950年，美国军方将冯·布劳恩及其团队迁往阿拉巴马州亨茨维尔附近的红石兵工厂。在红石兵工厂，冯·布劳恩监督开发了冷战早期的军用弹道导弹，如红石和朱庇特导弹。这些导弹的技术直接来源于V-2火箭。当冷战时期导弹竞争白热化的时候，美国军方授权他为弹道武器项目的主管。1955年，冯·布劳恩成为美国公民。

随着苏联在1957年末的"斯普特尼克1号"及"2号"卫星的发射成功以及美国第一次尝试发射的先锋项目卫星的灾难性失败（1957年12月6日），冯·布劳恩在亨茨维尔的火箭团队只有不到90天的准备来成功发射美国的科技卫星。1958年1月31日（当地时间），火箭工程天才冯·布劳恩指挥科技人员将液体和固体燃料推进的军事火箭组装并放置在准备好的火箭发射器上。伴随着隆隆声，一架改进的美国军方朱庇特-C型火箭从卡纳维拉尔角空军基地上空将"探索1号"卫星送入地球轨道。

1960年，美国政府将冯·布劳恩在亨茨维尔的火箭开发中心从美国军方转至新建的民用航空机构——美国国家航空航天局。一年之内，美国总统约翰·肯尼迪（John F. Kennedy，1917—1963）作出了一个大胆的决定，他计划在10年之内将美国宇航员送上月球。总统的决定给予了冯·布劳恩所需要的用以建造大型火箭的特权。1969年7月20日，两位阿波罗号宇航员尼尔·阿姆斯特朗和埃德温·奥尔德林在月球上实现了人类首次行走。正是由于冯·布劳恩设计的完美无瑕的"土星5号"发射器，他们得以到达月球表面。

最后一次的阿波罗登月任务是在1972年12月，任务完成得极其成功。然而，美国政府此后对于人类探索太空的兴趣迅速降温。这种情况使冯·布劳恩极为失望，他因此辞去了美国国家航空航天局的工作。之后他开始在马里兰州的德国城的 Fairchild 公司出任副总裁，直到1976年12月31日他因病被迫退休。这位发射第一颗美国人造卫星的科学家在1977年6月16日死于渐进性癌症。

◎卫星改变人类文明

20世纪50年代末期和60年代初的轨道卫星的寿命相对较短，目前，卫星已经变为能够长时间在轨道中运行的非常复杂的机器，它们正在改变人类文明的各方面——包括天气预报、国防、通讯、导航、环境监测及智能服务。这一部分主要探讨地球轨道卫星对人们的日常生活、政府行为以及人类文明的各方面产生的重要影响。接下来的各个章节将提供有关特定卫星应用的更全面的细节，这些用途在技术上、政治上和社会上的影响。例如，第四章将探讨军事卫星在国防方面所起的重要作用。

◎气象学的革命

太空时代到来之前，气象观测基本上局限在陆地表面，而在海洋上空及人口稀少地区却留下很大的空白。气象学者们只能梦想对整个星球的天气状况

欢喜的团队领导人（从左至右）皮克林（Pickering）（JPL）、范·艾伦（艾奥瓦州立大学）及冯·布劳恩（ABMA）将"探索1号"宇宙飞行器及固体火箭的最后一级的比例模型高举在空中。美国第一颗人造地球卫星在1958年1月31日（当地时间）夜里从佛罗里达州卡纳维拉尔角成功发射（美国国家航空航天局）

有一个全面的了解。由于缺乏地球轨道卫星探测器，科学家们观测地球大气层受到很大局限性。大多数的观测都是在大气层下层，少部分观测是在大气层之中进行的，却从来没有在大气层之上进行观测。

当然，在太空时代到来之前，许多气象学者认识到了地球轨道卫星将给他们的领域带来伟大变革这样的美好前景。气象卫星一旦发射成功，将定期提供他们迫切需要的能够对天气进行精确预测的地球的详细情况。更重要的是，可操作的气象卫星能够帮助预测许多恶劣的天气状况，从而减少损失。他们甚至作出一些极为大胆的推测（非常正确），地球轨道平台的照相机能够检测到飓风产生涡流，即使在这些高破坏性的暴风形成之前也能做到，从而避免了对生命和财产的损害。由于气象卫星上面安装的精密仪器，气象学者甚至能够检测到乌云前锋之后的危险的暴风雨，并对暴风雨途经地区进行预警。最后，太空中的"天气眼"能够极大地提高日常天气预测的准确性（特别是 3—5 天之内的预测），这种服务必定将会改善每个人的生活质量。

1960 年 4 月 1 日，美国国家航空航天局发射了远程红外线观测卫星"泰罗斯 1 号"（TIROS-1），许多天文学者的梦想和良好愿望成为现实。"泰罗斯 1 号"是第一颗能够从太空中拍摄云层的卫星。运行于中纬度的地球轨道（倾斜度大约为 44°），这架革新的太空飞行器迅速证明载有适当仪器的卫星能够观测地球的天气状况。这一成功发射代表着卫星气象学的

气象学轨道中运行的气象卫星描绘出地球整个半球的天气情况。例如，这一图像是由美国国家海洋和大气管理局（NOAA）的第八号地球环境卫星（GOES8）在 1994 年拍摄的。南北美洲截然不同的地理情况提供了多种有趣的云层模式。今天，天文学者利用相似的卫星图片辅助解读可能在未来 3—5 天内影响某一地区的大规模的天气状况（美国国家航空航天局和国家海洋和大气管理局）

开始，也为人们更深入地了解地球天气以及控制和影响天气状况的自然力的情况开启了大门。

"泰罗斯1号"装载远程照相机，在78天的运行过程中传送了大约2.3万张云层图片，一半以上的照片对天文学者都有用处。"泰罗斯1号"也使联邦政府内部各机构之间的合作达到空前的水平。特别是卫星的成功发射促进了机构间长期的发展关系，并最终形成了民用航空系统。在该体系之下，美国国家航空航天局进行了必要的太空技术研究及开发，同时美国商务部（在国家海洋和大气管理局的支持下）对刚出现的气象卫星系统进行管理和操作。很多年来，机构间的良好合作为美国公民提供了最先进的地球气象预报。作为和平利用外太空的典型范例，美国（通过国家海洋和大气管理局）正在为其他联邦机构、其他国家以及个人提供气象卫星信息。

1960年经可行性研究之后，太空气象观测的科学技术有了迅猛的发展。第五章将谈到这些令人振奋的、重要的发展细节。

今天，气象卫星是现代气象学中不可分割的一部分。卫星获得的气象数据已经成为美国和世界各地的人们日常生活的一部分。例如，大多数的电视气象节目主持人会在他们的日常播报中利用一些最新的卫星云图。

◎ 卫星及国防

20世纪中期，地球轨道军事航空飞行器的开发极大改变了国家安全及军事活动的方式。自从1960年发射了第一颗美国侦察卫星，"太空侦察"已对美国政府进行维护和平与实施战争产生了巨大的影响。认识到从外太空能够对地球进行畅通无阻的观测这样的价值，国防部领导人立即将太空技术列为国家军事项目及国家财富中不可分割的一部分。然而，大多数的太空军事活动都在秘密进行，因此在二十世纪六七十年代间只有民用航空方面取得的成就才能成为头条新闻。

美国国家侦察局（National Reconnaissance Office，NRO）成立于1960年，是美国政府在太空进行侦察的国家机构。其隶属于国防部（DOD），由中央情报局（CIA）、军事机构和民用防御机构的人员组成。美国国家侦察局的卫星收集资料，主要目的是获得情报和预警、监督武器控制协定、军事行动及演习、监视自然灾害和环境问题。

1957年10月，"斯普特尼克1号"卫星发射加速了美国第一颗名为"科罗纳"的拍摄侦察卫星的开发。可以理解的是，现代美国拍摄侦察卫星的能力仍然属于政

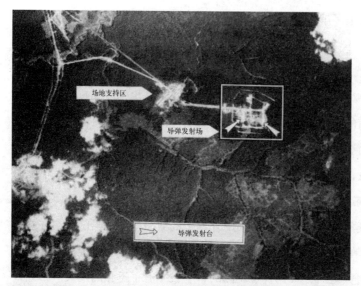

这是经过解密的苏联 Yurya 洲际弹道导弹发射综合基地（Yurya ICBM complex）的侦察卫星图片。美国的"科罗纳"间谍卫星在 1962 年 6 月拍摄到这张照片。通过研究这张照片，美国情报分析师识别出正在建造的 SS-7 导弹发射点（图中标示）。侦察卫星就苏联导弹项目提供了重要信息，这在冷战的最危险时期及威胁和平的核军备竞赛的时期对保持全球的稳定性起到重要的作用（美国国家侦察局）

这是 0.6 米解析度图像，原图为彩色，是梵蒂冈和意大利罗马的周围地区，由"快鸟 2 号"商业高解析度地球成像卫星于 2004 年 8 月 24 日拍摄。圣彼得广场在图像中央，圣彼得基督教堂在这个著名广场的左侧（数字全球）

府的高度机密。但是，由"快鸟 2 号"高解析度地球成像卫星于 2004 年 8 月 24 日所拍摄的图像表明，自从美国和苏联在 20 世纪 60 年代实施侦察卫星项目以来，太空成像技术已经取得了巨大的进步。"快鸟 2 号"是美国私有地球成像卫星，该卫星于 2000 年 10 月 18 日由加利福尼亚州范登堡 AFB 通过三角洲 2 号运载火箭（Delta 2）发射升空。图像表明，该商业卫星能够拍摄空间解析度小到 0.6 米的图像。

◎空中的控制台

卫星通讯对于人们日常生活的影响比任何其他的太空技术都要大。再者,卫星通讯是最成功的太空商业活动,信息和娱乐服务及相关产品的销售额每年高达数十亿美元。人造地球同步轨道通信卫星组成的舰队使信息"地球村"成为可能——现代太空技术的奇迹如空中高性能的控制台服务于地球公民。

20 世纪初,通讯工程师和物理学家认识到,无线电波与其他形式的电磁辐射一样,像可见光那样沿直线行进,其自身并不能沿地球的弧度而弯曲。因此,无线通讯从物理学的角度上局限于直线。这意味着,无线电或者电视接收器无法收到地平线以外的发射器发送的广播。发射天线越高,无线通讯中直线波传播得越远。这就很好地解释了地球表面的天线塔要架设很高以及服务较大区域的发射台经常位于高山顶端的原因。

无线通讯的先驱们,如诺贝尔奖获得者伽利尔摩·马可尼(Guglielmo Marchese Marconi,1874—1937),也发现在某些场合下,他们能够在地球大气层的电离层中使某些频率的无线电波反弹,从而实现长距离的无线电短波广播。然而,地球大气的电离是一种自然现象,会经历许多不规律和震动,因此,以这种方式无法实现连续的、可靠的及高性能的无线通讯。

1945 年,一位极富创造力的无线电工程师亚瑟·C. 克拉克爵士(Arthur C. Clarke,1917—2008),认识到建立可靠的、世界范围的无线通讯体系的技术关键。为什么不能建立相当高的天线塔从而使得信号在空中平台接力?在第二次世界大战中,他曾作为雷达技师在皇家空军中服役,此后,他在 1945 年 10 月的《无线世界》(*Wireless World*)中发表了名为《陆地外的接力》(*Extra-Terrestrial Relays*)这篇有开拓性的论文。在这篇有远见的论文中,他描述了卫星通讯的原则并推荐利用人造地球同步卫星轨道作为全球通讯体系。现代人造地球同步通信卫星是太空技术的应用,它已经改变了无线通讯世界并产生了今天激动人心的信息革命。

卫星通讯时代开始于 1960 年 8 月 12 日,这一天美国国家航空航天局成功发射了实验宇宙飞行器"回声 1 号"(Echo 1)。这个大型充气式的金属气球直径为 30.5 米,是世界第一颗被动通信卫星——可以将美国发射的无线电波反射到英国。然而,被动通信卫星的用途非常有限,由于被反射的信号极其微弱,因此无法进行广泛应用。

为了充分利用卫星通讯的潜力,工程师们必须解决两个有挑战性的问题。第一,

美国国家航空航天局于 1964 年 8 月 19 日发射了"同步通信卫星 3 号"（Syncom 3）太空飞行器。这是第一颗真正意义上的人造地球同步轨道通信卫星。图中所示卫星正盘旋于模拟星空中（美国国家航空航天局）

他们必须开发主动通信卫星——一种能够接收无线电信号，然后将其放大并传送到其他地点的卫星。第二，他们必须开发一种可靠的人造地球同步轨道卫星。克服第二个技术难题将会极大地简化地面站点的设置，例如天线的朝向和卫星的跟踪等。

当美国国家航空航天局的工程师们在 1962 年 12 月发射"接力 1 号"（Relay 1）卫星时，他们成功解决了第一个难题。这种通信卫星利用行波管（traveling-wave tube，TWT）来增强从地面发射站接收到的无线电信号，并将这种增强的信号再次发射到地球上的另外一点。行波管成为现代通信卫星的基本组件。

美国国家航空航天局的工程师们在 1963 年 7 月发射了"同步通信卫星 2 号"，从而成功解决了第二个主要难题。这个太空飞行器是第一个地球同步轨道运行的通信卫星，从地球上观测，它在空中划出了数字 8 的图案。一年多以后，在 1964 年 9 月，美国国家航空航天局的工程师们将"同步通信卫星 3 号"（Syncom 3）发射到相对地球静止的轨道，即相对地球赤道某一点静止的太空。"同步通信卫星 3 号"立即开始工作，将 1964 年奥林匹克运动会的实况从日本穿越太平洋传到了美国。全球即时通信的时代到来了。

第六章描述了通信卫星在 20 世纪 60 年代后期如何迅速进入商业领域以及 20 世

纪中后期该技术的成熟。目前，复杂的通信卫星在全球信息时代成为太空中不可缺少的控制台。

◎通过人造"星球"导航

自古以来，海路和陆路的旅行者们一直在用太阳、月亮和星星帮助自己分辨方向。1960 年 4 月 13 日，美国海军成功地将"子午仪号"导航卫星 1B（Transit 1B）——第一颗试验导航卫星送入地球轨道。这个军事太空飞行器在导航领域开始了一场无声的革命。外号为"太空灯塔"的"子午仪号"导航卫星 1B 是预期发射的 44 颗卫星网络体系中的第一颗，旨在为美国海军环游世界航行的船只和军舰提供精

图中的美国国家航空航天局哈勃太空望远镜（HST）被小心竖立在发现号航空飞机的凸窗之外，并于 1997 年 2 月由航天飞机的机械手臂置于太阳光下。这一事件发生在执行 STS-82 任务中，美国国家航空航天局也称之为"哈勃太空望远镜任务 2"（HST SM-02）（美国国家航空航天局／约翰逊太空中心）

确的全方位的天气导航辅助。每艘船只能够利用物理学和数学方面的实践方法通过测量相对太空飞行器的无线电信号多普勒的改变来定位自己的位置。如第七章所述，此后直到 1973 年，美国海军每年大约发射 4 颗"子午仪号"导航卫星。

然而，"子午仪号"导航卫星系统有很大的误差，不能被用于飞机导航。因此，美国国防部最终采用更新的、更精密的具备全球定位系统的导航卫星替代了这些卫星。这种新的系统，在 1967 年首次测试，并最终扩展为超过 20 颗卫星的群星系统。1994 年 3 月，全球定位系统的全部卫星开始运作。简而言之，全球定位系统是利用卫星及地面上的同步接收器测量无线电信号从卫星到达接收器的时间来工作的。全球定位系统的接收器通过计算无线电信号到达 4 个不同的全球定位系统卫星的时间差异来确定位置。第七章提供了全球定位系统的运作及如何成为军事及民用方面不可缺少的导航工具的详细情况。

◎同宇宙面对面

从 20 世纪 50 年代末以来，科学家们已经能够将日益精密的观测台放入地球轨道及太阳系的其他位置。这些太空飞行器装载特殊的仪器，比包围在大气层中的地球表面上设置的观测台能看到宇宙中更远的物体。因为科学家们能够将敏感的仪器置入现代太空平台并穿越全部电磁光谱面对宇宙，因此，红外线天文学、X 射线天文学、伽马射线天文学、宇宙射线天文学以及紫外线天文学的研究成为可能。即使是观测天文学中传统的研究领域也因大型、高解析度的光学系统出现而受益，例如运行于地球大气层之外的美国国家航空航天局的哈勃太空望远镜（HST）。

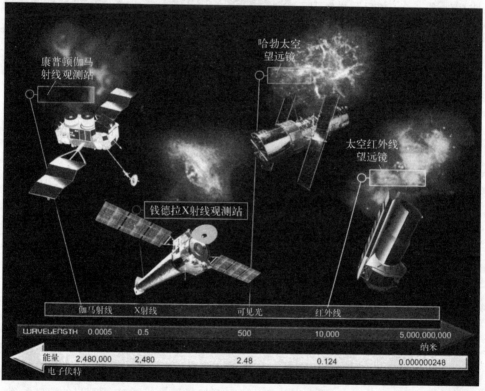

图中所示美国国家航空航天局大型观测站，以及特定的太空天文设施从电磁光谱范围中收集科学数据。从左至右（按光子能量降低和波长增加的顺序）：康普顿伽马射线观测站（CGRO）；钱德拉 X 射线观测站（CXO）；哈勃太空望远镜（HST）；太空红外线望远镜（SIRTF），现称为斯皮策太空望远镜（SST）（美国国家航空航天局）

第八章更全面地讨论了地球轨道卫星在天文学及太空科学中作为科学观测站的作用。这一章的其余部分将探讨构成美国国家航空航天局大型观测项目的 4 个精密的太空飞行器对天文学和天体物理学所作出的巨大贡献。

科学家们认识到如果他们能够在全部电磁光谱中同时观测某些物体或现象，就能够极大地增进对宇宙的了解。随着 20 世纪末太空天文学技术的成熟，美国国家航空航天局创立了大型太空观测站项目。这个重要的项目包括 4 个高度精密的太空天文观测站的建立——每一个都是由最先进的设备构成用来收集电磁光谱中特定的"光线"。

美国国家航空航天局最初为每一个大型太空观测站指定了一个开发名称，此后为纪念著名科学家又为这些太空轨道设施重新命名。第一个大型观测站开始被称为太空望远镜，即后来的哈勃太空望远镜。1990 年由航空飞机发射升空，并在此后的一系列航空飞机飞行任务中更新。由于不断地升级设备和改善光学镜，这个长期的

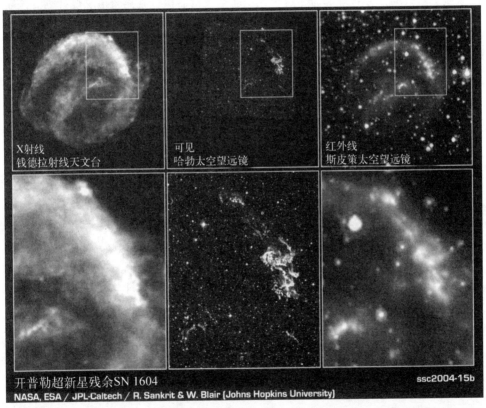

这 3 组图片代表了开普勒超新星残余被 X 射线、可见光及红外线辐射吸收后的景象。每组图像上面的图片表明整个残余部分，下面的图片是残余部分的放大图片。这些图像表明组成超新星残余部分的气泡在不同的电磁光谱中显现的完全不同。钱德拉 X 射线观测站（CXO）显示在 X 光中辐射的最热的气体。哈勃太空望远镜（HST）显示在可见光中最亮、最密的气体。最后，斯皮策太空望远镜（SST）显示在红外线辐射中炽热的尘埃。由于人类肉眼无法看到 X 射线或者红外线，宇航员将这些数据进行编码，使它们形成可见的图像 [美国国家航空航天局 / 欧洲宇航局及 W. 布莱尔（约翰斯·霍普金斯大学 ）]

太空观测站用于收集光谱中的可见光、紫外线以及近红外线。这个大型观测站的命名是为了纪念美国天文学家埃德温·鲍威尔·哈勃（Edwin Powell Hubble，1889—1953）。

第二个大型观测站是伽马射线观测站（GRO），1991 年由航天飞机发射升空后，美国国家航空航天局重新命名为康普顿伽马射线观测站（CGRO）。其目的是观测高能量的伽马射线，这个观测站在 1991—1999 年间收集到许多关于宇宙中最猛烈的变迁过程中有价值的科学信息。美国国家航空航天局重新命名这个观测站的目的是为了纪念美国物理学家及诺贝尔奖获得者亚瑟·荷里·康普顿（Author Holly Compton，1892—1962）。康普顿伽马射线观测站的科学任务于 1999 年正式终止。次年，美国国家航空航天局任务管理部命令这个大型航空飞行器执行脱离轨道燃烧计划。该航天器于 2000 年 6 月重新进入大气层并坠毁于大西洋中。

美国国家航空航天局最初将此系列中的第三个观测站命名为高级 X 光天体物理学设备（AXAF）。1999 年，这个观测站被置入围绕地球的椭圆形轨道。为了纪念印裔美国天体物理学家和诺贝尔奖获得者萨拉马尼安·钱德拉塞卡（Subrahmanyan Chandrasekhar，1910—1995），将其重新命名为钱德拉 X 射线观测站（CXO）。该观测站正在从许多不同的高能宇宙现象中观测 X 射线爆发，其中包括超新星及黑洞周围圆圈的扩张。

美国国家航空航天局大型观测项目中第四个也是最后一个成员是太空红外望远镜设备（SIRTF）。美国国家航空航天局于 2003 年发射了这个观测站，为了纪念美国天体物理学家莱曼·斯皮策（Lyman Spitzer, Jr.，1914—1997），将其重新命名为斯皮策太空望远镜（SST）。这个精密的红外线观测站现正在为科学家们提供许多不为人知的宝贵信息，例如星系、星体及行星的形成。斯皮策太空望远镜对于美国国家航空航天局的人类起源项目也起到了重要的技术桥梁作用（该项目尝试科学地解释诸如"我们从哪里来?"以及"我们在宇宙中是孤独的吗?"这样的基本问题）。

1604 年，约翰尼斯·开普勒出版了《新星》一书，书中描述了他在 1604 年 10 月 9 日首次观测到的蛇夫星座中的一颗超新星。今天，现代天文学家们称这颗超新星为开普勒星，他们利用这些非常精密的太空观测站来研究它的残余部分。

◎卫星为地球提供智能服务

从太空中对地球进行详细的、反复的观测并不仅限于军事侦察卫星和监视卫星。随着早期民用气象卫星的开发——该类卫星使气象学、气候研究及恶劣天气预警产生了革命性的变化，基于卫星的遥感技术在20世纪60年代首次实现民用。20世纪60年代中期，美国内务部和航空航天局开始开发第一颗环境观测卫星。这些开拓性的地球观测卫星（最终命名为陆地卫星家族）是第一批将遥感技术与太空技术完美结合并提供信息丰富的、多谱段的地球表面图像的卫星。

自从1972年7月"陆地卫星1号"发射以来，多谱段的地球表面图像开始（至少部分）满足环境科学家、水资源管理者、城市规划者、农场主、农场工人以及许多政府内外的个人的需求。基于陆地卫星项目的技术传统，许多现今的遥感卫星继续从太空观测地球。这些当代地球观测宇宙飞行器是重要的信息收集器，并为人类的家园提供智能服务。

1999年末，美国国家航空航天局成功将"土"（Terra）太空飞行器送入地球轨道。"土"卫星是由美国、日本和加拿大联合开发的地球观测项目。这颗卫星装载5个最先进的传感器，能够同时收集有关地球大气、陆地、海洋和太阳能的信息。2000年2月24日，"土"卫星开始收集最终将成为全新的、未来15年全球的数据库，基于此，关于人类复杂的家园——地球的科学调查工作将逐步展开。然而，"土"卫星只是整个地球观测卫星群中的佼佼者罢了。

2002年5月4日，美国国家航空航天局成功将"水"（Aqua）宇宙飞行器送入地球两极轨道。"水"与"土"采用相同的技术，正在为科学家们提供关于水在地球体系的运动和作用的大量的数据。装载有6个最先进的遥感设备，"水"能够同时收集关于地球水循环的精确环境数据。

"水"是美国国家航空航天局发射的用来研究环境和气候变化的地球观测飞行器系列中的第三个。"土"和"水"，作为前两个任务，用来研究陆地、海洋及地球辐射收支。"水"于2004年7月15日成功发射并被送入地球极地轨道，任务是研究地球的臭氧层、空气质量和气候。太空工程师和科学家们在一个太空飞行器上利用多种仪器执行单一任务，对地球大气层的上层和下层的组成、化学成分和运动情况进行研究。每一种仪器具备对地球大气层的臭氧层、空气质量以及关键的气候参数的日常观测提供唯一的、补充的能力。"水"的大气化学检测继续美国国家航空航天局上层大气层探测卫星（UARS）及其他早期环境卫星所从事的工作。

"水"太空飞行器是人类对于地球这一复杂的整体系统进行研究的结晶。从"水"卫星收集的数据正在帮助全球科学家们更好地预测影响健康、经济和环境的空气质量、臭氧层恢复及气候的变化。

第九章提供关于遥感及从太空中观测地球的卫星的用途。第十章回顾一些最重要的地球观测宇宙飞行器以及它们所搜集的环境数据（包括多谱段图像）对地球体系科学的多学科领域的重要性。

我们应该意识到的很重要的一点是，从太空通过卫星研究地球的系统方法不会受到人为的和政治上的阻碍。科学家们在人类历史上首次测量和了解到某一地区的自然和人类活动，会产生区域性，甚至全球的影响。从卫星取得的数据能够使人们洞察到陆地生物圈的相互关系的复杂性。科学家们现在能够了解在这个高度关联的行星体系中，某一处发生的变化能够通过整个地球体系传播出去，并导致产生所谓的全球变化这样的结果。

你想过卫星是怎样绕地球轨道运行的吗？在 17 世纪，英国伟大的科学家和数学家牛顿想过这个问题，他那时在思考月亮是怎样绕地球运行的。据说他曾经在伦敦附近他妈妈的农场看到一个苹果落到了地上，并由此推断出由于重力月亮也会落到地上。在伽利略和开普勒工作的基础上，牛顿发现了他的运动定律和万有引力定律——描述运行物体机械行为的基本物理原理。这些物体包括自然物体以及产生于 20 世纪的人造物体。牛顿在物理学上开拓性的工作，确立了卫星运行方式和穿越太阳系的宇宙飞船的行为的科学基础。

本章详细地讨论了运行物体的物理学原理，包括自由落体和微重力的概念，解释工程师怎样将卫星放置到地球轨道，描述现代人造卫星的基本不同和共同的组成部分，讨论宇宙残骸和废弃卫星的命运。

◎牛顿眼中的宇宙

艾萨克·牛顿爵士（Sir Isaac Newton，1642—1727）是一位杰出而内向的英国天文物理学家和数学家。他的万有引力定律、三个运动定律、微积分学以及新型反射望远镜的设计，使他成为人类历史上最伟大的人物之一。1687 年，他发表了《自然哲学的数学原理》一书。这一伟大著作改变了物理学的面貌，并且完成了由哥白尼、开普勒和伽利略开启的科学革命。

牛顿出生于英国林肯郡的乌尔斯索普（Wool Sthorpe），牛顿出生日期根据从前的朱丽安日历是 1642 年 12 月 25 日，而根据目前的格雷果里历是 1643 年 1 月 4 日。他的父亲在他出生前就去世了，当他 3 岁的时候，他母亲为了再婚把他送到了祖母那里，与母亲的分离和其他童年时代的压力导致他形成了非同寻常的个性。在一生当中，牛顿不能忍受批评，时常心不在焉，经常处于精神崩溃的边缘。英国历史学家称牛顿一生中只笑过一两次，然而他在物理学、天文学和数学领域里的杰出贡献完成了科学革命，并且在接下来的两个世纪里统治着整个物理学。

牛顿继父 1653 年去世后，牛顿的妈妈回到了乌尔斯索普的农场，随后她让牛顿辍学务农。牛顿并没有安心务农，他于 1661 年 6 月离开了乌尔斯索普去剑桥大学读书。4 年后，他取得了学士学位，但并没有获得特殊的荣誉。毕业之后，为躲避伦敦爆发的瘟疫，他回到乌尔斯索普的农场。接下来的两年，牛顿在家里潜心钻研数学和物理。据牛顿自己的描述，有一天他看到一个苹果落到地上，于是他开始思考是不是同样一股力使月球绕地球运行。此时，日心宇宙论是被广泛接受的，但星体绕日运行的机制却无人能解释。

1667 年，瘟疫结束了，牛顿回到剑桥三一学院做初级研究员。第二年他获得了文学硕士学位，成为一名高级研究员。大约在 1668 年，牛顿建造了第一台反射式望远镜，这是非常重要的天文设备，至今仍刻着牛顿的名字。这个新望远镜使牛顿获得了巨大的声誉，包括皇家学会的成员资格。艾萨克·巴罗（Isaac Barrow），牛顿以前的数学老师，在 1669 年辞去职务，于是牛顿接替了他的卢卡斯数学教授席位，这使得牛顿有时间整理笔记，发表成果，他在这方面总是行动迟缓。

牛顿当选皇家学会成员后不久，发表了第一篇论文。还在读本科的时候，牛顿曾用棱镜将一束光折射为原色（红、橙、黄、绿、蓝、紫）。他把这一重要发现报告给皇家学会。然而，牛顿开拓性的成果立即遭到了有影响的皇家学会成员罗伯特·胡克的攻击。

这只是胡克和牛顿之间长期争端的开始。牛顿只是稍作还击然后就退却了。他一生都是这样面对攻击以避免正面冲突。牛顿成名之后，他也通常是开启争端，接着就回避，然后秘密操纵其他人与对手斗争。牛顿与德国数学家莱布尼茨（Gottfried Leibniz，1646—1716）之间关于微积分学的发明的著名冲突就是这样展开的。在牛顿的操纵之下，微积分学的冲突甚至上升到了民族主义的高度，训练有素的支持牛顿的英国数学家与莱布尼茨和支持他的德国数学家进行了激烈的争论。

1684 年 8 月，爱德蒙·哈雷（Edmund Halley）到乌尔斯索普拜访了牛顿，并且说服这位隐居的天才帮助解决行星运动的难题，行星绕太阳运行的曲线什么样的？令哈雷惊喜的是，牛顿立即作出了回答，"椭圆形"。哈雷进一步问牛顿怎么知道这么重要的答案，牛顿态度十分淡漠地说，他几年前就做过计算了（大约在 1660 年）。那时他为躲避伦敦的瘟疫住在乌尔斯索普。

然而，这位粗心的天才找不到这些重要的计算公式了，于是他答应哈雷重新计算并尽快寄给他。为实现承诺，牛顿把他的著作《关于轨道物体的运动》（1684）送给了哈雷。在这篇著作中，牛顿证明了两物体间的引力与两者的质量成正比，与两者间的距离成反比（物理学现在称这种关系为牛顿的万有引力定律）。哈雷很震惊，并央求牛顿仔细记录关于万有引力和轨道力学的研究成果。在哈雷耐心的鼓励和经济资助下，牛顿在 1687 年发表了《原理》一书。在该书中，牛顿向世界阐述了他著名的三大运动定律和万有引力定律。这一伟大的著作改变了物理学并完成了由哥白尼、开普勒和伽利略发起的科学革命。

虽然牛顿如此杰出，他也很脆弱，在完成《原理》一书之后，他放弃了物理学和天文学的研究，并在 1693 年精神严重紊乱。恢复之后，他于 1696 年离开了剑桥，并在伦敦的皇家造币厂担任政府官员。在伦敦的这几年，牛顿享有权力和名利上的成功。他的学术对手罗伯特·胡克死于 1703 年。1704 年，牛顿当选为皇家协会的主席。由于无人能与之竞争，牛顿年年继任该职位直到去世。然而牛顿对于他和胡克

知识窗

牛顿运动定律

在大约 1685 年，杰出的英国科学家和数学家艾萨克·牛顿爵士用公式阐明了 3 条基本原理，奠定了物体力学研究的理论基础。他对于绕日行星运动的研究促进了这一伟大成就的实现。这 3 条定律在牛顿的巨著《自然哲学的数学原理》一书中得到明确阐述，该书通常被简称为《原理》。

牛顿第一运动定律一般称作惯性定律，即当一个物体不受外力作用时，它维持原来的运动状态。物理学家还将这一表述称为动量守恒定律。

牛顿第二运动定律表述为物体动量的变化率和所受外力之和成正比。用等式表示就是：$F=ma$, F 是所受外力矢量和，m 是质量，a 表示物体矢量加速度。

牛顿第三运动定律是关于作用力和反作用力的原理。它的表述是物体之间的作用力和反作用力大小相等，方向相反，作用在同一直线上。

之间的争论一直耿耿于怀，直到 1704 年才发表了另一部重要著作《光学》。安妮女王 1705 年授予他爵士头衔。

尽管牛顿最显赫的几年已经过去，他仍然对现代科学的发展具有重大影响。作为皇家协会的主席，他巧妙地操纵着年轻的科学家与他的学术对手斗争。他以这种方式一直控制着科学领域，直到他 1727 年 3 月 20 日在伦敦去世。

◎轨道物体物理学

由于卫星的惯性，轨道运动与地球的重量相抵消，所以沿轨道运行的航天器和它承载的物体几乎在做自由落体运动。这样，航天器内固定的物体是处于失重状态的。

理解这种失重状态是怎样产生的是非常重要的。牛顿的万有引力定律表明，两个物体间的引力与两者质量成正比，与距离成反比。有趣的是在 400 千米高的地方绕地球运动的航天器，距地心的距离只比它在地球表面时远 6%。根据牛顿定律，科学家发现在这一高度的万有引力比在地球表面小 12%。换句话说，绕地球运行的航天器以及内部物体很大程度地受到地球引力的影响。失重现象发生是因为航天器和内部物体在做自由落体运动。伽利略是第一个对自由落体现象和抛射物运动进行科学研究的人。牛顿的研究是建立在伽利略的成果基础之上的。

当牛顿思考卫星绕主星运动时，他首先设想了固定在塔顶或高山上的加农炮向水平方向发射时的运动。他画出了加农炮多种可能的轨迹。下页图就是牛顿对于加农炮不同轨迹描述的现代版。该图尤其描述了远离大气的降落物体的不同轨迹，没有切向速率的影响，物体会垂直降落（轨迹 1），忽略地球大气的任何阻力。尽管物体受到增加切向速率的影响，它仍然在地球引力的作用下落向地表，但切向速率使物体的运动轨迹呈椭圆的一部分。如轨迹 2、3 所示，随着切向速率的增加，物体落地点越来越远离发射点。如果切向速率持续增加，物体最终将完全离开地球（轨迹 4）。随着切向速率进一步增加，物体运行轨迹形成一个圆圈或更大的椭圆，发射点代表了近地点。最后，当初始切向速率超过形成圆形轨道所需速率的 41%，物体就沿着抛物线轨迹逃离地球，再也不回来了（轨迹 6）。

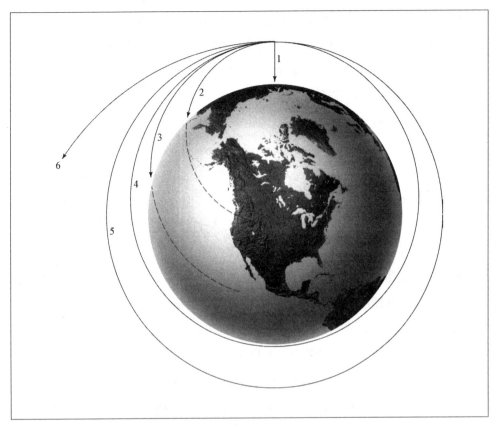

地球上方落体的不同轨道路径

微重力

　　这一简单的例证表明沿地球轨道运行的卫星就像一个处于自由落体状态的物体。爱因斯坦的等价原理表明，一个自由落体系统内的物理行为等同于一个远离其他可以施加引力物体系统内的物理行为。因此,宇宙工程师和科学家们经常使用"零重力"或"失重"这样的术语来描述绕主星做自由落体运动的系统。

　　有时人们会问质量和重量有什么区别。比如,科学家为什么说"失重"而不说"失质"？质量是一个物体的物理实质,无论在哪里都是等值的。而重量是物体质量乘以当地重力加速度（根据牛顿的第二运动定律,$F=ma$）。例如，一个阿波罗航天飞机上的宇航员在月球上的重量是在地球上的 1/6,而他的质量却是一样。

　　宇宙工程师和科学家知道他们设想的轨道卫星内的零重力环境是永远不能完全实现的理想状态。卫星内气体的释放，甚至航天员们的运动和运行的机器都会对卫星内的任何物体产生几乎不可察觉的力量，这些微小的力被称为微重力（一般用 Mg 表示）。在卫星内的微重力环境中，宇航员和他们的设备几乎但并不完全失重。

微重力对于太空旅行者来说是非常有趣的经历。然而，在微重力下生活并不比地球上容易。比如，生活在微重力环境中的人所需的热量与在地球上是一样的。生活在微重力下还需要特殊的设计技术。比如，开口容器中的饮料会溅到墙壁上，如果摇晃的话，会有小水滴飞离容器，这样，自由飘舞的小水滴不仅造成不便，还会干扰并分散宇航员的注意力，它们无疑会对设备造成损害，尤其是敏感的电气设备和电脑。

为姿态控制系统火箭运载推进槽的航天器有类似的液体问题。在轨道中，既然没有"上"和"下"来确定液体活动的方向，液体推进物会在每个储存槽中四处流淌。在微重力环境下使推进剂和其他液体流动需要一些巧妙的工程技术。一个液体流动技术是将一个加压的灵活的气囊放在储存槽中。加强这个灵活气囊外部惰性气体（如氮）的压力就会帮助液体流出储存槽——这与挤牙膏很相似。

在载人航天器上，水通常盛在一个特殊的容器内，这个容器可以通过拧紧或松开一个开关打开或关闭。其他饮料，如橙汁，一般盛在一个可以插入吸管的密封容器内，当无人饮用饮料时，吸管就会夹紧。

微重力生活中处理固体食物也需要特殊的办法。食物都是一小块的体积以避免碎片在太空舱中飘浮，汤、酱和调味料都具有黏性以阻止它们脱离食物托盘而飘走。典型的太空食物托盘都安装了磁铁、夹子和双面胶布以固定金属、塑料和其他器皿。

微重力下的个人卫生问题也相当具有挑战性，比如，宇航员洗海绵浴，而不能淋浴或正常的盆浴。由于在微重力下水贴近皮肤，流汗是恼人的，尤其是在剧烈活动时。清除垃圾是另一项具有挑战性的工程设计问题，为使宇航员固定而不飘走需要专门的如厕设施。废物被一股气流和类似切碎机的设备冲走。

在微重力环境下睡觉是另一个有趣的经历。航天飞机和空间站的宇航员既可以水平睡觉也可以垂直睡觉。他们的防火睡袋固定在一个带垫的板上，但宇航员实际上是飘在空中睡觉。

在微重力下工作需要使用专门的工具来平衡或抵消反作用力。没有这些工具，宇航员会无助地飘浮在空中，无法工作。微重力环境会引起人的一系列身体变化。例如，太空旅行者的眼睛看上去变小了，因为他们的脸变肿了，他们还会呈现出红色的脸颊，前额和颈部血管突出，他们甚至要比在地球上更高，因为他们身体的质量不会再施压于脊柱。腿部肌肉萎缩，还会发生其他人体测量数据的改变。宇航员需要躬身行动，头部和上臂前倾。一些太空旅行者还会暂时出现类似晕车的情况。这被称作晕太空病或太空适应综合征。另外，鼻子等出现堵塞，类似感冒的症状。这些微重力引起的生理变化有许多看上去是由于体液从身体的较低部位流向较高部位。这么多液体流向头部，以致大脑会以为身体里水太多了，这会导致尿液的增加。

在微重力环境中生活时间过长会导致心脏萎缩，红细胞减少，白细胞增加。吸回作用发生，即重要的矿物质和其他化学物质（钙、磷、钾、氮）从骨骼和肌肉中滤出进入体液并随尿液排出。这种矿物质和化学物质的流失对人体具有不利的生理和心理上的影响。长时间呆在微重力环境下会引起骨质流失，骨骼组织形成的速度降低。

据人类太空飞行资料记载，在微重力下生活时间较短（7—70天）不会对宇航员造成伤害。但长时间执行太空任务（一年到几年）比如探测火星，就需要使用人造重力，以避免长时间的微重力环境生活造成健康严重受损。宇航员在火星执行任务时，这种人造重力还能帮助他们适应火星表面的活动，在那里，他们又要承受火星引力。

除了给人类提供一个有趣的生活空间，这种微重力环境还提供了地球上无法实现的制造新的改良材料的可能性。尽管微重力在地球上可以被模仿，但持续时间都很短（几秒到几分钟），还常被震荡和其他意外因素影响。在轨道卫星内的长期微重力环境提供了全新的材料科学研究、生命科学研究和专门产品制造的空间。

太空物体的运行轨道

太空任务计划者要想成功发射、控制、追踪卫星并预测卫星的太空运行情况，他们就必须了解轨道力学。轨道就是一个物体在太空绕主星运动的封闭路径。常见的轨道有地球绕月轨道和月球绕地球轨道。一条轨道从太空看是一条完整的路径，不同于一次公转。只要一个物体再次绕过它起始点的主星的经度或纬度，它就完成了一次公转。例如，一个从佛罗里达州卡纳维拉尔角空军基地向东发射的绕地卫星，通过大约西经80°的时候就完成了一次公转。然而，当它自西向东绕地球运行的时候，地球本身也在自西向东自转。因此，这颗卫星公转周期实际长于它的轨道周期。反之，如果向西发射这颗卫星（从节约推进力的角度并不可行，而且由于安全原因在卡纳维拉尔角不被允许），由于地球自西向东自转，那么它的公转周期就要短于轨道

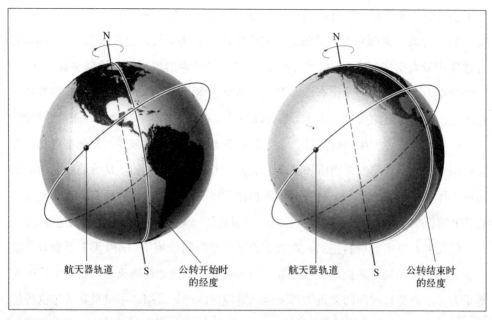

航天器轨道   S   公转开始时的经度   航天器轨道   S   公转结束时的经度

该图表示航天器自西向东绕地球运行的轨道以及地球自西向东的旋转使经度前移。如图所示，公转周期长于轨道周期

周期。自东向西被称作逆行轨道，自西向东被称作顺行轨道。如果卫星南北方向运行（极轨道），它经过起始的纬度就完成一次公转。它的轨道周期与公转周期几乎一致，但并不完全一样，因为地球实际上轻微的南北摇晃，高交角（极轨道运行）发射的美国卫星都在位于圣巴巴拉北部的加利福尼亚州中海岸的范登堡空军基地发射。

　　下面列举一些其他用来描述轨道运动的术语。远拱点：指轨道上距主星最远的点；近拱点：距主星最近的点。对于绕地球轨道来说，一组相对应的词是远地点和近地点。对于绕日物体来说，远日点是绕日轨道上距离太阳最远的点；近日点是距离太阳最近的点。

　　科学家经常使用轨道平面这个术语。地球卫星的轨道平面可以想象成一个将地球切成两半的巨大而又扁平的盘子。这个想象的盘子就叫作轨道平面。交角是另一个轨道参数，指的是轨道平面与赤道平面之间的角度，交角还显示了卫星绕地球运行时向北向南有多远，比如，如果一个卫星的交角是 56°，它绕地球运行就会北至北纬 56°，南至南纬 56°。然而，由于地球的旋转，卫星每次公转不会经过地球同一区域。沿极地轨道运行的卫星交角约为 90°，它交替向北向南绕地球运行。一个极轨道卫星会经过整个地球，因为地球在它下面自西向东运转。美国国家航空航天局的陆地卫星就在极轨道用多谱线传感器观测到了整个地球，提供了关于地球环境和资源储备的珍贵信息。

赤道轨道卫星交角是 0°。国际商业通信卫星就是赤道轨道卫星。将它们发射到地球赤道之上特定距离某一点，它们看上去就好像基本固定在那一点。航天工程师把这样的卫星叫作对地静止卫星。它们处于同步轨道，也就是说它们绕地球一周与地球自转一周时间一样（大约 24 小时）。航天工程师有时把在同步轨道高度但有倾斜轨道的卫星叫作地球同步卫星。虽然这种特殊卫星不会向西或向东偏移，它们会根据交角的大小向北和向南移动到特定的纬度，地球同步卫星的地面轨迹就像延展的数字 8，交叉点在赤道上。

根据开普勒行星运动第一定律，所有的轨道都是椭圆形的。航天工程师认定，

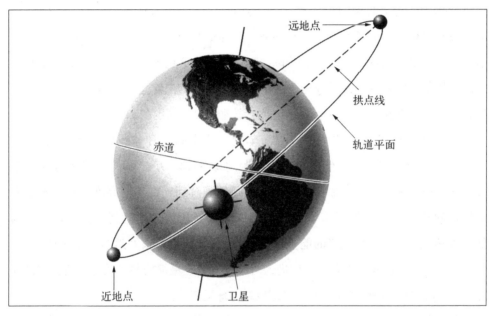

该图表明卫星绕地球轨道的远地点和近地点

当卫星的远地点和近地点相差很大的时候，一个卫星轨道是椭圆的。他们认为远地点和近地点几乎一致的卫星运行轨道是接近圆形的。

除了牛顿的运动定律，还有其他的科学定律影响着天体和人造卫星的运动，包括牛顿的万有引力定律和开普勒的行星运动定律。

牛顿观察到，所有的物体都相互吸引，科学家们称之为万有引力。这既适用于大的天体，也适用于微小的粒子。一个物体对另一物体的万有引力随其质量变化而变化。两个物体距离越近，它们之间的万有引力也越大。牛顿用下面的等式来计算

万有引力：$F=(Gm_1m_2)/r^2$

F 表示两物体之间的万有引力；m_1，m_2 分别是两个物体的质量；r 是两物体间的距离；G 是万有引力常量。

牛顿的万有引力定律表明了两物体间的引力与它们质量的乘积成正比，与它们之间距离的平方成反比。这一物理原理对于发射卫星并使其运行这点非常重要，宇航员经常用它来估计天体的质量。万有引力定律告诉科学家，要想使卫星在轨道运行，它的速度必须抵消主星对它的引力。因此，卫星在低轨道比在高轨道需要更快的速度。例如，卫星在250千米高度的轨道上的速度大约是2.8万千米/小时。物理学家用牛顿的运动定律和万有引力定律得出了下面的公式，用来表示卫星在距离地球中心为 r 时做圆形轨道运动的速度（v），$v^2=GM/r$。在这个等式中，v 的单位是单位时间的长度（一般是 mph 或 km/hr），G 是牛顿的万有引力常量，M 是地球的质量（大约是 13.2×10^{24}/bm 或 6.0×10^{24} 千克），r 是地球中心到卫星的距离。科学家们发现，假设地球平均半径是大约 3 975 英里（6 400 千米）比较方便，这样 r 的值就是这个平均半径与卫星离地球表面高度的和。

17 世纪，牛顿使用这个等式更简单的形式来确定月球绕地球运行的速度。他发现这颗地球唯一的天然卫星，大约距地球38.44万千米，轨道运行速度是大约 3 660 千米/小时。如今，航天工程师们了解到，在不同高度运行的卫星有不同的轨道速度。他们还认识到，把某一装载量从地表发射到较高的高度（与低高度相比）需要消耗更多的能量，因为发射器要使物体很好地摆脱地球的重力。

在火箭推进过程结束后，任何进入轨道的人造卫星都按照运动定律所描述的那样运行，就像行星围绕太阳运行，月球围绕地球运行一样。

科学家们把开普勒的 3 个行星运动定律总结如下：

开普勒第一定律：每个行星都沿椭圆形轨道绕太阳运行，太阳处于椭圆的一个焦点上。

开普勒第二定律：半径矢量——如从太阳中心到一个行星中心，从地球中心到月球中心，或从地球中心到一个卫星的中心——在相同时间段扫过相同的面积。

开普勒第三定律：行星公转周期的平方等于它与太阳平均距离的立方。科学家概括了这个定律并把它延伸至卫星绕地球运动；卫星的公转周期随着它与地球距离的增加而增加。

在得出第一行星运动定律的时候，开普勒认为纯粹的圆形轨道是不存在的。自然界中只有椭圆形轨道，这些非圆形轨道是由万有引力的干扰和其他物理因素造成的。根据牛顿的定律，万有引力可以延伸到无限远，尽管它随距离增大而削弱（平方反比定律现象），直到最终无法察觉。然而，虽然绕地卫星主要受地球引力的影响，月球、太阳和其他天体也会影响到轨道运动。

开普勒的第三行星运动定律说明了物体的轨道半轴越长，它的公转周期就越长。一个有趣的例子是利用该原理使航天飞机与地球低轨道卫星会合。为了追赶无人卫星，航天飞机必须先减速，这样会使它进入低轨道。在低轨道中，航天飞机的速度将增加，当接近目标卫星的时候，航天飞机加速，提高轨道，达到与目标卫星会合相适应速度。

另一个有趣的轨道现象是地球卫星相对于赤道某一点是静止的。英国科学家、作家亚瑟·C.克拉克爵士（Sir Arthur C. Clarke）在1945年写的一篇文章《无线世界》

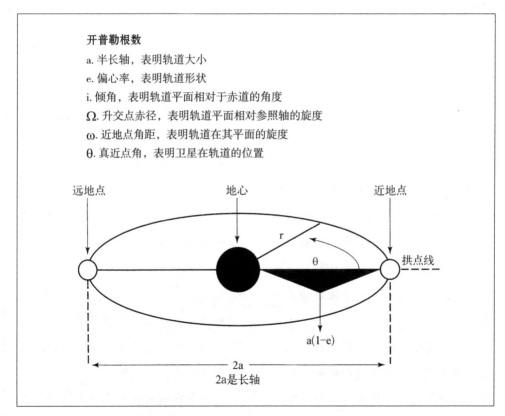

定义卫星位置的6个开普勒轨道根数

中，最先设想出这种对地静止卫星。克拉克描述了一个传送电话、电视信号的地球通信卫星系统在大约距赤道3.59万千米的高度绕地球运行。这个卫星系统绕地球运行速度与地球自转速度一致。因此它不像天空中的行星和月球那样有升有落，而是永远在同一经度，与地球运动同步。

航天工程师认定了其他一些有趣并重要的卫星轨道，包括Molniya轨道和太阳同步轨道。Molniya轨道呈高度椭圆形，远地点（大约4万千米）在北半球，近地点（大约500千米）在南半球。苏联工程师开发了Molniya轨道供通信卫星使用，因为Molmya轨道卫星大部分时间在北半球，极少时间在南半球。美国航天工程师完善了太阳同步轨道的使用，有效地利用了极轨道军事卫星和民用卫星收集的数据，这些卫星收集地球的图像和其他从低轨道获得的环境资料。

知识窗

太阳同步轨道

一个太空传感器所能见到的地球取决于它轨道的特点和传感器的视野。太阳同步轨道是特殊的极轨道，它能使绕地卫星的传感器与太阳保持固定的关系。这一特点对于环境卫星（如气象卫星）和多谱图像遥感卫星（如Landsat卫星家族）尤其重要。一个在太阳同步轨道绕地运行的卫星每天在当地同一时刻经过地球表面某一地区。

一个描述太阳同步轨道特性的方法是确定卫星经过赤道的时间。这些赤道的经过点（叫作交点）每天在当地统一时间发生。向下穿越（从北到南）与向上穿越（从南到北）相隔12小时。在航天运行中，"A.M.极轨道卫星"和"P.M.极轨道卫星"分别指上午和下午经过赤道的太阳同步卫星。

一个A.M.极轨道卫星可以在有充足照明的时候观测地球，但是必须在太阳加热和云层多积累之前。这样一个"上午的平台"还提供了突出地质特点的照明角度。而通过P.M.极轨道卫星，可以研究云层在地球天气和气候中所起的作用，并且在经过太阳加热后研究地表特点。

一个有代表性的上午气象平台会在810千米高度运行，倾角为98.86°，持续时间 101 分钟。它大约在当地时间 7:30 经过赤道。与此相类似，一个下午 P.M. 极轨道卫星在 850 千米高度运行，倾角为 98.70°，持续时间是 102 分钟。它大约在当地时间 13:30 经过赤道。

每个卫星（即上午平台和下午平台）每天都会观测地球同一部分两次；因此，这两次观测提供的环境数据结果大约相隔 6 小时。在美国太空计划中，下午平台执行主要的气象任务，而上午平台提供补充和支持的数据。

◎发射卫星

要想使卫星进入地球轨道，发射器必须成功完成两个重要的任务：垂直上升和水平加速以达到轨道速度。牛顿的加农炮思考实验提供了有用的类比。首先，加农炮必须被运送到极高的塔顶，然后，它必须用极大的力量做水平发射，这样才能绕地球运转而不落回地面。

航天工程师使用稍微不同的科学术语来描述这一过程。首先，发射火箭必须产生足够的推进力，举起自身和运载物（卫星），使它们垂直上升进入大气层。既然是垂直上升，火箭和运载物必须逐渐加速，穿越地球的大气层，但此时的速度远低于轨道速度。这种垂直发射的方法防止火箭和运载物分离，由于巨大的空气动力和摩擦热量，一旦火箭运载卫星的部分到达了合适的高度，它就必须倾斜侧推卫星，使其能够绕地球沿封闭轨道运行。科学家和工程师把火箭倾斜的高度叫作入轨高度。

一般在入轨的过程中，上一级火箭燃烧使卫星达到足够沿轨道运行的速度，有时上一级火箭将卫星送入过渡轨道。当到达预定高度的时候，一个专门的火箭将与卫星对接，并适时发射，使卫星进入新的轨道。

有时火箭在入轨高度的燃烧没能提供足够的推进力，重力使卫星又回到了地球。这种发射失败使卫星在高层大气层中燃烧了。还有的时候，入轨燃烧造成的推力过大，使卫星达到完全逃离地球引力的速度，在太阳系轨道内燃烧了。这两种情况代表了两条入轨失败渐近线。在这两种极端情况之间还有一些其他的入轨失败，卫星在非预定轨道运行。有时，任务指挥者可以通过使用卫星装载的高度控制推进器纠正卫星的位置。而有的时候却很不幸，偏离的卫星真正消失在宇宙中，成为绕地球运行的废物。

那么卫星绕地球运行所需的水平推进力量是多大呢？如前所述，卫星的轨道速度取决于它的高度。要在 350 千米的高度沿圆形轨道运行，卫星的轨道速度必须是每秒 7.8 千米。这个高度代表了一个重要的太空位置，叫作低地球轨道。然而，许多卫星在更高的轨道运行。发射器通常使卫星进入低轨道待命，当轨道过渡条件有利时，指挥者就会点燃卫星的上一级或轨道过渡火箭，使卫星从低轨道进入高轨道。

◎ 卫星的构造是怎样的呢？

卫星的大小、形状、用途各异。一个特定卫星的任务决定了该卫星必须运载何种设施。比如，一颗现代通信卫星装有异频雷达收发机，可以使卫星以一种频率接收无线电信号，再以另一种频率传送回地球。一颗科学卫星，如美国国家航空航天局的钱德拉 X 射线天文台，有专门的收集仪器，可以从天体收集高能量的天体物理学数据。军事卫星，如国防支持计划的导弹侦察和警示卫星，使用能侦察敌方导弹发射的红外线望远镜这样的专门信息收集仪器。

为完成各自的任务，不同类型的卫星在不同的轨道和不同的高度运行。有的卫星在对地静止轨道能更好地完成任务。这些卫星包括气象卫星、通信卫星和军事侦察卫星。其他卫星在接近圆形的极轨道运行，这样使卫星的传感器更接近地球表面。这样的卫星包括军事照相侦察卫星和民用环境监测卫星。还有其他一些卫星在高度椭圆形轨道运行，在远地点的时间远远多于在近地点。俄罗斯的"闪电"通信卫星就是个例子。

在卫星设计过程中，航天任务计划者选择不同的轨道以适应具体的任务需要和不同类型卫星的仪器性能。当航天工程师设计一颗卫星时，他们面临着大量的与太空技术相关的决策。他们经常需要在使用新仪器还是现有仪器之间进行权衡。在工程师考虑他们的决定的时候，他们意识到基于新技术的设备可以让卫星完成更多任务。他们还意识到，旧的设备技术上的记录表明它可以在太空艰苦的环境中工作。没有人愿意因为在一个关键的子系统中使用新部件而损失一个 10 亿美元的卫星。然而，如第三章所述，在过去数十年里，航天工程领域取得了卓越的进步，空军或美国国家航空航天局的航天工程师经常在一些高风险的卫星项目中大胆使用新的太空技术。一旦经过验证，某一特定技术（如太阳能电池用来发电）就会经常应用在以后的卫星上。

尽管由于任务不同，装载物也不同，但相同的是所有无人卫星都是一个绕地球

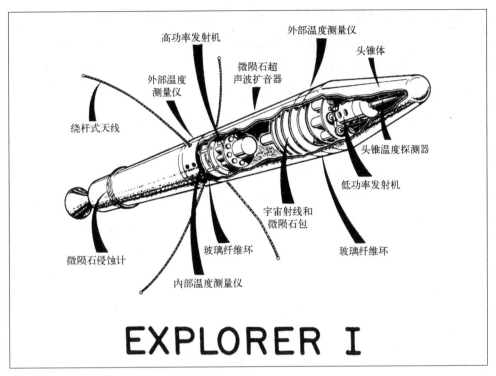

高功率发射机
外部温度测量仪
头锥体
外部温度测量仪
微陨石超声波扩音器
绕杆式天线
头锥温度探测器
低功率发射机
微陨石侵蚀计
宇宙射线和微陨石包
玻璃纤维环
玻璃纤维环
内部温度测量仪

EXPLORER I

这是美国于 1958 年 1 月 31 日（当地时间）发射的第一颗卫星——"探险者 1 号"的剖面图。"探险者 1 号"进行了由范·艾伦博士设计的宇宙射线辐射探测器实验，并发现了地球网罗辐射带的内层

运行的平台,并且在不同程度上受到地球上任务管理者的控制。对于载人航天器来说,内部还要有特殊的密封舱和生命支持设备使宇航员和其他生物能够舒适地生活。

所有的卫星都有一组子系统,帮助其找到轨道,执行任务,在太空环境中运行。这些子系统包括结构和热控制系统、数据处理和存储系统、电信系统、高度控制系统和能源。卫星的子系统支持执行任务的运载物,并使卫星能够在太空运行,记录数据并传递回地球。

卫星是以某种金属或复合材料为基本结构建造起来的,所有其他部件附着在上面。航天工程师称这一基本框架为运载舱。

早期的卫星,像"探险者 1 号",小而轻巧。为了减少质量和操作的复杂性,早期的卫星通常被挤塞在火箭的最后一级,例如,朱庇特-C 火箭的第四级就是"探险者 1 号"卫星的基本结构。第一颗美国卫星是自旋稳定的圆筒形卫星,2.0 米长,直径为 0.152 米。工程师们在其中部对称安装了 4 条鞭状天线。科学家把"探险者 1

号"4.82 千克重的仪器包装入 4 级火箭的前端。爱荷华州立大学的詹姆斯·范·艾伦设计的 Geiger-Mneller 射线探测器是用来探测宇宙光的。科学家们还尝试用一个电线网（装在 4 级火箭的尾部）和一个声音探测器（装在中部）来侦察流星。仪器获得的数据不断传输，但数据接收只限于"探险者 1 号"经过有合适装置的接收站的时候。尤其值得一提的事，范艾伦的射线探测器的成功操作使"探险者 1 号"成为第一个能发现地球物理磁层的长期射线的卫星。后来的科学卫星能观测到更广的射线区域，宇宙科学家称之为范艾伦辐射带。

后来的卫星，如哈勃太空望远镜，有更大、更复杂的结构。它是美国国家航空航天局"大天文台计划"的第一个也是最重要的飞行任务。哈勃太空望远镜使用了直径为 2.4 米的里奇–克雷季昂反射望远镜用电磁波谱的可见光、近紫外线和近红外线

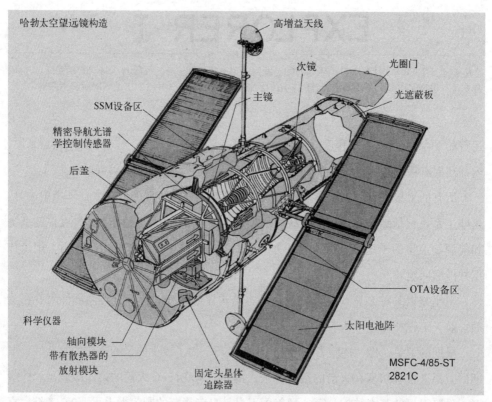

该剖面图展示美国国家航空航天局的哈勃太空望远镜（HST）的整体构造。作为 STS-31 任务的一部分，"发现号"航天飞机上的宇航员在 1990 年 4 月将这一功能强大的光学望远镜送入地球轨道。为纪念美国宇航员埃德温·鲍威尔·哈勃而命名，哈勃太空望远镜为人类研究宇宙作出了杰出的贡献。

观测宇宙。哈勃太空望远镜于 1990 年 4 月 25 日由"发现号"航天飞机送入地球低轨道。哈勃望远镜采用组件式设计，这样宇航员在以后执行飞行任务的时候，可以对其进行检修，宇航员已经进行了 3 次检修，分别是纠正主反射镜的球面像差、更换陈旧的科学仪器和损坏设备（如精确指示所需的陀螺仪），升级原始的太阳电池阵。在发射的时候，哈勃太空望远镜入轨质量是 1.16 万千克。最初的两个太阳电池板长 12.1 米，宽 2.4 米，能产生大约 2 400 瓦的电量。太阳电池阵产生的电可以操纵卫星装载的电脑和全部科学仪器。这些电还用来给 6 个镍氢电池充电，这 6 个镍氢电池在卫星处于地球阴影里时提供电能，地球每绕地一周约有 25 分钟处于地球阴影里。哈勃太空望远镜通过美国国家航空航天局的跟踪和数据接力卫星系统与地球上的控制者和科学家联系，第八章讨论了哈勃太空望远镜的观测能力以及它对现代天文学的影响。此处的重点是说明自从太空时代开始以来，科学卫星的设计复杂程度和任务执行能力的极大提高。

铝是卫星最常用的建造材料。多种铝合金为航天工程师提供了可选择的一系列材料特性，如承受力和加工性。根据飞行任务需要，卫星结构还有可能包括铍、镁、钛、钢和多种航天工业复合材料。

热控制系统调节卫星的温度，防止卫星在绕地运行时温度过高或过低。由于卫星在轨道运行时需要经受温度极限，热控制是一个很困难也很复杂的工程学问题。例如，太阳对于卫星来说是极热（大约 5 800 K）的热辐射源，深空则是温度极低（大约 3 K）的热汇，地球是巨大的红外线辐射源（大约 300 K）。卫星表面的特性、环境温度的影响以及卫星与其他辐射物体的相对关系都在控制卫星热能量平衡的复杂辐射热传递过程中起着重要的作用。

在宇宙真空中，辐射热传递是热量进出卫星的唯一办法。航天工程师使用复杂的辐射热传递方法使卫星达到可接受的热度。卫星设计者用被动和主动的方法实现热控制。被动热控制方法包括卫星特殊的表面涂料、辐射翼、太阳屏障、绝缘层、热导管、卫星形状。热传导性一般控制卫星内部邻近的组成部分之间的热能流动，以及从这些组成部分到卫星外部表面的热量传递。航天工程师还使用主动的方法实现热控制。一些常用的方法包括电驱动加热器和冷却器、天窗和百叶窗、闭环液体泵。无论航天工程师使用被动还是主动的热控制方法，他们的目标都是一致的——把卫星和其敏感部件的温度控制在可接受的范围内。

知识窗 ━━━━━━━━━━━━━━━━━━━━━━━━━━●

选择卫星散热器

散热器是通过热辐射传导过程将废弃热量从卫星内部排除到太空的设备。散热器通常是卫星热控制系统的主要组成部分。散热器的设计取决于运行环境以及需要排除的热量总和。在一固定表面区域能够辐射到太空的热量是由斯蒂芬 - 玻尔兹曼定律决定的，即与辐射表面绝对温度的四次方成正比。散热器的表面面积和质量对废弃热量温度十分敏感。更高的废弃热量温度对应更小的散热器表面和更小的散热器质量。但是高温度散热器会影响卫星的设备，对卫星结构和组建设计产生不良影响。所以航天工程师为了整个卫星设计的完整性和各部件的和谐会选择更大的、低温度散热器。

散热器可以是固定的也可以是活动的。航天工程师经常选择扁平碟状或十字形的构造，因为这样的结构最容易制造。散热器可以是坚固的、全金属构造，或者包含嵌入的冷却管和使热能传输到散热器表面各部分的通道。然而，嵌入冷却管和通道的散热器必须足够厚，以防御卫星和太空残骸碰撞带来的损坏，这有可能引起表面穿孔和冷却剂泄漏。使用热管散热器结构是另一个设计选择。

选择合适的散热器设计方式的总的目标是以最少的结构质量和设计复杂性投入，使卫星最大限度地排出废弃热量。

航天工程师很好地利用了微电子技术的革命，在每一颗卫星上都安装了计算机，由一台功能强大的主计算机管理卫星的全部活动并记录时间，它还解释来自地面控制人员的指令，并收集、整理输出数据传回地球，它还监督故障排除系统并与之交互。工程师设计并安装了各种故障排除系统来保护卫星，以防万一某一子系统出现问题。

卫星工程师称这台计算机为卫星的指挥和数据处理子系统。卫星上的钟式记录仪表是该子系统的一部分，通常是一兆赫频率的稳定电路。这个仪表在卫星运行过程中记录时间的推移，并管理卫星内几乎一切活动。它有可能非常简单（如每过一秒，值增加一个刻度），或者很复杂（有几个主要的和清晰度更高的附属仪表）。在航天任务中，许多向飞行器传输的命令在仪表技术的稳定时刻开始执行。在向地球传输的遥测数据中，卫星仪表计数包含在工程和科学数据中以供分析。

每个卫星都有某种通信系统，使其通过无线电信号与地球联络。航天工程师把他们传输给卫星的无线电信号称作向上传输，把卫星传回地球的信号称作向地传输。由于一颗卫星只有有限的能量用来传输无线电信号，航天工程师通常把这些能量集中成一束电波，由卫星传回地球。卫星的碟状高增益天线（HGA）执行这项任务。这里的"增益"是指信号强度的增加。卫星设计师有时用低增益天线给卫星提供全向通信覆盖范围的能量。

向上传输和向地传输远程通信都包含一个纯无线电频音（工程师称之为载波信号），工程师能修改载波信号使其向任何方向传送额外信息。航天工程师通过改变幅度、频率或相位来调制卫星的载波信号，这样使新的信息为副载波信号。工程师称以上信号调制过程为调幅（AM）、调频（FM）和调相（PM）。

遥测就是在某一点进行测量，然后把数据传输到远处的地点供评估和使用。在航空工业，"遥测"一词有更专业的意义，它指传送被调至成向地传输信号的数据。卫星发出的遥测数据，既包括与任务相关的数据，也包括有关全部卫星子系统状态的数据。卫星任务控制者在向上传输载波信号上调整命令。向卫星发送一组命令时，他们把这一远距离通信过程叫作上传。当卫星把一组遥测数据传回地球，他们把这一过程叫作下载。卫星和地面指挥站均有一个调制解调器来检测这些调制过的副载波信号，与主载波信号传递的数据分开处理。

卫星的姿态控制系统（ACS）包括机载计算机系统、助推器和一些机械设备，以确保卫星在飞行过程中保持稳定。姿态控制系统还使卫星将其仪器准确定位。卫星的稳定是通过旋转获得的，或者使用三轴稳定法，通过必要时点燃一组推进器使卫星保持一个固定的姿态。

以上两种实现卫星稳定的方法都有其基本优点和缺点。旋转稳定器提供了场仪表和粒子仪表所需的持续的动能。然而，这样的卫星需要复杂的系统，使必须指向太空固定点的天线和光学仪器停止旋转。三轴姿态控制法能够将天线和光学仪器准确定位，但是卫星必须进行旋转操作以正确使用场仪表和粒子仪表。姿态控制系统对于远程通信和数据收集是至关重要的。航天工程师必须准确地将卫星的高增益天线指向地面站。某些轨道运行系统，如哈勃太空望远镜需要精确定位，使其装载的仪器准确收集数据。

知识窗

太阳能光伏发电

科学家把太阳能通过光生伏打效应直接转换为电能的过程叫作太阳能光伏发电。在一个直接能量转换设备中，电直接从主能源产生，而不需要包括热电机和工作流体的热动能转换循环过程。一个光伏转换电池叫作太阳能电池，而用来增加电能输出的一组电池叫作太阳电池阵或太阳电池板。太阳能电池是很有效的直接能源转换设备，它能很好地为航天器提供电力，已经使用了60多年了。

自从1958年以来，太阳能电池一直被用来为各种各样的航天器提供电能。太阳能电池能直接把太阳光转化为电能。太阳能电池没有能够损耗的活动部分，不会产生噪音、废气和其他污染物。然而，太空环境，尤其是网罗辐射带和太阳耀斑释放出来的能量粒子，能破坏航天器上的太阳能电池，缩短它们的使用寿命。

典型的卫星太阳能电池是由正极和负极半导体材料（通常是硅）制成的。当这种材料组合暴露在太阳光下的时候，偶然发生的电磁辐射会将半导体材料原子中的束缚电子解放出来，成为自由电子。束缚电子被释放出来的地方会留下一个洞（正电荷）。因此，自由电子和洞的数量是相等的。在正负极交汇处的电栏杆会使新产生的自由电子向负极材料深处移动，相应的孔洞移向正极材料深处。

如果正负极材料通过外界导体进行接触，自由电子会从负极材料移向正极材料。在到达正极材料的时候，自由电子会进入已有洞内，重新成为束缚电子。自由电子通过外界导体的移动就形成了电流。只要太阳能电池暴露在太阳光下，新的自由电子和孔洞不断产生，这股电流就会持续下去。这就是太阳能光伏发电的基本原理。

卫星的姿态控制系统管理全部与平台稳定相关的任务。它与导航和指挥子系统交流，以确保卫星保持预期的姿态。天体参考系（星体追踪器）和惯性参考系（陀螺仪）提供导航数据标明卫星的位置，以及怎样将它调整到计划轨道路径。

姿态控制系统与卫星的推进系统紧密联系，以确保在一系列小推进器点火之前或一个大的改变轨道火箭引擎点火之前指向正确的位置。通常小助推器燃烧需要实现微小的姿态调整，而这些调整是在卫星主计算机系统的严密监督下自动完成的。这意味着卫星在沿地球轨道运行时实际上是自我驱动的。然而，当卫星姿态或轨道需要做大的改变时，人类控制者就会向上传输点火命令，到时由卫星执行。一些卫星拥有非常复杂的姿态控制系统，使用低助推电子火箭引擎来进行轨道调整和姿态调整操作。

能量子系统满足卫星全部的电力需求。最早的苏联和美国绕地卫星（"斯普特尼克 1 号"和"探险者 1 号"）依赖电池获得它们需要的全部电能。然而，一般来说，只有在卫星和星际探测器执行短期任务时——几小时、几天至多几周，才可以将电池作为唯一的电源。现在，大多数卫星同时使用太阳能电池和可充电电池。可充电电池在太阳能电池阵见不到太阳的黑暗时刻提供电力。例如，镍镉电池就是许多卫星上与太阳能供电系统同时使用的能量储备，普遍的能量密度是每千克 10 瓦时，10%—20% 的放电提供周期生命。能量储备子系统是太阳能 – 可充电电池太空电力系统最大最重的部分。

大多数现代卫星都有设计良好的内部电网将电力分配给机载各部分。那么一颗卫星到底需要多少电能？航天工程师根据经验得知，一个复杂的机器人卫星需要300—3 000 瓦电能来完成它的任务。执行简单任务的小型卫星只需要 25—100 瓦。然而，电能越少，卫星的性能和稳定性就越低。载人卫星通常需要更多的电能。例如，国际空间站的太阳能电池阵能产生大约 110 千瓦的电来满足宇航员及其生命保障系统、远程通信设备和科学实验的需要。

在美国太空计划的前 20 年，某些绕地卫星，如美国海军的"子午仪号"导航卫星，从一个叫作同位素温差发电器（RTG）的长期核电站获得部分或全部电能。同位素温差发电器利用热电效应将一个放射性同位素的衰变热直接转化为电能。美国使用放射性元素钚 –238 作为它的同位素温差发电器的核燃料。目前，同位素温差发电器在必须是深空或恶劣的宇宙环境中运行的科学卫星上使用（如绕土星运行的卡西尼），在这种情况下，太阳能光伏发电子系统则无效。

◎影响卫星性能和寿命的因素

在太空时代开始之前，没有人知道卫星能在轨道内运行多长时间以及太空环境如何影响卫星的性能。实际上，电池的寿命是早期卫星使用期的主要限制因素。随着太阳能电池给卫星提供电力，延长了卫星的寿命，航天工程师开始关心另外一个问题，卫星是否会与流星相撞而殒命。虽然卫星设计师仍然关心流星的影响，但这一自然界的威胁证明，结果不像所想象的那样严重。可是，卫星可能与人造太空残骸遭遇毁灭性相撞却成了日益严重的问题（后文将会提到）。航天工程师在设计卫星时必须关心其他几个因素，包括近地环境的辐射、大气阻力、卫星充电、卫星排气和卫星润滑。上述每一点都会影响卫星的性能或者极大降低卫星的寿命。如今，航天工程师设计卫星组成部分及其整体时，都要考虑使其能够经受这些不寻常的挑战。

地球的辐射带

地球物理磁层是地球周围由于磁场的原因太阳风无法穿越的地区，在磁层内部有两处原子微粒（主要是电子和质子）非常活跃的地带，位于大气层之上几百英里地球磁场内部。爱荷华大学的范·艾伦教授和他的同事在 1958 年发现了这些辐射带，如今被称作范艾伦辐射带。范艾伦是利用美国第一颗卫星"探险者 1 号"上的原子辐射探测仪作出这一重大发现的。

两个主要的辐射带在地球周围赤道之上 320—32 400 千米处形成了一个油炸圈形状的地区，这里充满了活跃的质子和电子。内范艾伦辐射带包含的质子和电子来自太阳风或者产生于宇宙光粒子和地球上层大气中的原子之间的核撞击反应。外范艾伦辐射带主要包含来自太阳风的电子。

在地球辐射带内运行的航天器和空间站容易受到带电粒子的电离辐射。这些粒子包括质子、电子、阿尔法粒子和重原子核。它们的破坏性影响包括材料和组件性能的退化，经常会导致卫星系统功能降低以及试验失败。例如，给卫星提供电力的太阳能电池在通过范艾伦辐射带时会遭到严重损坏。地球辐射带对于太空旅行者来说也是十分危险的环境。

航天工程师通过设计无人卫星以及带有辐射屏障的载人卫星已显著降低了地球辐射带的危害。通常，载人舱和敏感设备所在区域被其他卫星设备遮挡，这些卫星设备受电离辐射影响较小。为降低辐射带和损害，还可以通过选择飞行轨道以避免卫星在带电粒子密度高的辐射带长时间运行。例如，低地球轨道的卫星和空间站要躲避南大西洋异常区，即范艾伦辐射带。

大气阻力

在几千英里以下高度运行的卫星每绕地球一圈都会遭遇大量的大气颗粒物（即剩余大气）。这会对卫星造成阻力或摩擦，使它逐渐减速，除非卫星上装有推进剂能使其克服阻力，保持原有轨道高度。如果剩余大气的密度增加，对卫星的阻力也会增加。任何能够使地球大气加热的装置都会改变高层大气层的密度，从而迅速而剧烈地改变卫星的轨道。当剩余上层大气被太阳搅动加热，它就会膨胀，影响到更高的高度。

大气阻力的严重性可以从美国太空实验室空间站的过早毁灭得到证实。在太阳活动频繁的一段时间内，大气的升温使空间站的阻力剧烈增加，导致其轨道高度降低的速度比预想的要快得多。结果这个废弃的9万千克重的空间站（此前一次运载宇航员的时间是1974年）在1979年经历了惨烈的重返大气层，比它预计毁灭时间早了好几年。实际上，美国国家航空航天局曾一直考虑用航天飞机来拯救太空实验室，把它推向更高的高度。然而，第一次飞行任务1981年4月才实现，这已经是在太空实验室成为大气阻力头号牺牲者2年之后了。

卫星带电

无论是绕地球运行还是在深空运行，卫星都会对周围的环境产生上万伏的电位差。大的电位差也会发生在卫星自身上，这样的结果就是放电或形成电弧，这会损坏卫星的表面结构或电子系统。许多因素导致这一复杂的问题，包括卫星的结构、制造材料、卫星在太阳光下还是在阴影下运行以及它的运行高度，还有环境状况，如高能量太阳粒子的流动和磁暴活动的水平。

只要可能的话，卫星设计师就会使用导电的表面，并提供足够的支持技术。这样的设计能显著降低卫星表面的电位差，这是比卫星和空间电位差的形成更严重的问题。

卫星排气

排气是指当一物质暴露在比它内部气体压力小的环境时而释放气体。一般来说，这一术语指当一封闭物内部是真空，气体逐渐从暴露的表面排出，或者指卫星发射之后暴露在外太空环境下，表面释放气体。排气对于卫星设计者来说也是一个需要考虑的问题，因为释放的气体有可能凝结在光学仪器等的表面，从而降低部件或传感器的性能。航天工程师通过慎重选择卫星材料以避免排气问题。

此外，工程师还通过使某些必要的却有排气倾向的组件长时间受热真空烘烤来缓解这个问题，这样做可以在最后运载物安装和发射之前除去全部或者大部分多余的物质。这一重要发射前的准备过程通常与另一卫星状况检查结合起来，航天技术员将其称为"摇晃和烘烤"测试。

卫星润滑

由于在太空会遇到气压极低的环境，传统润滑油会迅速蒸发。即便在地球上的耐受材料中经常使用的软金属（如铜、铅、锡、镉）在太空中也会迅速蒸发。为应对太空环境对材料的苛刻要求，航天工程师在太空工具设计和运行中使用两种润滑技术：厚膜润滑和薄膜润滑。使用厚膜润滑时（也叫流体动力或流体静力润滑），润滑剂在运行过程中都保持足够的黏性，以致移动的表面不会互相物理接触。当两个移动表面的润滑层受到挤压导致两者物理接触时，使用薄膜润滑。航天工程师用干膜、液体、金属层、专门润滑油或结合使用这些材料润滑卫星的移动部件。液体润滑剂经常使用在需要执行飞行任务一年以上的卫星上。

◎ 太空残骸的问题

自从 1957 年太空时代开始以来，流星的存在就是设计卫星需要考虑的一个问题，流星体是星际环境的一部分，以平均每秒大约 20 千米的速度穿越地球轨道空间。太空科学数据表明，在任一时刻，距地球表面 2 000 千米内大约总共有质量为 200 千克的流星体，这是太空使用最频繁的地区，被称作低地球轨道。大部分流星体直径为 0.01 厘米，而少量的流星体直径小于或大于此。流星体的流量随地球绕太阳运行时刻发生变化。

人造太空残骸有时被称作轨道残骸或太空垃圾。太空垃圾不同于自然界的流星体，因为它终生都呆在地球轨道内，不像周期发生流星雨那样只是暂时现象。据估计，距地球表面 2 000 千米内的人造物体大约有 300 万千克，比流星体的质量多约 1.5 万倍。

人类制造的太空残骸大部分是在高倾角轨道，并以平均每秒 10 千米的速率运行。大多残骸在用过的火箭里、闲置的卫星里和少数活跃卫星里。少量的太空残骸 4 万千

地面电光深空监视

在绕地轨道中已知有九千多个物体。这些物体包括从活跃卫星到太空残骸碎片，或太空垃圾，如耗尽的上级火箭、爆炸火箭产生的碎片，甚至宇航员舱外活动遗失的工具和相机。位于夏延山空军站的太空控制中心支持着美国战略司令部的太空监视任务并保护美国在太空的资产，该太空控制中心保留有目前全部轨道人造物的记录，绘制了它们的位置图，计划了它们未来的轨道路径，并预测了较大人造物体重返地球大气层的时间和大致位置。中心目前跟踪这九千多地球轨道内的人造物体，大约有20%是正在运转的卫星和运载物。太空控制中心不断地从美国空军管理的太空监视网络获得数据。这些数据包括位于深空物体的信息，也就是在3 000英里（4 800千米）高度以上的物体。

有4个地面电光深空监视站（GEODSS）在帮助太空控制中心跟踪绕地人造物体方面起到主要作用。地面电光深空监视站是20世纪50年代中期开发的贝纽氏相机系统的继承者。电光深空监视站将望远镜、微光电视和现代计算机结合起来执行太空物体跟踪任务。每个地面电光深空监视站至少有两台主望远镜和一台辅助望远镜。前面提到的4个地面电光深空监视站分别位于新墨西哥州的索克罗（总部设在爱德华空军基地的空军第18太空监视中队的第一特遣队）；英国印度洋地区的迪戈加西亚（第二特遣队）；夏威夷的毛伊岛（第三特遣队，与美国空军毛伊太空监视系统列于哈莱阿卡拉山顶）；西班牙的摩伦空军基地（第四特遣队）。

地面电光深空监视站望远镜在空中移动速度看上去与星星移动速度一样。这使远处星体在视野中保持同一位置。随着望远镜缓慢移动，地面电光深空监视站的照相机迅速拍下视野的电子快照。计算机读取这些快照，并将它们互相覆盖。那些基本固定的星体图像就被删除了。然而，人造绕地太空物体不是固定的，它们的活动在控制台屏幕上可以看到，就像细小的条纹。计算机测量这些条纹，并使用得到的数据来确定人造物体的轨道位置。地面电光深空监视站系统可以监测在2万英里（3.22万千米）以上高度绕地运行的小到篮球那么大的物体。

克分布在目前正被太空监测系统跟踪的五千五百多个小型轨道物体中。这些小型太空残骸大部分是一百三十多起轨道卫星的破碎的副产品。最近的研究表明，至少1 000千克的轨道残骸直径为1厘米。一个大的太空物体爆炸或破碎能产生大量的小型物体，小到无法被地面太空监视系统发现。因此，对低于2 000千米高度的地球轨道运行的卫星，这种轨道残骸环境被认为要比自然界的流星体更具危险。

有两类轨道残骸普遍受到关注：（1）大的物体，直径超过10厘米，它们的数量虽然绝对值小，但要多于类似质量的流星体数量。（2）数量巨大的小型物体，直径小于10厘米，它们在太空的分布情况与流星体差不多，增加了相似体积的"自然残骸"的数量。这两类太空残骸互相影响，加上长时间在轨道内停留，使得制造更多碎片增加太空残骸数量的撞击是不可避免的。

轨道物体在地球大气的摩擦中以及受其他轨道干扰力量的影响逐渐损失能量。随着时间的推移，物体逐渐降入低轨道并最终落回地球。一旦物体进入地球大气层，大气阻力就使它急剧减速，并使它或者完全燃烧或者穿越大气撞击地表或落入海洋。损毁的卫星（或一片轨道残骸）在自然力量和现象的影响下重返地球大气层。由任务控制者有意从轨道撤离卫星的过程叫作"脱离轨道"。

最著名的一起大型人造物体在无人控制下重返大气层事件发生在1979年7月11日，退役的第一个美国空间站——太空实验室，在澳大利亚和印度洋上方重回地球。幸运的是，这一惊人的重返大气层事件没有对生命和财产造成任何损害。尽管人造物体从轨道重返大气层事件平均每天超过一起，仅有很少的物体能够到达地球表面。在重返大气层过程中，空气动力或热量分解并蒸发了大多数入侵的太空残骸。

太阳活动极大地影响地球轨道物体的自然损毁。频繁的太阳活动加热地球上层大气，使它膨胀到太空，从而降低了在低地球轨道区域较高高度运行的太空物体的寿命。然而，在大约600千米的高度，大气密度极低，太阳活动也不足以显著影响太空残骸的寿命。这个以太阳活动周期为基础的自然清理低地球轨道太空残骸的过程速度是极慢的，低于目前人造太空残骸产生的速度。

轨道残骸对于卫星和太空设施的影响取决于残骸的速度和质量。对于直径小于0.01厘米的残骸，其主要影响是造成地表坑洼和腐蚀。从长期来看，单独的颗粒与卫星相撞的影响是巨大的，因为这种小残骸颗粒在低地球轨道的数量是相当巨大的。

对于直径大于0.1厘米的残骸，对卫星有可能造成结构性损坏就成了一个重要的问题。例如，一个直径为 0.3 厘米、速度为 10 千米 / 秒的铝球与一个速度为 100 千米 / 小时的保龄球有大致相同的动能。航天工程师认为这样的影响会对卫星造成结构上的损坏。

航天工程师在设计现代航天器时，将太空残骸分为 3 类。它们是：直径为 0.01 厘米及以下，会造成表面腐蚀；直径为 0.01—0.1 厘米，能够造成相当严重的损坏；直径大于 0.1 厘米，会对卫星或太空交通工具造成毁灭性的后果。

今天，在 9 000 个记录在案的地球轨道物体中，只有大约 5% 是运行活跃的航天器。

该图所示为 1991 年 4 月"亚特兰蒂斯号"航天飞机在执行 STS-35 任务期间正使用远距离操纵臂部署康普顿伽马射线天文台（CGRO）。经过 9 年科学数据收集之后，美国国家航空航天局飞行控制员在 2000 年 6 月将这个巨大的康普顿伽马射线天文台进行了脱轨操作。他们此举是为了尽量减少太空残骸，并确保任何在重返大气层中幸存的碎片都落入南太平洋远处海域

其余的人造太空物体是多种类型的轨道残骸。太空残骸通常被分为 4 大类：（1）运行中的残骸（大约 12%），这样的物体是在卫星运行过程中故意丢弃的（包括镜头盖、分离和包装设备、旋转装置、运载物的包装、空推进槽和一些宇航员在太空船外活动

时丢弃或丢失的物体）；（2）用过的完整火箭体（14%）；（3）废弃的运载物（20%）；（4）轨道太空物体爆炸的碎片（49%）。

航天工程师在设计新航天器时，必须考虑日益严重的太空残骸问题。为使新航天器尽量不产生垃圾，工程师设计了使用结束时的回收或清理装置。有想象力的工程师甚至还建议使用远程机器人太空残骸收集系统。

今天，负责任的太空任务管理者都为绕地航空器规划寿终的处理办法。当一个对地静止通信卫星结束运行时，它运载了足够的姿态控制推进剂将它推进到一个稍高的轨道，那里就是卫星退役的地方。这一行为将废弃卫星占据宝贵的对地静止轨道空间降低到最低程度。在低地球轨道运行的巨大卫星和航天器最好通过精心控制的脱轨燃烧处理掉。这使退役卫星在或多或少的控制下以"坠毁"的方式重返地球大气层，如果有残存的碎片的话，也会落入预先设计好的海洋地区，而不造成任何损害。例如，美国国家航空航天局的飞行控制人员在2000年6月对康普顿伽马射线天文台（CGRO）成功地实施了报废操作。在进行了近9年的科学观测之后，飞行控制人员让康普顿伽马射线天文台执行了一系列精心策划的脱轨燃烧。这个巨大的卫星在南太平洋远处海域的上方重返地球大气层。残存的碎片都落入海洋里，没有给人们的生命和财产造成损害。与此相类似，在2001年3月，俄罗斯飞行控制人员安全地使废弃的"和平号"空间站综合体脱离轨道，让这个巨大的组合式航天器的碎片落入了太平洋远处海域。

知识窗

天要塌了："宇宙954号"事件

苏联的核能海洋监视卫星"宇宙954号"，1978年1月24日坠毁在加拿大的西北地区。"宇宙954号"的重返大气层坠毁事件并非意外。这颗军事卫星发射于1977年9月18日，在它开始执行海洋监视任务的前几周里就表现异常。北美防空联合司令部（NORAD）负责跟踪近地太空物体的计算机预测这个行为异常的苏联卫星会在低轨道能量消减，并于1978年4月的某一天重返地球大气层。由于潜在的辐射危险，苏联政府最终向世界承认，它的一个核能雷达海洋侦察卫星（RORSATS）确实失去控制，就像传说中的达摩克利斯之剑悬挂在地球上方。

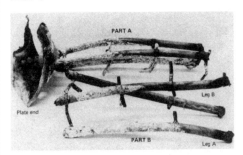

该图所示为"宇宙954号"的一片被称为"鹿角"的残骸，由加拿大白壳核能研究局拍摄。这片放射性的太空残骸是于1978年1月29日在冰冻的塞隆河上发现的。残骸某些部分的白色覆盖物是氢氧化锂。分析该残骸的专家认为这曾是苏联太空核反应堆控制系统的一部分。氢氧化物的存在暗示其运载物使用了中子屏蔽（加拿大政府和美国能源部）

（达摩克利斯是叙拉古国暴君狄奥尼修斯的一名大臣。为向达摩克利斯说明国王生命有多么危险，狄奥尼修斯在一次宫廷宴会上迫使他坐在上方悬挂着一把利剑的椅子上。这把剑由一根头发拴着悬挂在达摩克利斯的头顶。如今"达摩克利斯之剑"一语表示时刻存在的危险。）

根据加拿大政府（核紧急准备和应急司）的报告，"宇宙954号"坠毁在加拿大北部12.4万平方千米的地区内，散发了大量的放射线，涉及区域南起大奴湖，北至艾伯塔和萨斯喀彻温。美国和加拿大协同进行了清除污染行动，称为"晨光行动"。清除污染活动在加拿大北部冰冻的荒野极其恶劣的环境下进行，一直持续到1978年10月。

加拿大核安全委员会（原称原子能控制委员会）估计，除大量"宇宙954号"结构材料受污染的碎片之外，它的核反应堆大约有0.1%在地面上被发现。这一报告支持了许多航天核能专家的观点，他们认为"宇宙954号"大部分具有高度放射性的反应堆活性区在坠毁时散布到地球的上层大气中。"宇宙954号"事件支持了世人反对在绕地卫星上使用核能源的观点，尤其在低地球轨道卫星上使用不受屏蔽的核反应堆提供电能的做法。

3

多种规格和形状的卫星

当今，许多人都很难相信第一颗地球轨道卫星"斯普特尼克 1 号"是在半个多世纪之前发射的。在那时，科学家和工程师们还不能确定如何建造卫星。由于进入地球轨道的卫星高昂的费用以及存在许多内在的技术危险，许多政府领导人认为，这样的卫星在未来人类的生活中不会起到太大的作用。基于 20 世纪 50 年代中期的技术，这样的悲观思想是可以理解的。幸运的是，一些技术专家坚持不懈地追求并取得了技术上的进步，各种形状和大小的卫星很快开始出现。今天，地球轨道卫星已是现代文明不可缺少的组成部分。

所有这一切是如何如此迅速地到来的呢？技术迅速进步的一个主要原因是冷战带来的政治刺激——美国与苏联之间进行的一场激烈的政治和技术竞争。太空探索在全球政治上具有特殊的意义。结果是，美国政府主要通过其新成立的太空机构——美国国家航空航天局，在 20 世纪 60 年代开始寻求地球轨道卫星的科技及民用意向。

与许多大型的联邦政府机构不同，在这一新成立的民用太空机构工作的太空工程师和科学家们并未受到害怕危险的领导者们的强烈束缚。相反，由于得到肯尼迪总统的支持，他大胆设想并进行行政干预，要求在 20 世纪 60 年代末将美国宇航员送上月球，一种"如果我们努力，我们就能做到"的情绪在美国国家航空航天局各阶层的领导中蔓延。20 世纪 60 年代早期，由于政府充足预算的支持，美国国家航空航天局的领导人为许多新的项目和计划提供了容许风险和积极进取的宽松环境，他们可以接受最初发射失败这样的技术障碍，只为取得最终的成功。

在早期的军事卫星项目中，一种相似的对技术上的乐观情绪也弥散其中，这也是受到了一种对国家安全的紧迫感的驱使。然而，大多数对卫星开发所作的努力都远离于公众的视野之外。只是在很多年之后的今天，许多当时的太空开发中的项目以及对国家安全的重要贡献才得到公众的承认。

一个非常有趣的例子是当时有一个非常大胆和创新的观点，即在地球的低轨道发射一颗军事气象卫星。这颗军事气象卫星将在照相侦察卫星飞过的2—4个小时之前飞越空中禁区。通过迅速处理云层图像，负责情报收集任务的人员能够确定条件是否适合（从云层覆盖的情况）照相侦察卫星收集该地区的图像。这一简单的想法可以防止早期的侦查卫星浪费有限的胶片资源去拍摄被云层覆盖的目标。当然，军事气象学家们很快认识到，卫星所取得的高解析度的云层数据及其他日常环境信息对气象预报的巨大价值。最终，这一军事卫星计划得以公开。防御气象卫星计划（DMSP）率先在许多军事及民用项目中的低纬度、极地轨道气象卫星项目中实施。尽管早期的卫星有许多频繁的、令人心碎的发射失败经历和不成熟的硬件问题——美国太空计划早期相当多的令人沮丧的失败率最终还是取得了重大的太空技术进步。由于组织管理中允许试验失败，并将其作为整个技术进步的一部分，航天工程师们能够从每个错误中吸取教训，并迅速将这些经验应用到下次试验中。

早期美国民用太空项目中的失败比率到底有多大？1958年，17次试验发射中只有5次成功。1959年，21次实验中有10次成功。工程师们继续提高发射器技术，因此到1963年时，71次试验发射中有60次成功。随着发射器性能的改善，卫星的可靠性和运行时间也取得了进步。因此，到20世纪60年代末，太空人员能够将寿命较长的卫星送入不同的地球轨道。美国太空项目的工程师们已经懂得如何确保轨道卫星的可靠性，因此，成功完成太空任务已经成为必然而非例外。失败尽管时有发生（即使在今天也是如此），但是对于承揽发射耗资数亿乃至十几亿美元卫星的机构来说，这一失误率（低于10%）还是可以接受的。

在早期的太空项目中，从成功和失败的经验中进行学习非常有必要，这是因为此前没有人曾将物体送入地球轨道，科学家和工程师们都无法预计在太空环境下物体运行的情况。外太空无疑是未知的领域。20世纪60年代早期开始，这种拓荒的条件促进了许多技术上的进步。例如，利用长效太阳能和可充电式的组合电池来供电的卫星迅速替代了应用短效电池的卫星。笨重和繁琐的电池组让位于小型设备，这就百倍千倍地提高了卫星的性能。基于量子物理学中的新发现，伴随着卫星技术的提高，传感技术也取得了巨大进步。传感技术中这些前所未有的进步将科技数据的收集从光谱中的可见光扩展到红外线、紫外线、X射线以及伽马射线范围。更强大的数字计算机及微处理器的开发也扩大了卫星的能力。数字计算机革命为太空工程师们提供了重量更轻、用电量更低，但却更强大、信息处理更快的设备。这些适合的信息技术及设备极大地提高了现代卫星的可靠性和能力。

本章介绍一些特别收集的有趣的卫星，它们说明在过去的六十多年里卫星技术是如何得到巨大改变的。其中包括小到柚子大小的被称作"先锋"的卫星，大到美国国家航空航天局的长期暴露实验装置（LDEF）卫星——公共汽车大小的巨大的太空平台。本章末将介绍两个真正大型的载人进入地球轨道的卫星：美国国家航空航天局的航天飞机及国际空间站。

◎柚子大小的卫星："先锋"项目

美国尝试从卡纳维拉尔角发射的第一颗地球轨道科技卫星在 1957 年 12 月 6 日以在发射台上爆炸而告终。这一小型的"先锋"卫星，直径只有 15.2 厘米的铝质球体，被抛离爆炸的火箭，并在发射台边炽热的土地上转动——无助地散落在灌木丛间并发出"嘀嘀"的声音。美国海军于 1958 年 3 月 17 日发射了一颗相同的卫星（称为先锋 TV4）。这次发射成功地将这颗柚子大小的官方称之为"先锋 1 号"的小型卫星送入轨道。

"先锋 1 号"是一颗小型的地球轨道卫星，设计目的是测试一个新的、三级（民用）发射器（也称为"先锋"发射器）的发射能力，并且检查太空环境对于卫星及其子系统的影响。通过分析卫星的轨道，科学家们能够利用小的卫星获得测地学方面的数据。

"先锋 1 号"是 1.47 千克重的铝质球体，直径为 15.2 厘米，卫星包括一个 10 毫瓦 108 兆赫水银电池供电发射器和 1 个 5 毫瓦 108.3 兆赫，由 6 个附着在卫星上的太阳能电池供能，从小球体上支出 6 支短天线。任务控制者主要将卫星发射器用于工程及跟踪数据，但是太空科学家们利用"先锋 1 号"的无线电频率信号来确定卫星与地面站之间的总电子量。工程师们还在"先锋 1 号"上安装了两个电热调节器。这些传感器在 16 天的时间里测量航卫星的内部温度，工程师们从而能够确定小型卫星热保护子系统的有效性。

三级先锋发射器将"先锋 1 号"卫星送入 654 千米 ×3 969 千米的绕地轨道，倾角为 34.25°，周期为 134.2 分钟。项目工程师们原来估计"先锋 1 号"的轨道寿命为 2 000 年。但是这些科学家们很快发现，太阳辐射力以及激烈太阳活动中空气的拉力使卫星在近地点附近的轨道比较混乱。这些原来未估计到的太空环境使得"先锋 1 号"

卫星的轨道寿命大大降低。现在这颗沉寂的卫星正在轨道寿命约为 240 年的地球轨道中运行。

"先锋 1 号"的电池发射器在 1958 年 6 月停止工作；这个卫星的太阳能电池发射器一直工作到 1964 年 5 月（当时最后的信号被设置在厄瓜多尔的基多的地面站接收到），此后这个沉寂的航天器只能通过地面的光学设备跟踪到。

美国国家航空航天局继续执行由美国军方及美国海军（海军研究实验室）设计的卫星计划。由美国国家航空航天局接管的两项重大地球轨道卫星计划包括先

这是 1958 年 3 月 17 日由卡纳维拉尔角成功发射的 1.47 千克、柚子大小的"先锋 1 号"卫星的复制图。（美国海军／海军研究实验室）

锋卫星及"探险者号"卫星。另一项接管的卫星计划，称为"先锋计划"，包括星际间的机器人卫星。

"先锋 2 号"作为卫星项目向民用方向的转移，在美国国家航空航天局的赞助下，于 1959 年 2 月 17 日发射升空。"先锋 2 号"卫星重量 9.8 千克，直径为 50.8 厘米，比"先锋 1 号"要大一些，但是与"斯普特尼克 1 号"和"斯普特尼克 2 号"相比却是相对较小的卫星。这个飞行器是镁制球体，内壁镀金，外壁包铝，外面有足够厚的硅氧化物用以控制仪器的温度。设计用来测量其轨道中的云层分布情况，"先锋 2 号"携带由两个光电池供电的两架光学望远镜。一个 1 瓦的遥感勘测发射器将以 108.03 兆赫频率提供无线电通讯。这颗卫星还有一个 10 毫瓦的信号发射器（工作频率为 108 兆赫），可以跟踪目标并不断地发射无线电信号。"先锋 2 号"每分钟自转频率为 50 转。然而，由于卫星的转轴定位不理想，遥感勘测数据不够充分。水银电池为太空飞行仪器提供电能。

发射升空之后，"先锋 2 号"并未完全到达预期的运行轨道，而且只收集了大约 19 天的数据。这颗卫星最终进入了近地点为 559 千米，远地点为 3 320 千米，周期

为 125.6 分钟的轨道。经过进一步观察，这颗卫星的倾角为 32.88°，离心率为 0.166。

"先锋计划"在 1959 年 4 月和 6 月遭受了两次发射失败的打击。美国国家航空航天局工作人员最终将这一项目中最后一颗名为"先锋 3 号"的卫星于 1959 年 9 月 19 日成功送入地球轨道。这个直径为 50.8 厘米的球形飞行器重量 22.7 千克。"先锋 3 号"的设备包括一个质子磁力计、X 射线电离室及不同的微流星体探测器。

工程师们将卫星的磁力计放置到玻璃纤维苯酚树脂锥形管里，并将其固定到金属球体上，其目的是测定地球的磁场，调查来自太阳的 X 射线辐射以及这种高能量的辐射对地球大气产生的影响，并测量近地微流星体环境。

卫星轨道近地点为 512 千米，远地点为 3 744 千米，周期为 129.7 分钟。经进一步观测，卫星的倾角为 33.3°，离心率大约为 0.19。"先锋 3 号"运转了 84 天，其数据可以帮助太空科学家们定义范艾伦辐射带的内部比例。1959 年 12 月 11 日，来自"先锋 3 号"的数据发射中止了，这颗卫星成为了一块太空垃圾。跟踪太空垃圾的太空工作人员估计这一早期的美国卫星废弃物的轨道寿命大约为 300 年。

◎ "探险者号"卫星

自从 1958 年以来，美国国家航空航天局就开始用"探险者号"这一名称设计大型系列科技卫星，用于探知未知的世界。"探险者号"卫星已被用于研究地球的大气和电离层、磁力圈和星际空间、天文学和地球物理学现象以及地球的形状、磁场和表面情况。"探险者 1 号"于当地时间 1958 年 1 月 31 日发射升空，并成为第一颗美国地球轨道卫星。自从这一历史性的发射以来，许多其他的卫星都沿用"探险者号"这一名称。有时这些"探险者号"卫星在发射之前有自己的项目名称，一旦它们成功发射进入轨道，就更名为"探险者号"。还有一些"探险者号"卫星，特别是早期的卫星，在发射之初和成功进入轨道之后就以其系列序号命名。

美国国家航空航天局的"探险者 17 号"卫星也被称为大气探险者 A。这颗卫星重量为 184 千克，直径为 89 厘米，是密封的不锈钢球体，其目的是测量地球大气的密度、组成、压力及温度。美国国家航空航天局在 1963 年 4 月 3 日成功地将这颗卫星从卡纳维拉尔角发射升空。在其到达预定轨道之前，"探险者 17 号"卫星的自转频率大约为每分钟 90 转。这颗卫星沿着近地点为 254 千米，远地点为 917 千米的地球轨道运转。

　　"探险者 17 号"卫星装载两个大型分光计用于测量某些中子颗粒的积聚，4 个真空压力表用于测量全部中子颗粒的密度以及 2 个静电探测器用于测量离子的聚集和电子温度。

　　4 个压力表中的 3 个以及 2 个静电探测器都能正常工作。1 个分光计运转失灵，另外 1 个只能间歇性地工作。在 1963 年 7 月 10 日电池电量耗尽之前，"探险者 17 号"卫星提供了有关地球大气物理性质的数据。这些新的科技知识对于气象学和大气物理学有着特殊的价值。

　　20 世纪 60 年代早期，科学家们利用可充气的卫星或气球式卫星来研究地球大气层上部复杂的太阳辐射和空气密度的关系。美国国家航空航天局的"探险者 9 号""探

1963 年初，一位太空工程师在马里兰州的戈达德太空飞行中心对"探险者 17 号"卫星进行检查。美国国家航空航天局在 1963 年 4 月 3 日从卡纳维拉尔角成功地发射了这颗地球轨道卫星（美国国家航空航天局、戈达德太空飞行中心）

险者 19 号"和"探险者 24 号"卫星都是相同的可充气式卫星，其设计目的是，当某一卫星处于近地点时，通过其球形航天器在轨道中的相应位置进行系列观测掌握大气密度。

下图中所示美国国家航空航天局的"探险者 24 号"卫星正在进行发射前的充气试验。"探险者 24 号"是直径 3.66 米的可充气式球体，是由弗吉尼亚州兰勒研究中心的太空工程团队开发的。太空工程师们通过改变铝金属片和塑料薄膜并用统一的 5.1 厘米的用于温控的白点覆盖球体从而建造了这个低重量的 8.6 千克可充气式卫星。

美国国家航空航天局于 1964 年 11 月 21 日利用侦察式火箭将"探险者 24 号"卫星从加利福尼亚州范登堡空军基地发射到近极地地球轨道。该充气式卫星是以紧

美国国家航空航天局的"探险者 24 号"卫星是由弗吉尼亚州的兰勒研究中心太空工程团队开发的 3.66 米可充气式球体。如图所示，卫星正在进行发射前的充气试验。可充气式卫星发射升空时处于未充气的状态。在 20 世纪 60 年代早期，科学家们利用可充气式卫星或气球式卫星研究地球大气层上层的复杂的太阳辐射与空气密度之间的关系（美国国家航空航天局、兰勒研究中心）

密的非充气状态发射的。"探险者 24 号"沿着椭圆轨道运行，该轨道近地点为 525 千米，远地点为 2 498 千米，周期为 116.3 分钟。卫星轨道的倾角为 81.4°，离心率为 0.125。为了辅助地面科学家们进行跟踪，"探险者 24 号"装载了 136 兆赫的跟踪信标灯。1968 年 10 月 18 日，"探险者 24 号"卫星重新进入地球大气层。

测量卫星（GEOS）又被称为"测量探险者"卫星。"测量探险者 1 号"（"探险者 29 号"，于 1965 年 9 月 6 日发射），"测量探险者 2 号"（"探险者 36 号"，于 1968 年 1 月 11 日发射）加深了人们对地球形状及重力场的科学知识。SAS-A，是一个 X 射线天文探险者卫星，当它在 1970 年 12 月 12 日从非洲肯尼亚的圣·马可平台由意大利发射团队发射升空时，它最终成为"探险者 42 号"卫星。因为这颗卫星是在肯尼亚独立日这一天发射的，这颗小的卫星又被称为"自由"（斯瓦西里语）。"自由"在 4 年中成功地绘制 X 射线下的宇宙图，发现了 X 射线脉冲星并提供了黑洞存在的初步证据。

"国际紫外线探险者号"卫星

"国际紫外线探险者号"（IUE）卫星是 1978 年 1 月从卡纳维拉尔角成功发射的科学卫星。该卫星由美国国家航空航天局和欧洲航天机构共同操作，"国际紫外线探险者号"已经帮助来自世界的宇航员通过独一无二的特殊方式接触到天体物体的紫外线辐射。该卫星又被称为"探险者 57 号"，包括一个 0.45 光圈的望远镜，目的是对 115—325 毫微米范围的波长进行光谱研究。

"国际紫外线探险者号"在高地球轨道（HEO）运行，近地点约为 3.62 万千米，远地点约为 4.81 万千米，可以收集到有助于对彗星及其挥发率（当接近太阳时）进行基础研究的数据。"国际紫外线探险者号"也可以帮助科学家们对使许多星球失去很大的一部分质量（在慢慢变成白矮星或突然以超新星爆炸之前）的恒星风的机制进行研究。

这颗长寿的国际卫星也帮助天体物理学家们了解黑洞可能对活动星系的激烈运动的核子提供能量的方式。任务控制者们在 1996 年 9 月末关闭了"国际紫外线探险者号"卫星。当它的任务最终正式结束时，这颗科技卫星成为运行时间最长以及人类曾经发射的反馈信息最多的天文观测台之一。

"极限紫外线探险者号"卫星

"极限紫外线挑战者号"（EUVE）卫星于 1992 年 6 月 7 日由"德尔塔 II 号"火箭从卡纳维拉尔角空军基地发射升空。这颗科技卫星也被称为 BERKSAT 和"探险者 67 号"，在大约距地球 525 千米高的轨道运行，周期为 94.8 分钟，倾角为 28.4°。它为宇航员们提供了电磁光谱中尚未考察的区域的情况——极限紫外线（EUV）区域——即 10—100 毫微米波长区域。

这颗卫星的科学设备包括 3 架掠射望远镜和极限紫外线分光计 / 深度测绘仪器。科学设备被附着在多任务的标准卫星平台上。在其被发射的最初 6 个月中，这颗卫星对整个天空进行了极限紫外线勘测。卫星也会在本地收集关于极限紫外线辐射源的重要数据——10 万多年前超新星爆炸在银河系中形成的炎热的、低密度的区域。比较有趣的极限紫外线资源包括白矮星和双子星系统，其中一颗星在外太空中对其同伴能够产生虹吸作用。

美国国家航空航天局两次扩大了"极限紫外线探险者号"的任务范围，但是到 2000 年时，由于运作费用及科学价值的问题导致这颗卫星活动的终止。其结果是，美国国家航空航天局飞行控制部门宣布卫星的发射器在 2001 年 1 月 2 日停止传输信号。卫星在 2001 年 1 月 31 日正式停止运转，当时美国国家航空航天局工作人员将这颗卫星设置成安全模式。2002 年 1 月 30 日（大约在美国东部时间下午 11 点 15 分），"极限紫外线探险者号"重新进入地球大气层并在埃及上空解体。

"高速极光拍照探险者号"卫星

美国国家航空航天局的"高速极光拍照探险者号"（FAST）卫星在 1996 年 8 月 21 日从加利福尼亚州范登堡空军基地由飞马 XL 发射器装载发射升空，该卫星又被称为"探险者 70 号"，是美国国家航空航天局小型探险者（SMEX）项目中的第二个宇宙飞行器。这个小型的 1.8 米 × 1.2 米，187 千克重卫星能够与其他卫星和地面观测站取得联系，收集有关产生极光的物理过程的科学数据——这是一种在高纬度地区大气层上层出现的光。

从其高度离心的 353 千米 × 4 163 千米地平纬度，近极地的（倾角为 83°）轨道，这颗卫星在超高时空解析度的条件下，利用自身的粒子和场设备研究极光现象的等离子物理学问题。"高速极光照相探险者号"携带设备包括 16 个静电分析器，悬挂在 30 米长线吊杆上的四个电场朗缪尔探测器，悬挂在 30 米长扩展杆上的两个电场朗缪尔探测器，多种磁力计及一个时间飞行质谱仪。为了完成其科学任务，"高速极光拍照探险者号"被设计成为每分钟固定转速 12 转的卫星，其自转轴与轨道轴平行。飞行器上排列着 5.6 平方米的太阳能电池，为卫星及设备提供大约 52 瓦的电能。这颗卫星的设计寿命为 1 年。"高速极光照相探险者号"在 2002 年停止传输有价值的数据。然而，所有其他的设备和系统都在理论上继续运转。

"远紫外线分光镜探险者号"卫星

美国国家航空航天局的"远紫外线分光镜探险者号"（FUSE）卫星代表着下一代的高轨道、紫外线太空观测站，能够观测电磁光谱中 90—120 毫微米的波长范围。这个科学卫星，又被称为"探险者 77 号"，是由"德尔塔Ⅱ号"火箭装载并于 1999 年 6 月 24 日从卡纳维拉尔角发射升空的。这个紫外线天文卫星以近圆形（752 千米 × 767 千米）的轨道绕地球运行，倾角为 25°，设计运行寿命为 3 年。在 2006 年 2 月末，该卫星仍然在一种低级别的模式下工作。当时美国国家航空航天局卫星控制中心正在测试和开发运行"远紫外线分光镜探险者号"的安全方法，即用一个单一的反应轮来收集有用的科学数据。

"远紫外线分光镜探险者号"是利用高解析度的光谱学中的远紫外线波长来研究大爆炸之后很快产生的最轻的元素（氢和氘）的来源和演变，以及导致星系、恒星和行星系统进化的驱动力和过程。"远紫外线分光镜探险者号"是美国国家航空航天局最初计划的一部分。这个宇宙飞行器是美国、加拿大和法国联合研制的科学项目。此前的一个任务，即哥白尼卫星，观测了电磁光谱远紫外线区域的宇宙情况。然而，"远紫外线分光镜探险者号"收集太空数据的灵敏度比哥白尼卫星高一万倍以上。

"远紫外线分光镜探险者号"包括 2 个主要的部分：航天器和科学设备。航天器包含为卫星提供能量并定位的要素，其中包括姿态控制系统、太阳能板、通讯电子设备及天线。折流板全部展开后，这个观测台大约有 7.65 米长。"远紫外线分光镜探险者号"的科学仪器包括 4 个并排的望远光镜（光圈大约为 39 厘米 × 35 厘米）。来自 4 条光学路线的光线被分散成 4 个球形的，经过失真纠正的全息衍射光栅，并有 2 个延迟微线路光板探测器记录。其中 2 个线路由半导体集成电路构成，可测定的光谱范围内90.5— 110毫微米，另外两个线路由敞开式直线光栅尺构成，可测定的光谱范围为100—119.5毫微米。

美国国家航空航天局"探险者号"卫星家族中其他知名的成员包括："平流层研究探险者号"，"空气密度探险者号"，星际监控平台（IMP），"电离层探险者号"，流星体技术卫星（MTS），"无线电平流层研究探险者号"（RAE），"太阳能探险者号"以及小型天文卫星（SAS）。

◎ 欧洲"遥感卫星1号"

当第一颗欧洲"遥感卫星"（ERS–1）于1991年7月发射升空时，这颗2 157千克重的卫星是欧洲航天局（ESA）当时所建造的最大的、最复杂的自由飞行卫星。欧洲"遥感卫星1号"是欧洲地球观测项目的主要部分，该卫星能够对包括气象学、气候学、海洋学、陆地资源监控、测地学和地球物理学方面的问题进行观测。欧洲"遥感卫星1号"的主要目的是利用对陆地和沿海区域的全天候高解析度微波图像传输，从而实现对冰层和海洋的监控。

1991年7月16日（当地时间），一架阿丽亚娜40火箭从法属的圭亚那地区的库鲁点火起飞，并将这颗大型（大约12米高）的卫星送入775千米高空的极地轨道，运行周期为100.3分钟，倾角为98.54°。欧洲"遥感卫星1号"装载5个地球观测设备，其中最大的是活跃微波设备（AMI），它合并了人造光圈雷达及风散射仪的功能。利用这个设备，欧洲"遥感卫星1号"能够在任何天气情况下为科学家们提供水面的雷达影像。卫星的雷达高度计测量器能够对海平面上升高度、大的波浪高度、不同的冰层参数以及海平面的风速进行精确的测量。其追踪扫描辐射计（ATSR）结合了红外辐射计和微波测深计的功能，能够测量海面温度、云层顶部温度、云层厚度以及空气中水蒸气含量。这些精确范围和精确比率的设备（PRARE）能够对卫星的位置和轨道进行精确定位。最后，欧洲"遥感卫星1号"的镭射反光器（LRR）能够使科学家们通过地面镭射站精确地测量卫星的位置和轨道。

两个大型的（5.8米×2.4米）太阳能电池板为卫星提供大约2 000瓦的电能。卫星的太阳能电池板是由4个可充电的镍镉（NiCd）电池构成。欧洲"遥感卫星1号"从1991—2000年一直在为欧洲地球观测项目的科学家们服务。

图中所示欧洲航天局工作人员将欧洲"遥感卫星1号"在法国的图卢兹太空测试设备平台上的大型消声室内充分展开（1990）。欧洲"遥感卫星1号"同步光圈雷达（SAR）图像，及其他装载的设备提供的数据从1991—2000年一直在为全球科技服务（欧洲航天局，S. Vermeer）

◎ 长期暴露实验装置卫星

美国国家航空航天局大型自由飞行平台，称为长期暴露实验装置（LDEF）卫星。该平台为需要在暴露的太空中进行技术、科学及太空应用实验而设计。最初的计划是将许多实验放置到一个大型平台上，并利用美国国家航空航天局的航天飞机将其送入轨道，然后在其大约绕地球轨道运行一周年以后收回这个大型的、自由飞行航天器。在正式发射前对放置到长期暴露实验装置平台的实验仪器进行收回的试验能够使得研究者对长期暴露在外太空环境下的不同的材料、外包装及设备进行评估。

美国国家航空航天局的长期暴露实验装置结构简单，可重复使用。直径大约为4.3米，长度为9.1米，整个航天器与学校校车的大小相仿。暴露在太空环境下的实验会在独立的舱室中进行，这些舱室呈六边形状相互连接并固定到平台上。由于长期暴露实验装置平台没有中央电源和数据系统，这一平台在任务开始和结束时会提供起始和结束信号。个体实验舱室必须提供必要的能源以及数据记录系统。

这个约 9 710 千克重的长期暴露实验装置在 1984 年 4 月由"挑战者号"航天飞机执行 STS-41C 任务时，由宇航员放置到接近圆形的距地 475 千米的轨道，周期为 94.2 分钟，倾角为 28.5°。最初计划任务时间为一年，但是长期暴露实验装置直到 1990 年 1 月才被回收，这是由于 1986 年 1 月 28 日的"挑战者号"空难造成了航天飞机任务的延迟。

美国国家航空航天局用"哥伦比亚号"航天飞机于 1990 年 1 月执行 STS-32 任

在墨西哥湾上空，"挑战者号"宇宙飞船的远距离操纵系统（RMS）正悬吊着美国国家航空航天局的校车大小的长期暴露实验装置（LDEF）卫星，这个大型的自由飞行平台将被送入太空。这一事件发生在 1984 年 4 月 2 日的 STS-41C 任务中（美国国家航空航天局）

务时将在太空中运行了 69 个月的长期暴露实验装置回收。一返回地球，实验舱室就被小心地从长期暴露实验装置上拆下并送交政府及大学研究者手中，他们会对暴露在太空环境中超过 5 年的仪器进行评估。被检查的物品包括各种材料样本、电子设备及光学部件、各种热控制外层及太空涂料。

◎ 大型载人航天器

尽管本书的主要焦点是卫星，但是两个载人航天器也因其巨大的体积和复杂性被写入本书。第一个是美国国家航空航天局的航天飞机，第二是国际空间站（ISS）。

航天飞机

这种有翼的轨道飞行器是美国国家航空航天局太空传输系统的大脑和心脏。与装载 100 个旅客的商业喷气式飞机的大小和重量相仿，飞行器包括一个加压载人舱（一般可以运载 8 名工作人员），一个大型载重隔间（18.3 米长，直径为 4.75 米），有 3 个发动机安装在飞行器的尾部。航天飞机本身长度为 37 米，高度为 17 米，翼展为 24 米。由于每一个运行的工具在结构上有所不同，航天飞机本身无负载的重量介于 7 600 千克和 7 900 千克之间。

航天飞机装载宇航员和各种设备进入低地球轨道。然而与其他航天器不同，执行任务后会从太空返回进行补给，并且可以像飞机一样穿越地球大气层并降落。美国国家航空航天局的运行航天飞机（OV）舰队包括"发现者号"（OV-103）、"亚特兰蒂斯号"（OV-104）、"奋进号"（OV-105）。"挑战者号"（OV-099）在 1986 年 1 月 28 日的发射事故中坠毁，7 名宇航员全部丧生。"哥伦比亚号"（OV-102）在 2003 年 2 月 1 日返回大气层的事故中坠毁，7 名宇航员全部丧生。

位于轨道飞行器尾部的 3 个主要的液体推进引擎，每一个都能在海平面高度产生 167 万牛顿的推进力以及在真空状态下的太空中产生 209 万牛顿的推进力。这些引擎在发射升空过程中燃烧大约 8 分钟，当 3 个引擎全部工作时，每分钟消耗大约 24.23 万升的低温推进燃料。这些低温推进燃料（液态氢和液态氧）从一个非常巨大的外部容器被送入主引擎中，该容器的燃料用尽后将在发射升空的最后阶段从航天飞机脱落。

一旦进入太空，轨道飞行器就变成了可操作的航天飞机。该飞行器有两个仅在太空中运行的小型轨道操作系统火箭引擎。这些火箭操作系统引擎以四氧化氮作为氧化剂,以一甲联氨作为燃料进行燃烧。这些推进燃料是由位于飞行器后上部装载在两个舱室中的容器所提供的。这些轨道操作系统引擎主要用于轨道中的操作以及任务结束时重新进入大气层前的减速操作。在执行多数任务之初,轨道飞行器首先进入一个椭圆形轨道,然后沿地球轨道进行试运行。此后机组人员开始启动轨道操作系统引擎来稳定轨道并使飞行器轨道成为圆形。在一些任务执行过程中,当外部容器分离后,技术人员立即启动轨道操作系统引擎,目的是将轨道飞行器在高空定位,此后再启动第二个引擎,使运行轨道成为圆形。随后的轨道操作系统引擎的启动能够提升或者调整轨道用以满足特定任务的需求,如与国际空间站(ISS)对接和登陆。

轨道飞行器的工作人员舱分为3层。最上层是飞行舱,由舰长和飞行员操控航天飞机。中层由厨房、卫生间、休息室、储藏室及封闭实验室构成。侧舱口也在中层,

"挑战者号"航天飞机在空中的图像显示出加拿大建造的远程操控系统(RMS)以及轨道飞行器巨大的负载舱。这一图像是由航天飞机装载的小型自由飞行卫星SPAS-01所拍摄的,该卫星是由"挑战者号"航天飞机的宇航员利用远程操控系统进行发射和后期回收的。这些轨道操作是在1983年6月执行STS-7任务时进行的。当拍摄这张图像时,"挑战者号"航天飞机正在绕地球的圆形轨道运行,高度为295千米,周期为90.4分钟,倾角为28.5°(美国国家航空航天局)

是轨道飞行器起飞和降落时的出入口，气闸盖位于荷载舱，由此可以通往外太空。气闸使得宇航员在轨道太空舱外的活动，或太空行走成为可能。在中层舱板下部是水和空气的储藏室。

轨道飞行器的大型荷载舱适用于各种货物运输工作。它可以装载卫星、大型太空平台，为国际空间站提供的设备和供给。轨道飞行器也可以用作轨道工作站，允许宇航员利用哈勃太空望远镜修理卫星或者利用长期暴露实验装置平台（LDEF）从轨道中回收卫星并将其带回地球。

工作人员舱后面的飞行器荷载舱左侧舱口边安装有远程操控系统（RMS），该系统由加拿大政府资助和开发。远程操控系统是一支机器手臂，该手臂包含与人类肩、肘和腕相类似的关节。在"肘"和"腕"附近的远程操控系统上装有两架电视摄像机。这些摄像机为位于飞行器尾部的轨道飞行舱内操控远程系统的宇航员提供视觉信息。远程操控系统大约有 15 米长并能移动任何物体，从宇航员到整个卫星进出荷载舱，或者到附近外太空的任何位置。

国际空间站

国际空间站（ISS）是由美国国家航空航天局主持的太空飞行项目。俄罗斯、加拿大、欧洲、日本及巴西也都为这个大型的标准太空站贡献力量。它位于地球的低轨道，是人类在外太空进行微重力研究和先进的太空技术展示的永久的前哨。国际空间站以大致圆形轨道绕地球运行，高度为 386 千米，倾角为 52.6°，周期为 92 分钟。

轨道上装配开始于 1998 年 12 月，原计划于 2004 年完成。然而，2003 年 2 月 1 日"哥伦比亚号"宇宙飞船的事故（7 名宇航员遇难，轨道飞行器毁坏）对国际空间站计划产生了巨大的影响。2005 年，国际空间站的总重量大约为 18.33 万千克，可居住空间为 425 立方米。空间站宽为 73 米，高度为 27.5 米。国际空间站从"命运"实验室指令舱到"星辰"（Zvezda）多用途指令舱的距离为 44.5 米。当俄罗斯的"进步号"供给航天器登陆到"星辰"指令舱时，这一长度增加到 52 米。为空间站提供电能的太阳能电池板表面积为 892 平方米。

"命运"是由美国建造的实验舱，在 2001 年 2 月"亚特兰蒂斯号"航天飞机执行 STS-98 任务时将其送入国际空间站。"命运"是美国在国际空间站的主要太空实验室。这个铝制实验舱长为 8.5 米，直径为 4.3 米。它由 3 个圆柱部分和两端有舱门

这是 2002 年 12 月 2 日当两架航天器驶离空间站时,"奋进号"航空飞机上的一名机组成员所拍摄的国际空间站的全景图

并能与其他空间站部件相连的圆筒组成。在其中央部分有一个 20 英寸(50.8 厘米)直径的窗户。其外部呈华夫饼干状,用于强化舱室的外壳,外层还覆盖防宇宙碎片毯,由类似于防爆人员穿的防弹背心材料制成。一薄层铝质碎片防护覆盖在毯的外面,对宇宙碎片及流星的攻击起到进一步的防护作用。

　　美国国家航空航天局的工程师们所设计的实验室中包含可以按需增加、移动或替代的模型架。这个实验室模型包括人类研究设备(HRF)、材料科学研究架(MSRR)、微重力科学手套箱(MSG)、液体科学和燃烧设备(FCF)、视窗观测研究设备(WORF)、基础生物学培养架。实验室中包括液体和电的连接管和连接插头、录像设备、传感器、控制器以及活动挡板用以支持其内部进行的试验。"命运号"的窗户占据了一个支架的空间,是一块光学宝石,空间站工作人员可以通过它来拍摄地球地貌变化的高质量照片和录像。从这个窗口采集的图像可以使科学家们有机会研究诸如洪水、冰河、雪崩、浮游生物增长、珊瑚礁、城市扩张以及山林火灾等。

　　"星辰"是俄罗斯为国际空间站建造的服务舱。这个 2 万千克重的服务舱有 3 个甲板舱门和 14 扇窗户。由质子火箭从拜科努尔人造卫星发射基地于 2000 年 7 月 12 日将其发射升空,该太空舱于 2000 年 7 月 26 日自动登录进行轨道运行的国际空间站上的"星辰"舱。登陆国际空间站之前,"星辰"装载名为 2000–037A 的国际航天器。一旦对接并开始工作,太空舱就与国际空间站成为一个整体并在轨道装配期间成为宇航员的生活舱。第一批国际空间站工作人员被称为"远征一号"工作组,于 2000 年 11 月 2 日开始占据国际空间站并在"星辰"上生活。后来还有很多工作组在国际空间站上工作。除了在太空中为人类提供居住地,"星辰"还提供电力配置、数据处理、飞行控制及对国际空间站的轨道推进力。

4

军事卫星

20世纪中期，地球轨道军事卫星的开发极大改变了国家安全和军事行动的方式。从 1960 年第一颗成功发射的美国侦察卫星以来，"从太空中侦察"就极大改变了美国政府收集基本信息用以执行维护和平和发动战争的方式。由于意识到从外太空的高地对地球进行畅通无阻的观察这样巨大的优势，国防部门的领导人使太空技术成为反映国力与保护国家财产不可分割的一部分。由于大多数早期的太空军事行动都是秘密进行的，通常只有民用太空成就才会在 20 世纪 60 和 70 年代见诸报端。今天，官方秘密掩盖的一些最重要的（却是机密的）军事卫星计划的面纱已经部分地被美国政府揭开。因此，根据最新获得的公共信息，本章将描述美国军事卫星对于稳定这个充满核武器的世界在提供信息方面已经和继续起到的重要作用。

侦察卫星、监视卫星及其他信息收集和发送的太空平台极大改变了军事行动的性质，同时对于确认武器控制及监督条约执行情况都有巨大的影响。由于军事卫星执行任务在 20 世纪 60 年代早期被证明具有可行性，它们成为美国、苏联及其他国家国防基础设施建设中不可缺少的部分。今天，美国军事卫星舰队为全国的安全防御从警示监督到迅速及成功解决武力争端方面提供信息。当武力冲突成为必然之时，很多军事卫星为美国在世界各地的军事行动提供有效的支持。

扩大的情报收集和不断更新的信息对基于太空的军事体系的国家安全是密不可分的，也是保持全球文明稳定的重要组成部分。理智的领导人不希望政治误解或缺乏重要信息而导致武力冲突甚至升级到战略核战争的程度。属于同一大家族的国家也不希望两国间意外的核战争爆发。今天，通过军事卫星大量收集的信息帮助人们利用常识和外交解决大多数的当代国际争端和冲突问题。然而，当常识和外交失败时，战争信息的优势极大增强了美国军方武力打击的能力并且提高了与敌方军队武力冲突的速战速胜能力。

知识窗

不同种类的情报收集

在美国政府内部，情报一词指通过处理有关外国、敌对或者潜在的敌对势力及公开或掩盖下进行军事行动的地区的信息所得到的结论。这一术语也被用于进行信息采集活动和从事这些活动的组织（如美国中央情报局）。

情报圈是指将原始信息进行处理，并提供给政府政策制定者以帮助他们进行决策和采取行动。情报圈包括5个主要的步骤：（1）计划和方向；（2）收集；（3）处理；（4）结果；（5）分发。在美国政府内部，整个情报采集过程依托于公众官员的指导。政策制定者（总统及其助手，国家安全委员会的成员及其他主要联邦部门的高级官员及机构）向情报部门提出要求。这些要求（有优先权和批准权）导致政府内部不同的情报机构开始情报收集活动。

收集是指采集原始信息并处理为最终的情报。有许多信息的来源，包括外国广播、报纸、期刊、图书及互联网等公开信息。另外还有一些机密信息，例如：中央情报局执行官员从驻外间谍机构和外国叛逃者处收集的信息。这些人力资源经常可以提供其他方式无法获得的信息。最后，还有技术采集方式，包括电子窃听工具及卫星采集图像。基于太空的技术采集在现代情报圈中起到不可或缺的作用。例如，由卫星系统进行的技术收集经常帮助政府官员监视武器控制条约并对维护和平和发动战争的军队提供直接的支持。

情报圈的另一步骤是进行处理，包括将收集到的大量数据经转换提取使之成为对分析者有用的信息。信息处理通过多种手段来完成，包括解密、语言翻译、计算机辅助数据分析。将原始的卫星收集影像处理为鲜明的、对比度合适的、无扭曲的图像是基于电脑的数据处理的成功范例。人们最熟悉的图像处理的例子是由职业摄影师处理原色的毕业照片。与不受欢迎的学校身份卡和驾驶执照上的原始数字照片相比，职业摄影师使每个人的毕业照都经过良好的处理。职业摄影师会精心地处理掉红眼效果，扭曲甚至小的斑点。

情报圈的下一步称为全信息分析及生产步骤。在这一步中，基本信息被混合或融入完成的情况结果中。这一步骤包括集成、评估及分析全部的数据，其中很多都是碎片甚至是矛盾的，然后准备情报结果。美国情报分析师是研究主旨问题的专家，一定会考虑情报的可信度、真实性及相关性。分析师然后集成所得数据成为一个连贯的整体，将评估后的信息置入上下文中，产生最终的情报结果，其中包括对美国即将发生的事件的评估和判断。

在美国情报圈中，中央情报局将大量资源处理后的战略情报提供给政策制定者。中央情报局通过监控大事件，警告政策制定者有关对美国的威胁，并通过预测情况发展来起作用。中央情报局还参与起草及公布反映美国整个情报圈的综合判断的国家情报预测。

情报圈最后一步是将处理后的情报结果分发给用户——同样的政策制定者，他们需要利用信息来启动情报需求的第一步骤。例如，处理完的情报每日被提供给总统及关键的国家安全顾问。当他们收到特定的处理后的情报时，政策制定者往往会根据这些信息作出国家的决定。当他们作决定时，政策制定者往往会要求额外的信息，由此在情报圈引发连续的情报采集循环过程。

在美国政府内部有许多用于描述情报的名称。根据美国情报机构，下述是主要的情报形式。通讯情报（COMINT）是从外国通讯机构获得的情报。电子情报（ELINT）是由外国电磁非通讯传输过程中截获的技术信息和情报信息。地球情报（GEOINT）包括利用和分析影像和地貌信息来描述、评估及生动叙述地球的物理特征及其表面的相关活动。人工智能（HUMINT）是通过公开的和隐蔽的采集方式收集到的信息。影像情报（IMINT）包括卫星收集的照片以及将被分析和处理用作情报的影像。测量与特征信号情报（MASINT）是通过技术获得的情报数据，如核能、光学、无线电波、声学及材料科学数据。信号情报是通过信号拦截获得的情报。不论发射和接收方式如何，通信情报是组成通讯情报、电子情报及测量与特征信号情报等的术语。最后，情报部门把在公共领域内的信息，如期刊、新闻广播、互联网上的数据作为公开的信息来源。有时，"公开情报"这一术语用来描述从公开渠道获得的情报信息。但是，与其他提到的术语不同，在美国情报机构内部，公开情报这一术语并不是通用的。

情报的产生是一个复杂和反复的过程。自从将人类的判断融入情报的最终结果以来，这一过程不可避免地包含错误和偏见（偶然的或体系上的）。然而，技术情报，特别是卫星收集信息，已极大降低了现代数据收集活动的模糊性。例如，一架间谍卫星的相机会始终拍摄选定目标区域的相片，而不会考虑哪些应该或不应该出现在相片中的问题。人类情报分析师来选定间谍卫星收集数据以及对卫星收集的影像信息进行最终解释。

但是通过传感器和现代军事卫星创建一个几乎透明的战争空间又存在一个巨大矛盾。在传统的军事冲突情况下，军事卫星为美国军方提供无与伦比的多样性军队信息。例如，卫星通常会提供近实时打击报告及破坏程度评估数据。这些及时的信息使战地指挥员能够迅速地重新部署武器装备打击敌方目标，从而避免对中立及已被摧毁目标的不必要的打击。这种防止对不必要目标的打击也使间接毁坏和平民伤亡的可能性降到最小。然而，在非传统的战争情况下，例如与恐怖分子进行的遭遇战中，军事卫星提供明确信息这种优势被极大降低了，即使是最精密的间谍卫星也至多提供这样的信息，即恐怖分子们隐藏在平民中间，然后突然从阴影中冲出来不加选择地进行攻击。矛盾是这样的：与越小的敌对集团作战，一般来说"空中眼"的军事优势的价值越小。下面简单的类比很好地总结了目前全球的安全形势。精密的军事卫星使防御官员能够监控、跟踪，甚至拘捕和限制在世界政治丛林中狂暴穿行的"流氓象"。然而，来自同样的军事卫星的数据却无法对极端的（有时是致命的）潜伏在同样的全球政治丛林中的携带疾病的蚊子进行有效的打击。

这一章描述美国开发的军事卫星主要类型，也会探讨由苏联开发的一些有趣的军事卫星。由于外太空相当于传统防御思想中的"现代"高地，而且不受国家主权限制，精密设计的卫星特别适合执行下面的军事行动：侦察、监视、通讯和导航。

基于太空的侦查包括获得某种特定的详细信息，这种信息能够满足战略或战术情报的需求。监视是利用卫星上的传感器来支持某种持续的监视行动。由于这两个术语特定意思有时很难区分，我们提供了下面的类比。侦察卫星就像是一个军事侦察员，他在敌方领地努力收集某些重要信息：敌人在哪里？敌方军队的规模有多大？他们拥有何种武器等等。

监视卫星与警卫或站在高塔上巡视的哨兵很相似，它会盯着遥远的地平线以搜寻敌方活动的迹象。问题刚出现，哨兵就会拉响警报，从而给友军充分的时间采取恰当的防御行动。一般来说，当代军事卫星用以下3种方式进行监视：早期警示（特别是对于弹道导弹袭击），核爆炸探测（特别是对核试验条约禁止的地区）以及气象监测（特别是在战术和地区层面上）。还有军事通信卫星和导航卫星，它们的作用是协助维护和平以及战斗操作。

◎ 侦察卫星

因为侦察卫星在环绕地球的不同高度运行，它们利用很多电磁传感器、电镀光学探测器或高解析度的影像系统在某些禁区的高空收集特定的信息并传递给情报机构的分析师。

为了方便，美国的情报机构通常将侦察卫星收集到的技术数据分为两大类：信号情报（SIGINT）及影像情报（IMINT）。一些美国侦察卫星主要进行信号情报的收集——利用卫星装备的特殊无线电频率接收器以及大型天线从太空中进行电子窃听。这种卫星收集的数据由位于马里兰州米德堡的美国国家安全局（NSA）进行处理和分析。关于美国电子情报（ELINT）卫星的公共信息很少。在冷战期间发射的第一颗美国侦察卫星就是一个名为"银河辐射背景1号"（GRAB-1）的高度机密的电子情报卫星。

1998年6月，美国国家侦察局（NRO）宣布解密"银河辐射背景1号"系统。20世纪50年代末—60年代初，"银河辐射背景1号"由海军研究实验室（NRL）计划、建造和操作。作为冷战期间军事机密的一部分，"银河辐射背景1号"的出现和任务执行完全被隐藏在另一项对外公开宣布的卫星计划之下。因此，"银河辐射背景1号"电子情报卫星系统实际上是与美国海军第一颗"太阳辐射卫星"（SOLRAD-1）共同飞行的秘密伙伴。

海军研究室的科学家们构思了"太阳辐射卫星"计划用于进一步研究太阳对地球的作用，特别是在太阳活动增强的时候。最主要的兴趣是太阳辐射对电离层的影响，这对于海军在全世界的通讯非常重要。"太阳辐射1号"卫星在1960年6月由雷神火箭运载从卡纳维拉尔角成功发射。这颗19千克重的转数固定的卫星由发射美国海军运输2A导航卫星的同一颗运载火箭送入太空。

合并飞行的"银河辐射背景1号"/"太阳辐射1号"卫星沿着近地点为614千

图中展示的是第一颗美国侦察卫星的完整模型。名为"银河辐射背景1号"（GRAB-1），是由海军研究实验室开发的并于1960年6月从卡纳维拉尔角发射（美国海军/海军研究实验室）

米，远地点为1 061千米，周期为101.7分钟，倾角为66.7°的地球轨道运行。1976年，美国海军研究实验室制作和发射了十多颗太阳辐射卫星，它们为有关太阳–地球物理方面提供了重要的科学信息。

当国防部公开宣布"太阳辐射1号"卫星所取得的科学成就时，被称作"银河辐射背景1号"的共同飞行的载荷卫星所执行的电子情报计划仍然是严格保守军事机密（直到1998年）。"银河辐射背景1号"电子情报卫星系统在1960年7月开始运作，直到1962年8月截止。"银河辐射背景1号"任务是获得苏联空军防御雷达的信息，这些信息是美国空军以及沿着欧洲和西太平洋的边界的国际空间飞行执行电子情报任务的海军侦察机无法观测到的。侦察机是用于探测、定位、记录及分析敌方无线电频率信号的军用机。

知识窗

美国国家安全局

总部设在马里兰州米德堡的美国国家安全局（NSA）/中央安全机构（CSS）是美国政府的情报部门。国家安全局调整、指导并执行高度专业的活动来保护美国政府的信息系统并提供国外的信号情报（SIGINT）信息。

国家安全局的信号情报是有效的统一的组织，并由美国政府内部控制全部的国外信号收集及处理活动。国家安全局被授权根据国家外事情报部门的建议，按照中央情报部门负责人提出的目的、要求及优先权提供信号情报。

国家安全局于1952年11月成立，这个机构五十多年来一直在为美国政府决策者们和军事领导人提供及时的信息。信号情报是具有漫长历史的体系。国家安全局基于此建立了丰富的技术储备。在利用国外信号情报的同时保护本国的通讯是一项固有的秘密工作，因此大多数美国人对于国家安全局的密码专家是如何无声地保护美国并利用外国信号这点知之甚少。

在第一次世界大战期间，美国密码专家开创了无线电拦截，搜寻无线电方向以及信号处理技术，使美国及其盟国获得独一无二的军事优势。现代信号情报数据时代可以追溯到第二次世界大战期间，当时美国密码专家破译了日本的军事密码并且了解到入侵中途岛的计划。重要的信号情报使得美国海军在中途岛的关键战役中击败了大型的日本超级舰队。在这一次关键的海战之后，太平洋战场胜利的天平决定性地偏向了美国一方。

安全局武装部队（AFSA）成立于冷战之初。这一新的机构是在第二次世界大战中军事密码破译成功的基础上建立起来的，目的是在全国的军事机构中执行军事情报及通讯安全行动。随着1952年国家安全局的成立，

美国政府的所有密码活动，包括军事和非军事的，都由这一个机构控制。今天，通讯安全及信号情报对于保卫美国安全起到非常重要的作用。

国家安全局是位于通讯技术和数据处理前沿的高技术组织。国家安全局既有军方又有平民雇员。其中许多雇员都是国家的重要密码专家和数学家，他们设计保护美国政府信息安全的密码系统，并且搜寻敌对国家及敌对势力的密码及通讯体系的薄弱点。

由于世界越来越依靠信息，国家安全局的信息保障（IA）任务在充满技术挑战的环境中起到越来越重大的作用。这一任务包括保护所有储存在美国政府设备或在设备间传输的机密和敏感信息。国家安全局的雇员尽全力保护政府通讯及信息储存系统不被入侵。国家安全局的保护任务的范围大到联邦政府的高层，小到战场上的单个美国士兵。信息保障任务包括侦察、报告及对网络威胁做出反应。国家安全局的人员还创建了加密密码，从而使信息在系统间安全传输并将信息保护措施直接嵌入全球信息网中。

"银河辐射背景1号"电子情报卫星系统是由海军研究实验室在1958年春倡议的。由于得到美国国务院、国防部及中央情报局（CIA）的积极推荐，德怀特·D.艾森豪威尔总统于1959年8月24日批准全面开发此项目。当时，该项目是在严格的安全

控制体系监督之下，在美国首都华盛顿只有不到 200 名官员能够接触该项目。

在海军研究实验室完成"银河辐射背景"卫星及相应的海外收集点辅助网络的开发后，艾森豪威尔于 1960 年 5 月 5 日批准其发射，当时是中央情报局一架 U-2 飞机在对苏联领土执行侦察任务坠毁后的第 4 天。如前所述，在 1960 年 6 月 22 日，"银河辐射背景 1 号"卫星由雷神火箭搭载与美国海军的传输 2A 卫星从卡纳维拉尔角一起升空。"银河辐射背景 1 号"有两个载荷：机密的电子情报包和用于测量太阳辐射的装置。国防部公开此项发射及相应的太阳辐射实验发射项目，因此这颗海军卫星成为人们公开了解的"太阳辐射卫星 1 号"。此后又进行了 4 颗另外的电子情报载荷的发射，其中一颗在 1961 年 6 月 29 日获得成功（"银河辐射背景 2 号"）。

海军情报官对"银河辐射背景 1 号"卫星进行全方位的操控演练。卫星从不同的收集点获得的电子情报数据被记录到磁带上并由情报员送至哥伦比亚特区华盛顿的海军研究实验室。在海军研究实验室，这些磁带经评估、复制并送交给位于马里兰州米德堡国家安全局及位于内布拉斯加州奥马哈附近的奥福特空军基地的美国空军战略空管（SAC）总部，以进行分析和情报部门处理。

在战略空军总部对"银河辐射背景 1 号"数据的分析集中在对苏联防空设备的特点及位置进行确认，从而支持被称为"统一作战行动计划"（SIOP）的美国核战争计划。在冷战期间，在奥福特空军基地的联合战略目标工作人员是负责建设和执行"统一作战行动计划"的国防部内部组织。

在米德堡，海军研究实验室的情报分析师们渴望从"银河辐射背景 1 号"卫星的磁带上收集到新的或不寻常的苏联无线电频率信号。通过这种最初的基于太空的电子情报收集的努力，海军实验室的情报分析师发现苏联已经运行一种强大的支持反导弹系统的雷达系统，用以对付入侵的美国弹道导弹。

尽管当时隐藏在公众视野之外，海军研究实验室的"银河辐射背景"计划提供了非常重要的理论上的证据，即卫星在收集电子情报方面有很大的优势。特别来看，"银河辐射背景 1 号"卫星显示在外太空的一个单一的平台能够与所有其他的基于海洋、空中及陆地的侦察平台所收集的电子情报的总和相等，只要这些目标在卫星的视野范围内，费用只是卫星全部花销的一部分，而且没有人员危险。1962 年 6 月 14 日，国防秘书长罗伯特·S.麦克纳马拉正式成立了高度机密的美国国家侦察局（NRO），"银河辐射背景"卫星技术及其所执行的从太空中获得电子情报的任务由海军研究实验室转移到 NRO。

在整个冷战期间,渐进的、更复杂的侦察卫星在国家安全上起到的作用越来越大。侦察卫星是用于探测、定位、记录及分析电磁辐射,特别是分析警示的无线电频率信号及传送信号的军事卫星。直到今天,人们仍然利用基于太空的电子窃听装置,但是有关这些现代电子侦察卫星的大小、能力、运行特征却很少公开。下图所示的只是早期电子侦察卫星技术在 10 年中(1960—1970)的进展情况的基本说明。概念图展示了"酷冷 389"——一颗苏联在 1970 年 12 月发射的军事侦察卫星,用于执行针对美国及欧洲北约军方的电子情报任务。

NRO 的基本概念是作为国家的首要组织来满足美国政府在 1960 年夏基于整个太

国防情报局(DIA)艺术概念图展示的苏联"酷冷 389"卫星,这是在 1970 年 12 月发射的军事卫星,用于针对美国和北约军方执行电子情报(ELINT)任务。"酷冷 389"是由苏联发射的一系列侦察卫星中的第一颗,用以对无线电和雷达发射源进行精确定位。在冷战期间,苏联军事情报分析师利用从这些卫星上得到的电子情报数据来识别敌方防空点和指挥控制中心作为他们的全部打击目标和作战计划部署资料(布莱恩 / 美国国防情报局 /DIA)

空侦察方面的技术情报收集需求。当时，面对高空 U-2 间谍飞机被击落，飞行员被苏联抓捕的尴尬局面，总统艾森豪威尔命令其高级国防官员提供未来从太空收集情报的推荐建议。到 1961 年，中央情报局（CIA）及美国空军已经建立了最初的机构间的合作关系，在侦察体系大前提下分配每一组织的任务。从此时直到大约 1989 年，美国空军及国家安全局在整个 NRO 的框架下各自管理其收集的卫星情况。美国海军也参与了这些高度机密的军事卫星计划。

从组织上看，国家侦察计划被分成 4 个项目，分别称为项目 A、B、C、D。项目 A 包括由美国空军负责并控制的全部卫星情报计划。它们主要是信号情报系统。项目 B 包括所有的中央情报局卫星计划。信号情报和图像情报系统都包含在项目 B 中，尽管中央情报局通常主要负责图像情报系统而一般将信号情报的收集留给美国空军。项目 C 是由美国海军参与的 NRO。这一项目主要负责执行海洋侦察任务的侦察卫星。项目 D 包括利用诸如 U-2 型飞机飞越禁飞区进行空中侦察计划。

在 20 世纪 90 年代早期，NRO 历经了重组和合并，它的许多项目都在弗吉尼亚北部配制成新的、集中的设施。特别是，在 1992 年的政府决议中将原来的 NRO 卫星系统计划（即项目 A、B、C）合并为一个组织，其中有不同的功能，例如图像侦察和信号侦察。其目的是赢得效率，去掉累赘，并开发一种更集中、更少繁琐的管理框架，通过这种模式 NRO 能够在 21 世纪更好地执行任务。

在其成立早期（即 20 世纪 60 和 70 年代），NRO 主要为有限的战略情报机构和军事客户开发某种类的第一颗卫星系统。当时 NRO 将大部分精力和资源用于对付单一的情报目标——苏联及华沙条约组织。在开始时，NRO 小巧灵活。作为一个高度机密的、基本上"不可见"的联邦组织，它有其管理的灵活性及内部权威，为了响应国家领导者创建此办公室的目标，它可以作出迅速决定去追求高风险的技术项目。NRO 能够开发空运及卫星侦察系统，为美国与苏联在几十年的竞争中取得决定性的优势。

相比而言，现代 NRO 已经演化为一个大型组织，主要负责三方面工作。第一，NRO 必须继续成为卫星侦察系统的支柱，该系统现在不仅为战略上的或国家领导层客户服务，也为众多的战术客户服务。第二，NRO 必须取得新的卫星信息收集系统，这些系统不仅可以给客户提供一致性的数据，也必须包括改进的新技术。第三，NRO 必须进行最前沿的研究和技术革新，以便开发未来的卫星系统，从而保障美国全球信息的优势并能够继续进入禁区进行侦查。

美国政府于 1992 年正式解密了所存在的 NRO 和组织中的卫星侦察任务。然而，有关目前侦察卫星能力的细节仍是政府高度控制的机密。本书遵守有关美国国家安全的保密原则。因此，下述关于照相侦察卫星的论述是基于美国政府公开发布的信息，其中许多所列出的细节都是刚刚被解密的。

NRO 是隶属于美国国防部（DOD）的机构，工作人员由中央情报局的人员、军方人员及民用防御机构的人员组成。NRO 收集的卫星数据起到如下的作用：情报和预警、监督武器控制协定、军事行动和训练及监视自然灾害和环境问题。

NRO 早期的卫星可以从技术根源追溯到 20 世纪 50 年代中期美国空军的一个军事卫星项目，它还有一个名称"武器系统 117L"（WS 117L）。在 1956 年 2 月，空军的西部开发部（位于加利福尼亚的洛杉矶）将武器系统 117L 作为相互分离的太空子系统成员，可以执行不同的军事任务，其中包括照相侦察和敌方弹道导弹袭击预警。到 20 世纪 50 年代末期，武器系统 117L 已经演变为 3 个独立的项目：发现号项目、卫星及导弹观测系统（SAMOS）及导弹防御预警系统（MIDAS）。发现号项目和卫星及导弹观测系统的目的是从太空中执行照相侦察任务，而导弹防御与预警系统是利用红外线传感技术执行弹道导弹预警任务。隶属于武器系统 117L，可视侦察有效载荷（即发现号和导弹观测系统项目）也被称为子系统 E，红外侦察有效载荷（即导弹防御预警系统）被称为子系统 G。武器系统 117L 项目卫星，即后来的阿金娜火箭的最上一级，其卫星结构被称作子系统 A，其助推结构被称为子系统 B。

当 1957 年 10 月"斯普特尼克 1 号"发射升空时，美国公众受到了极大震惊，这种政治刺激也使德怀特·艾森豪威尔总统决定加速开发美国第一颗名为"科罗纳"的照相侦察卫星。照相侦察卫星支持其他主要基于卫星的侦察方式，也就是影像情报收集（IMINT）。分析者将影像情报收集定义为来自照片、电子光镜、红外线传感器、激光及雷达传感器（即人造光圈雷达）的情报信息。一般来说，在图像情报领域，物体的图像及目标影象可以以光学和电子方式复制到胶片、电子展示设备或其他信息展示媒体上。

在 1958 年严格保密的情况下，美国空军武器系统 117L 计划中最有前途的部分从其他军事卫星子系统项目中分离出来，称为"科罗纳"计划。当该计划被置于美国空军及中央情报局（CIA）团队的联合管理之下时，它就享有高度的优先权和资金资助。尽管有很多早期发射失败的先例，艾森豪威尔总统始终对这项照相侦察卫星计划持坚定的支持态度。

　　总统的耐心在 1960 年 8 月 18 日得到回报，这一天美国空军成功地将"科罗纳14 号"卫星（也被称为"发现者 14 号"）从加利福尼亚范登堡空军基地发射升空。一天之后，该卫星发射了一个胶片舱，这个胶片舱重回地球大气层并在飞越夏威夷附近的太平洋上空时被 JC-119 军用飞机在空中回收。任务的完美结局标志着从太空中进行照相侦察的开始。

　　从"科罗纳 14 号"回收的胶片舱被美国情报机构迅速处理和分析。这个单一的、短时间的卫星任务提供了比以前所有高风险的飞跃苏联领空的 U-2 侦察飞机所获得的情报总和还要多的图像资料。照相侦察卫星为美国装了太空"眼"，它可以用来为美国在世界各地的军事行动提供有效的支持。"科罗纳"第 145 次，也是最后一次发射是在 1972 年 5 月 15 日。最后的"科罗纳"胶片舱在 1972 年 5 月 31 日被回收，这也标志着美国第一个照相侦察卫星项目的终结。

　　美国政府在 1995 年解密了很多"发现者"（"科罗纳"）计划的文件。下面的一些段落包含一些所选任务的有趣的细节。毫无疑问，从地球轨道卫星收集的情报为

知识窗

"发现者"计划

　　"发现者"计划是美国空军给机密的"科罗纳"照相侦察卫星计划所起的公开名称。"发现者"计划不仅使美国发射了照相侦察卫星，也实现了广泛的太空技术进步和突破——其中大多数被秘密隐藏起来直到 20 世纪 90 年代中期。

　　国防部的高级研究计划机构（ARPA）和美国空军共同负责管理"发现者"计划。这一计划的主要目的是开发胶片回收式成像侦察卫星，该卫星能够评估苏联制造长距离轰炸机及弹道导弹的速度以及这些战略核武器系统的分布情况。20 世纪 50 年代中期，德怀特·D. 艾森豪威尔总统对于来自苏联的突发性核袭击的威胁极其关注。他需要有关苏联内部的军事活动的详细信息，因此他决定着手开发间谍卫星，用以在苏联上空拍摄高分辨度的照片。

"发现者"计划是秘密的"科罗纳"计划对外公开的一部分。除了为美国情报机构提供影像信息，来自"科罗纳"卫星的影像数据也被用于为国防部及其他美国政府的地图计划提供的地图和图表。

当时，这一重要的太空计划对于国家安全的真正目的并没有向公众公开。取而代之的是，空军宣布不同的"发现者号"的发射是作为大型轨道卫星研究计划中的一部分，主要用于测试不同的卫星子系统。公共新闻的发布也告知人们"发现者号"将如何考察未来载人进入太空的通讯和环境问题。一些"发现者号"的任务是装载用于从轨道返回地球的生物包。总的来看，38颗"发现者号"卫星从项目之初到1962年2月间被发射，这时美国空军停止公布有关该计划情况。

然而，发现号卫星的发射继续在加利福尼亚的范登堡空军基地秘密进行，直到1972年发射了机密的"科罗纳"卫星。1960年8月—1972年5月15日，它的第145次也是最后一次的发射，"科罗纳"（"发现者号"）计划为美国的领导人们提供了许多影像数据，这些数据是在许多次重要的照相侦察卫星任务执行过程中获得的。正如1995年所公开的那样，美国情报机构也给"科罗纳"卫星指定了暗号——"锁眼"（KH），如中央情报局将"科罗纳14号"（"发现者14号"）称为"锁眼1号"（或KH-1），来自这些间谍卫星的影像产品只能由拥有特别高度机密安全证明的情报人员查阅。

国家领导人们提供了他们所需要的关键信息，从而帮助缓和了冷战时期的危机，并避免了严重的超级大国的分歧（如1962年的古巴导弹危机），从而防止问题升级为毁灭文明的核战争。

"发现者2号"是由雷神阿金纳A型火箭在1959年4月13日从卡纳维拉尔角空军基地发射。火箭将卫星送入近地点为239千米，远地点为346千米的地球极轨道，倾角为89.9°，轨道周期为90.4分钟。这个圆柱形的卫星设计为收集卫星工程数据。该任务也尝试从轨道中发射仪器包用于地面回收。卫星是三轴稳定型并接受来自地球的命令。1959年4月14日，绕行17周后，"发现者2号"发射了一个重入地球大气层的工具。这个重入地球大气层的工具然后分成两部分。第一部分包括保护设备、制动火箭系统及主结构；第二部分是重入舱本身。美国空军工程师们已经计划使该舱重新进入夏威夷附近的上空以适合在空中或海洋回收。然而，一个计时器的失灵导致该舱的过早发射，它重新进入了地球北极地区上空。这个测试舱再没有被回收。其余的设备载荷继续在轨道中运行，执行运载的功能和通讯实验任务。

"发现者2号"卫星直径为1.5米，长度为5.85米。不包括推进器的卫星的质量为743千克，其中包括111千克的设备有效载荷和88千克的重入大气层工具。重入大气层工具舱直径为0.84米，长度为0.45米，还包括一个降落伞，生命支持测试系统，宇宙射线胶片包用于确定宇宙射线的强度和组成（作为测试未来照相胶片的储存之用）和一个无线电跟踪发射器。

这个飞行舱既可以在降落伞下降时由特别装备的军用飞机（称为JC–119）回收，也可以在海上漂浮时回收。卫星包括一个遥感勘测发射器和一个无线电跟踪发射器。遥感勘测能够传送超过100个测量单位的表现情况，包括28个环境单位，34个导向和控制单位，18个第二阶段表现情况，15个通讯和9个重入大气层舱参数。镍镉（Ni–Cd）电池为所有设备提供电能。定位是由冷的氮喷气系统完成。卫星的姿态控制系统还包括一个倾角扫描仪和一个提供偏航和滚动数据的惯性参照包组成。

"发现者2号"成功执行了收集火箭推进、通讯、轨道表现及卫星稳定性方面数据的任务。所有的设备都按计划运作——除了计时仪器。遥感勘测设备一直工作到1959年4月14日，主无线电跟踪发射器工作到1959年4月21日。"发现者2号"是第一颗三轴稳定的轨道卫星，由来自地球的指令操作，按命令分离重入大气层工具，并将重入大气层工具送回地球。

"发现者13号"设计用于测试航天器的工程技术并尝试通过大气层减速重入大气层的地球轨道卫星，其工具包在海上被回收。美国空军用一颗雷神阿金纳A极火箭在1960年8月10日从范登堡空军基地发射了这颗卫星。这颗间谍卫星进入了258千米×683千米的地球极轨道，周期为94分钟，倾角大约为83°。这个将卫星送入轨道的圆柱形的阿金纳A极火箭装载一个遥感勘测系统，一个磁带录音机，地面信号接收器，一个水平扫描仪和一个55千克重的回收舱，其中也包含生物样本。

该重入大气层舱为碗状配置，直径为0.55米，深度为0.68米。圆锥形的尾部设计使总长度达到1米。制动火箭系统装置在舱体尾部，可以使重入大气层舱减速并脱离轨道。重入大气层舱中的40磅（18千克）重的监控系统可以对选定事件做出报告，如发射火箭制动系统、抛弃隔热板以及其他重要的发射指令。"发现者 13 号"的回收舱在 1960 年 8 月 11 日被回收。这一成就代表着从轨道卫星中发射的物体被首次成功回收。为了加速这个重要的太空技术的完成，艾森豪威尔总统在 4 天后（8 月 15 日）召开了新闻发布会，会上他骄傲地展示了"发现者 13 号"从轨道中发射的回收舱（然而，他并没有在新闻发布会上公开讨论"发现者 13 号"卫星的情报任务）。阿金纳最上级火箭在 1960 年 11 月 14 日重新进入大气层并烧毁。

"发现者 13 号"也叫作"科罗纳 13 号"——第一颗成功发射的侦察卫星。然而，"发现者 13 号"只装载了分析设备，并没有装载真正的照相机、胶片舱进入轨道。在 1960 年 8 月 18 日，一颗有相同技术的卫星，被称为"发现者 14 号"（或"科罗纳 14 号"），装载真正的照相机、胶片舱进入轨道，拍摄了大量苏联图片资料，然后成功发射了胶片舱，并在夏威夷附近的太平洋上空被回收。随着这两次"发现者号"任务的成功完成，1960 年 8 月照相侦察卫星的时代开始了。

可以毫不夸张地说，是军事太空技术帮助避免了第三次世界大战。在冷战时期政治紧张的年代，美国和苏联进行着一场侵略性的核军备竞赛，两个超级大国都拥有一触即发的核装备弹道导弹。军事卫星为国家领导人们提供了重要信息，使他们能够在保证共同毁灭原则（MAD）这样疯狂的世界里遵循理性的行动方式。卫星侦察开始在恰当的时候精确地提供关键的信息。就在"科罗纳 14 号"成功发射的几个月前，艾森豪威尔总统被迫中止了在苏联上空的空中侦察飞行，这是由于苏联人击落了一架美国 U-2 间谍飞机并逮捕了飞行员弗朗西斯葛瑞·包尔斯。

从太空技术的前景看，"发现者"（"科罗纳"）计划是第一个从轨道中回收物体的太空计划，也是第一次从卫星上传送照相侦察信息。它还是第一个使用多个重入大气层工具的计划并从太空拍摄了立体影像。然而，最显著的技术进步是其地面图像分辨度的逐步提高，从最初的 7.6 米—12.2 米提高到最终的 1.82 米的能力。

美国空军一共成功发射了 94 颗卫星作为"科罗纳"照相侦察卫星计划的一部分。轨道卫星本身也经过了一系列的技术换代，情报部门将它们按代码编为"锁孔"（KH）1、2、3、4 号。7 个"锁孔 5 号"卫星（在牵索计划下开发）和一个"锁孔 6 号"卫星（在氩计划下开发）在"科罗纳"卫星之后发射。"科罗纳"计划从 1960 年 8 月—1972 年 5 月实行，既收集情报也收集地图影像。氩是应用"科罗纳"组织框架的地图系统，从 1962 年 5 月—1964 年 8 月间的 12 次任务中有 7 次成功完成。最后，牵索是一次获得更高解析度图像的尝试。它只在 1963 年执行了一次成功的任务。

NRO 对美国国家安全作出贡献的最近的一个例子是光电影像卫星。"科罗纳"照相卫星系统有其局限性。任务执行时间受到卫星装载的胶片数量的限制。再者,取得图像之后,由安全机构保留,用户往往要等待数天甚至数星期才能拿到。"科罗纳"卫星上装载的全部胶片都需要经费,并且只有返回舱被成功地从轨道回收后,图像才能被处理。

NRO 的工程师们面对这些挑战并最终成功地开发了电子"眼",它能帮助人们将光波转换成电信号,然后这些电信号能够接近实时被传送回地球。现在 NRO 配置光电卫星侦察系统的技术部件已经出现在商用(民用)光电影像卫星上。

NRO 实时影像卫星计划耗时长,花销大。第一个光电卫星侦察系统(名称现在仍然保密)于 1976 年部署。吉米·卡特总统在其执政的第一天(1977 年 1 月 20 日)就宣布了这颗光电影像卫星的运行,这标志着卫星侦察对于国家的重要性。在冷战结束期间一直到后冷战时期,NRO 的第一代光电卫星侦察系统及其后来改进的型号使得美国军方和民间机构领导人们能够将国家安全战略不是建立在推测和传闻的基础上,而是建立在事实和经验证据的基础上。

冷战的压力和确认苏联开发战略武器能力的需要驱使照相侦察卫星进行早期的影像收集。这些侦察卫星提供的世界范围的图像也用于为国防部和其他美国政府的绘图项目提供地图和图表。

总统行政命令(1995 年 2 月 24 日)已经解密了由美国早期照相通讯系统在1960—1972 年间收集的超过 80 万幅影像。所收集的这些被解密的历史影像(其中一些空间解析度达到 1.8 米)用于辅助环境科学家提高对全球环境进程的理解,并在20 世纪 60 年代开发用于评估重要环境变化的标准。

卫星和导弹观测系统(SAMOS)是由武器系统 117L 演变而来的第二个美国卫星计划。卫星和导弹观测系统致力于开发大型的、重量更大的卫星(估计在 1 845 千克和 1 860 千克之间),这将由更强大的阿特拉斯·阿金纳火箭发射器发射,而不是由发射 725 千克级的"发现者号"卫星的雷神阿金纳发射器发射。

卫星和导弹观测系统的侦察卫星有效载荷是用于收集照片和电磁数据。卫星和导弹观测系统的照片数据将由阿金纳航天器上的照相机收集,与"科罗纳"有效载荷的方式相似。然而,在卫星和导弹观测系统项目中,胶片将在轨道进行电子扫描,

美国国家地理空间情报局

美国国家地理空间情报局（NGA）既是国家情报机构也是美国政府内部的军事机构。美国国家地理空间情报局的任务是为国家安全的目的提供及时、相关和精确的地理空间情报（GEOINT）。地理空间情报是利用和分析图像和地理空间信息来描述、评估和勾画物理特征及地球上与地理相关的活动。

从历史的角度来看，美国政府对地理空间情报的努力始于1803年，当时托马斯·杰斐逊总统派美国军方的路易斯和克拉克前往刚刚得到的路易斯安那地区进行探险和绘制地图。1830年，美国海军成立了绘图和工具部来避免依靠英国海军或商用航海图。

美国在地图和图表方面的努力一直保持到第一次世界大战，此时空中照相成为战场情报的主要来源。第一次世界大战之后，美国军方空军特种兵团成立了特别地图单位。当飞机获得的立体照片和照片解析技术成熟的时候，现代军事图像分析和绘图便很快出现了。

随着第二次世界大战中美国的加入，地图服务需求很快扩大了。相当多的女性也加入了绘图大军以满足日益增长的对技术工人的需求。由于在飞机、照相机和胶片方面的技术进步，空中照相的军事应用极大提高了。就是在这个战争年代将地图与照片影像分析相结合的概念成熟了。

第二次世界大战之后，国家军事机构中发生的几次主要的重组，目的是在冷战之初更好地对付所出现的苏联威胁。1947年的国家安全行动创立了国防部并作为一个分支的机构成立了美国空军。也成立了中央情报局用以更好地组织和集中国家的情报。

1956年6月21日，艾森豪威尔总统命令启动秘密的高空飞行U-2飞机执行对苏联上空的侦察飞行，旨在观察和探测苏联政府的行动和潜在的能力。同时，美国也开始着手开发卫星项目，这些卫星能对地球照相并将影像传回美国情报分析者手中。这些卫星开发活动的主要结果是"科罗纳"照相侦察卫星计划，该计划在1960年8月19日将在苏联上空收集到的第一张照片传回。为了支持对从这些卫星系统中获得的数据的分析，1961年1月，艾森豪威尔总统授权创建了国家照片解析中心（NPIC），这是一个将中央情报局、军队、海军及空军资源结合来解决国家情报问题的组织。

就是国家照片解析中心首次识别出苏联在古巴的核导弹基地——这些精确的照片情报信息导致了 1962 年 10 月的古巴导弹危机。通过利用 U-2 飞机、SR-71 飞机收集的影像以及轨道卫星发射的胶片金属罐,国家照片解析中心的分析师们进一步分析推测这些信息,使其适合通知美国政策制定者并影响军方的行动。

1972 年,预算吃紧导致军方机构将几个具备绘制地图和图表能力的部门合并为一个组织——防御地图局(DMA)。20 世纪 90 年代中期,卫星收集的影像成为影像情报(IMINT)和基于地图的影像产品的基础。结果

是,美国情报部门考虑将这两个重要的功能集中管理。1996 年,美国国会、中央情报局和国防部同意将国家地图和影像分析部门合并为一个新的组织,称为美国国家影像地图局(NIMA)。

由好几个防御和情报机构合并组成的美国国家影像地图局融合了影像、地图、图表及环境数据来形成情报分析家们现在所指的地理空间情报。2004 年,美国国家影像地图局更名为美国国家地理空间情报局(NGA),这种转变正式认可了将图像情报、地图、图表及测地学结合成单一的、集成的情报体系。今天,从马里兰州贝塞斯达的总部,美国国家地理空间情报局提供地理空间情报产品用来满足军事、民用及国际上的多种需求。

然后扫描的照片由无线电信号传回地面接收站。

卫星和导弹观测系统项目(据官方宣称)在加利福尼亚空军设施有 3 次非机密的发射:1960 年 10 月 11 日,1961 年 1 月 31 日和 1961 年 9 月 9 日。只有 1961 年 1 月的发射成功。1962 年,美国空军只是稍稍揭开了卫星和导弹观测系统项目面纱的一角,然后就停止发布关于该项目的信息。然而,经过几次更加机密的发射之后,可以很明显地看出轨道内的光电胶片资料解析系统还不够先进。与“科罗纳”照相侦察卫星的胶片成功返回情况不同,卫星和导弹观测系统项目卫星好像是受到了技术上的困扰,导致其成像质量很差。不论具体原因如何(其中的细节还是机密),美国空军取消了其有效载荷的进一步工作。这一项目中政府所承认的最后一次发射是卫星和“导弹观测系统 11 号”卫星。卫星和“导弹观测系统 11 号”是 1962 年 11 月 11 日由阿特拉斯·阿金纳火箭运载从加利福尼亚范登堡空军基地发射的 1 860 千

克重的卫星。

　　但是情报机构在卫星和导弹观测系统项目中所作的投资并未完全浪费。在 20 世纪 60 年代中期，侦察技术从 NRO 向美国国家航空航天局进行了秘密转移，其中卫星和导弹观测系统项目技术以 5 个月球轨道卫星（1966—1967）的形式出现并提供了月球表面的高解析度图像。这些高解析度的月球表面图像直接帮助了阿波罗宇航员完成了月球登陆任务。

　　可以理解的是，现代美国照相侦察卫星的表现能力仍然是政府严格保守的秘密。然而，第一章所示的由"快鸟 2 号"商用高解析度地球成像卫星于 2004 年 8 月 24 日采集的梵蒂冈市的高分辨度图像提供给我们这样一些认识：自从 20 世纪 60 年代美国和苏联启动了照相侦察卫星项目以来，基于太空的影像技术已经取得了令人瞩目的进步。

　　"快鸟 2 号"是 2001 年 10 月 18 日由"德尔塔 II 号"火箭从加利福尼亚州范登堡空军基地发射的一颗美国私人拥有的地球成像卫星。下页图中所示的这颗商业卫星的系统在发射前正在清洁室内调试。这颗卫星高度为 3.04 米，重量为 9 545 千克。"快鸟 2 号"在 98° 的太阳同步的极轨道中运行，高度为 450 千米。这颗卫星收集的全色性和多光谱的图像设计为民用项目，其中包括地图出版、土地使用计划、自然资源管理、保险危险评估及灾难复原。例如，"快鸟 2 号"的精确数据使得制图人员不需要利用地面控制点就可以确定偏远地区 23 米范围内的地质特征并绘制地图。

◎防御气象卫星计划

　　在美国太空计划之初，民用太空机构——美国国家航空航天局在联邦政府内负责开发和运作能够满足民用和军用双重需求的气象卫星系统。当美国国家航空航天局在 1960 年 4 月 1 日接受挑战，发射了世界上第一颗能够从太空中拍摄云层图片的卫星时，许多气象科学家的梦想实现了。这颗远程红外观测卫星（TIROS1）在中纬度（倾角大约 44°）绕地球轨道运行，这颗卫星迅速展示了观测地球气象模式的能力。

　　然而，为了满足"科罗纳"照相侦察卫星执行任务的需要，NRO 要求发射一颗另外的气象卫星。当时，NRO 的工作人员认为美国国家航空航天局的远程红外观测卫星不能够正确支持"科罗纳"对战略气象数据的需求。因此，NRO 建立了防御气象卫星计划（DMSP），其最初的任务是提供安全和及时的气象数据，特别是苏联目

2001年发射前在清洁室内展示的美国私人拥有的地球成像卫星——"快鸟2号"（数字全球和球形太空）

标区域上空的云层覆盖信息图像收集。防御气象卫星项目是机密的军事气象卫星系统，支持对每个"科罗纳"卫星提供的胶片更有效的利用。"科罗纳"任务管理者认识到，浪费宝贵的胶片资源拍摄云层图像是没有意义的。情报分析家需要看到苏联地面上的物体，而防御气象卫星项目在创造开拓性的气象卫星方面表现卓越。

第一颗防御气象卫星在1962年发射。作为一个重要历史纪录，1962年末，防御气象卫星项目在古巴导弹危机期间为国家指挥当局（NCA）提供关键的云层覆盖信息。到1964年，已经有了4颗运行的军事气象卫星。1965年，NRO将管理防御气象卫星项目的职责全权交给美国空军。这一举动使防御气象卫星项目正式成为军方太空资源并为越南战争期间广泛应用这些卫星支持战斗行动铺平了道路。国防部于1973年正式解密了防御气象卫星项目系统。防御卫星项目在其服务期内经历了无数的设计变化和升级。下面将谈到该系统目前的一些能力和特色。

防御气象卫星项目是一个气象卫星的大家庭，它们绕地球极轨道运行，为美国的国防和民用需求提供了重要的环境数据。两个绕地球轨道运行的防御气象卫星项目高度为832千米，扫描范围达到2 900千米。每个卫星用大约12小时的时间扫描整个地球。利用被称为操作线路扫描系统（OLS）的基本传感器，防御气象卫星能够拍摄云层的可视和红外影像。军事气象预报者可以利用这些影像数据检测世界上任何地方的天气变化情况。气象学家能够利用这些数据来识别、定位和确定暴风雨、飓风的严重性并评估这种恶劣天气条件可能会对军事行动造成的影响。

除了操作线路扫描系统，防御气象卫星项目还装载一些传感器，可以测量大气湿度和温度水平、X射线以及引起极光的电子群。这些卫星还能够定位和确定极光的

这是一幅对轨道中的防御气象卫星计划"鱼叉 5D-2"卫星的构思。防御气象卫星计划的卫星用于协助美国军方在陆地、海洋和空中的部署行动中提供战略和战术的天气预测。这颗卫星的主传感器能够在其扫描范围 2 900 千米的范围内提供不间断的云层覆盖可视和红外图像。其他航天器传感器测量大气中的湿度温度的纵向概况。通过利用防御气象卫星项目数据，军事气象预测者能够检测气象发展模式并跟踪现有的严峻天气形势，如暴风雨、飓风（美国空军和洛克希德·马丁公司）

强度，极光是能够干扰雷达系统工作和远距离电磁通讯的电磁现象。开始于 1982 年 12 月，"鱼叉 5D-2"系列已由加利福尼亚范登堡空军基地发射。防御气象卫星项目的后几代产品比其早期的型号有很多改进，包括增强能力和寿命的新型传感器。

每个防御气象卫星被放置在太阳同步（极）轨道，标称高度为 832 千米。太阳同步轨道是特殊的极轨道，可以使卫星的传感器保持与太阳固定的位置——这一特点对于气象卫星来说极其重要。每天，太阳同步轨道卫星在地球某地的固定时间通过某一特定区域。

描述太阳极轨道的一种方式是计算卫星一天内通过赤道的次数。赤道穿越（称为交点）发生在每天的当地相同时间，向下穿越与向上穿越的时间间隔为 12 小时（当地时间）。地球卫星的"A.M."和"F.M."分别指卫星上午和下午的赤道穿越。"鱼叉 5D-2"防御气象卫星长度为 3.64 米,直径为 1.21 米。每颗卫星的质量为 830 千克,设计寿命为大约 4 年。

始于 2001 年,发射时可以使用带有改进的传感器技术的升级版"鱼叉 5D-3"卫星。2003 年 10 月 18 日,最新整修的太阳神Ⅱ发射工具成功地将首个完全升级"鱼叉 5D-3"防御气象卫星〔又称"防御卫星 16 号"(F16)〕从加利福尼亚范登堡空军基地送入极轨道。11 月 19 日,F16 防御气象卫星完成了轨道内的检查并宣布运作正常,然后移交给美国国家海洋和大气管理局(NOAA)操作。

美国空军会继续支持防御气象卫星项目直到 2010 年,与最后一颗防御气象卫星项目卫星计划寿命结束时间相同。此后,军用气象需求将由多机构系统(美国国防部,美国国家航空航天局和美国商务部)满足,该系统称为国家极轨环境卫星系统(NPOESS)。1994 年 5 月,总统指示将国防部和商务部各自的极轨道气象卫星项目合二为一。结果,国防部现有卫星的命令、控制和通讯就与 NOAA 的气象卫星控制合并。

1998 年 6 月,商务部承担了运行防御气象卫星项目和 NOAA 克隆防御气象卫星项目的民用及轨道气象卫星。商务部将继续管理两个气象卫星系统,为美国军方提供基本的环境探测数据,直到 2010 年新的合并的国家级轨道环境卫星系统运行。

◎ 监视卫星

来自武器系统 117L 第三类主要的军事卫星项目是导弹探测和预警系统(MIDAS)项目。这一项目致力于开发能够装载具有探测敌方洲际弹道导弹(ICBM)发射的红外传感器卫星。导弹探测和预警系统项目及其接续项目于 1998 年 11 月解密。导弹探测和预警系统项目的载荷包括一个红外传感器和一个安装在阿金纳火箭鼻部旋转塔内的望远镜。通过感知弹道导弹升空时划过大气产生的炎热的羽状烟云,早期预警卫星能够为基于地面的雷达早期预警系统的战略预警程序和信息收集确认节省关键的时间。最初的导弹探测和预警系统项目要求极轨道的 8 颗卫星群不停地监视来自苏联的发射。但是,这些计划从没有被执行。另一个更先进的称作防御支持计划(DSP)的早期预警卫星系统替代了它的位置。

不幸的是,导弹探测和预警系统项目的前 4 次测试卫星(于 1960—1961 年发射)遭遇到困难,包括一次发射失败和早期的轨道失败。第一颗导弹探测和预警系统卫星于 1960 年 2 月 26 日从佛罗里达卡纳维拉尔角发射。这个巨大的、圆柱状的"导弹探测和预警系统 1 号"长度大约为 6 米，直径为 1.5 米。由于阿特拉斯-阿金纳 A 的第二级发射器分离失败，这颗 2 045 千克重的"导弹探测和预警系统 1 号"卫星并没有到达其预定轨道。在运行了大约 4 500 千米后，"导弹探测和预警系统 1 号"卫星重新进入地球大气上层并烧毁。

利用阿特拉斯-阿金纳火箭发射器，美国空军在 1960 年 5 月 24 日成功地将 2 300 千克重的"导弹探测和预警系统 2 号"从卡纳维拉尔角发射升空。这颗卫星没有到达轨道，只是在两天时间内提供遥感勘测（包括红外探测器数据）。这颗卫星的轨道高度近地点为 484 千米，远地点为 511 千米。"导弹探测和预警系统 2 号"的轨道周期为 94.4 分钟，倾角为 33°。这颗卫星在 5 月 26 日传送了最后的遥感勘测数据。

美国空军在 1961 年 7 月 12 日从加利福尼亚的阿圭洛角（Point Arguello）太平洋海域发射了 1 600 千克重的"导弹探测和预警系统 3 号"卫星。这颗卫星进入标称 3 500 千米高的极轨道，倾角为 91.2°，周期为 161.5 分钟。阿特拉斯-阿金纳 B 是该卫星的发射器，卫星在很短的一段时间内传回有用的红外线数据。

1961 年 10 月 21 日，美国空军利用阿特拉斯火箭成功地将 1 800 千克重的"导弹探测和预警系统 4 号"卫星从加利福尼亚州阿圭洛角发射进入近极地轨道。这个轨道卫星飞行高度近地点为 3 496 千米，远地点为 3 756 千米。这颗卫星绕地球的轨道周期为 166 分钟，倾角为 95.9°。"导弹探测和预警系统 4 号"卫星呈圆柱形状，长度大约为 6 米，直径约为 1.5 米。一旦进入轨道，阿金纳火箭就以鼻端朝下的姿态固定下来，因此红外传感器和遥感勘测天线能够一直面向地球。除了卫星的主要红外传感器荷载外，"导弹探测和预警系统 4 号"还装载了第二个载荷舱，其中装有 4.8 亿枚铜针（每枚大约 1.78 厘米长，直径为 0.001 78 厘米）。这些铜针会被送入绕地球轨道，作为西福特卫星计划（Project West Ford）的一部分——基于太空的长射程无线电通讯实验。从概念上来看，这些针在厘米波长带可以作为无线电信号的人造分散媒体（偶极天线）。"导弹探测和预警系统 4 号"卫星最终没有能够释放这些铜针。然而，在 1963 年 5 月，"导弹探测和预警系统 6 号"将装载的相似铜针释放进入太空。在 20 世纪 60 年代早期，美国将西福特卫星计划反射物（包含 4.8 亿个铜偶极天线）和可充气式"反射 1 号"和"反射 2 号"卫星送入轨道，它们是两种被动通讯反射器。

由于早期的导弹探测和预警系统卫星所经历的困难，美国国防部在 1962 年决定将这一项目列为研究和开发项目，而不是批准其成为执行系统。导弹探测和预警系统项目被扩展并重新命名为"项目461"。1962年后来的两次发射也非常令人失望。一次发射以早期轨道失败而告终，另一次则是发射失败。最后，美国空军在1963年5月9日发射了"项目461"卫星（有时也称为"导弹探测和预警系统6号"），这颗卫星在轨道中运行时间很长，一共探测了9次导弹发射。1963年随着另一次的发射失败，"项目461"红外线卫星第一代中的最后一颗在1963年7月18日从范登堡空军基地发射。这颗卫星运行时间足够长，可以检测导弹发射甚至是苏联境内的火箭引擎地面测试。1966年进行的其他发射，是利用改进的卫星和红外线传感器，其可靠性有很大的提高，也证明了利用红外线传感器卫星作为敌方导弹发射预警系统的可行性。

尽管1966年6月9日的发射失败，但1966年8月19日和10月5日的两次发射将卫星送入目标轨道，它们的红外线传感器收集了一年的数据，对139次美国和苏联的火箭发射作出报告。1966年8月19日从范登堡空军基地发射的"项目461"

这幅透视图显示了美国空军的防御支持计划（DSP）卫星作为轨道岗哨的作用。自1970年以来，这些监视卫星通过探测和报告导弹发射为美国的国防起到了非常重要的作用（美国空军及诺思罗普·格鲁曼）

卫星有时也被称为"导弹探测和预警系统 11 号"卫星。该卫星被放置在近圆形的极轨道，高度为 3 700 千米，周期 167.4 分钟，倾角为 89.9°。1966 年 10 月 5 日从范登堡空军基地发射的"项目 461"卫星有时也被称为导弹探测和"预警系统 12 号"卫星。这颗 2 000 千克重的卫星进入了大约 3 700 千米高的极轨道，运行周期为 167.5 分钟，倾角为 90.3°。

由于早期的导弹探测和预警系统项目因技术问题和太空飞行的失败而苦苦挣扎，国防部在 1963 年末决定开始一个新的卫星监测项目。该项目开发了一个改进的红外线早期预警系统，就是最终的防御支持计划（DSP）。在最初的代号为"计划 266"之后，1967 年，美国空军开始了"计划 949"（即后来的防御支持计划）的开发工作。今天，诺斯罗普·格鲁曼在美国空军中作为防御支持计划的全权承包人。

与导弹探测和预警系统一样，防御支持计划的卫星会利用望远镜和红外探测器，但是通过延轴转动整个卫星并完成必要的扫描活动的技术到今天才能实现。位于澳大利亚、欧洲及美国大陆的两个和后期的三个大型地面接收站组成的网络控制着防御支持计划并接收和处理数据。第一个固定的防御支持计划地面站在 1971 年开始工作。这个接收站，位于澳大利亚的伍默拉航空站，被称为海外地面站（OGS）。30 多年之后，防御支持计划机群是由位于科罗拉多州的巴克利空军基地的基于太空的红外系统（SBIRS）任务控制站（MCS）运作。

美国空军在 1970 年 11 月 6 日用太阳神ⅢC 火箭，从佛罗里达卡纳维拉尔角空军基地的 40 号发射综合体发射了第一颗防御支持计划卫星。这颗卫星在其运行（与地球旋转）同步轨道中运行，距赤道高度大约为 3.58 万千米，并执行其针对敌方洲际弹道导弹发射早期预警的重要使命。被置于地球同步轨道，这样一群监视卫星能够探测世界各地的导弹发射、太空发射以及核爆炸。

每一个防御支持计划卫星的主（红外）传感器都支持针对美国及其盟军、世界范围的利益和财产的导弹发射的近实时探测和报告。防御支持计划卫星应用一个红外线传感器来探测导弹和发射器喷发的烟雾相对于地球背景热信号的热量变化。每颗卫星上的其他传感器支持对世界范围内内部大气（0—50 千米）、外部大气（50—300 千米）及深度空间（大于 300 千米）的核爆炸的近实时检测和报告。

随着 1970 年第一次发射成功，一系列更大型的、更复杂的以及更可靠的防御支持计划卫星都进行了发射。按顺序排列来看，防御支持计划有着用太阳神Ⅲ和太阳

"防御支持计划 22 号"（DSP 22 号）在加利福尼亚洛杉矶进行旋转平衡测试。工程师们进行这一测试的目的是保证旋转卫星的平衡。在轨道中，卫星每分钟绕中轴旋转数次，为用于监视全球范围内洲际弹道导弹发射的红外传感器提供必要的扫描速度（美国空军／诺思罗普·格鲁曼）

神 IV 家族发射器运载的发射历史，一个例外是："防御支持计划 16 号"是由美国国家航空航天局的亚特兰蒂斯号航天飞机运载在 1991 年 11 月执行 STS-44 任务时发射的。2004 年 2 月，太阳神 IVB-惯性上层火箭发射器组合成功地将"防御支持计划 22 号"送入轨道。最后一颗防御支持计划卫星，就是所说的"飞行 23 号"或"防御支持计划 23 号"，计划由"德尔塔 IV 号"高度发达的耗损性发射载具运载到达地球同步轨道。

为了回应不断发展的弹道导弹的威胁，防御支持计划经历了 5 次主要的升级使得早期的预警卫星能够提供更加精确和可靠的数据。例如，增加的中波红外线功能够增强任务预警用途。前 4 个防御支持计划卫星（在 1970—1973 年间发射）的重量达到 910 千克，设计寿命为 1.25 年，应用红外传感器与 2 000 个硫化铅探测器相结合，使之能够在电磁光谱中的短波红外区域运作。硫化铅传感器本适合探测 ICBMs 的非常炎热的烟雾，但是对于检测战术型导弹相对凉爽的排气却效率不高。自 1989 年以来，防御支持计划卫星的发射重 2 385 千克，设计寿命为 3 年，改进的红外传感器与 6 000 个硫化铅探测器相结合，另外还有一套附加的适合在中红外波长范围工作的汞碲化镉探测器。这一传感器的升级代表着汞碲化镉红外传感器的在太空首次应用——当前这一红外传感器材料的选择使其有能力检测战略和战术导弹发射。

最初开发作为战略导弹预警系统，现代防御支持计划卫星能够提供有效的战术预警，这在第一次海湾冲突（1990年8月—1991年2月）中得到展示。在执行沙漠风暴计划时，防御支持计划卫星检测到伊拉克的飞毛腿导弹发射并对以色列和沙特阿拉伯的平民和联合国驻军提供了及时的预警。

防御支持计划的发展保证其在面临更严酷的任务要求时，如更大量的目标、更小的信号目标及更先进的应付措施时能够提供精确、可靠的数据。通过几次升级计划，防御支持计划卫星已经超过使用寿命30%左右。由于防御支持计划卫星能力的提升，其重量和供能水平也在提高。在早期，防御支持计划卫星的重量大约为900千克，其太阳能板能够产生400瓦的电能。新一代防御支持计划卫星重量大约为2 385千克，改良的太阳能板能够提供大约1 275瓦的电能。配置了太阳能板的新防御支持计划卫星直径约为6.7米，高度约为10米。

美国空军驻科罗拉多州彼得森空军基地的部门操作防御支持计划卫星并通过与北美防空联合司令部（NORAD）和夏安山空军站的美国战略指挥早期预警中心的通讯来报告预警信息。近年来，科学家们甚至开发了一些方法用防御支持计划卫星的红外传感器作为对自然灾害（如火山爆发和森林大火）的早期预警系统。防御支持计划卫星也装载能够进行核爆炸监视的传感器，这是继承了"维拉号"卫星计划的任务。

防御支持计划的革新的太空技术也使其他国防部门的军事卫星系统从中受益。例如，增加的反应轮将防御支持计划卫星的不必要的动力逸出。反应轮的旋转运动可以作为卫星运动的反作用力。这种零动力方法可以用最少的动作控制燃料消耗进行精确的轨道控制。得益于防御支持计划的经验，反应轮已被安装到其他国防部的太空系统中，包括防御气象卫星计划（DMSP）、全球定位系统（GPS）和防御卫星通讯系统（DSCS）的卫星。

无数的改进项目使得防御支持计划在面临不断改进的导弹威胁时能够提供精确可靠的数据。1995年，地面处理系统也取得了技术上的进步，增强了对更小型导弹的探测能力，从而作为针对美国及其盟军的短途导弹袭击提供更好的预警。在传感器设计方面最新的技术进步包括具备探测地平线之上整个半球的能力以及改善的图像解析度。增强的信号处理能力提高杂波抑制作用。增强的可靠性和监视能力的提高也互相结合。

在 20 世纪 90 年代早期，美国空军对不同的概念和技术进行了考察以便用新的卫星系统来替代防御支持计划。到 1994 年，基于太空的红外系统（SBIRS）成为最受欢迎的理念，从而替代了防御支持计划。就目前的计划看来，基于太空的红外系统是为了满足国防部关于建立迅速和高效传递信息系统的需求而设计的转换计划。基于太空的红外系统卫星满足了高空非图像传输红外系统所要求的军事和技术情报操作。

运行的基于太空的红外系统卫星群将由四个地球同步卫星，两个高度椭圆形轨道设备装在机密的主卫星上，一个轨道备用地球同步卫星，以及固定和移动的地面设备。第一个基于太空的红外系统高椭圆轨道载荷在 2004 年 8 月发送，第一颗基于太空的红外系统地球同步轨道卫星于 2008 年发射。

三十多年来，防御支持计划卫星已为美国军方提供了可以依据的整体战术预警和袭击能力评估。然而，与防御支持计划卫星相比，基于太空的红外系统将会提供更加灵活、灵敏度更高的传感器。基于太空的红外系统传感器如同其前一代产品一样将会包括短波红外线，扩大范围的中波红外线以及地面可见的（热红外线）波长。这一范围的红外线传感能力使得基于太空的红外线系统比防御支持计划能够完成范围更广泛的任务。运行的太空的红外线系统星群能够在 4 个明显的任务领域完成用户的要求：导弹预警、导弹防御、技术情报和空战描述。

基于太空的红外系统导弹预警任务支持针对美国及其盟国和对其他国家的所进行的各方面袭击的弹道导弹发射早期预警。基于太空的红外系统能够对全世界（包括从极地）的战略导弹发射提供早期预警信息。基于太空的红外系统能够对短程战争导弹，包括新出现的短距离燃烧战争导弹提供战术预警。

关于导弹防御任务，基于太空的红外系统能够对弹道导弹袭击提供尽可能的早期预警和精确的矢量信息（即关于导弹飞行路线的技术信息）从而支持弹道导弹防御系统拦截并消除威胁。

在执行技术情报任务方面，基于太空的红外系统能够提供关于外国武器开发活动及测试的红外数据。对于多种红外线警告信号的精确收集能够使情报分析师根据其操作配置评估一种新型武器的开发状况，它的技术特点和战斗策略。无影像红外数据这样的技术情报对军事监控和环境评估都有用处。

最后，基于太空的红外系统能够为战争分析者提供数据来进行空战描述，包括战斗破坏评估、对敌方防空系统的抑制、监视敌方飞机、搜寻和救援行动以及定位敌方资源。今天，就战场而言，军事设计者认为已经远远超过了传统的陆地、海洋和空中战场，也包括应用不同的外太空军事卫星。透明战场的概念是指具有信息优势，可以使美国军方领导人看到战场内部的一切事物，包括所有针对友军的敌军活动。来自运行的基于太空的红外系统传输的红外数据将会在未来的冲突中协助创造透明战场。监视卫星（如防御支持计划及其后继者基于太空的红外系统）与侦察卫星、导航卫星、气象卫星和安全通信卫星一道为美国军队创造了极大的战斗优势。

◎军事通信卫星

与民用通信卫星相似，军事通信卫星接收来自地面发射的无线电频率信号，放大这些信号，并再次将它们发射到地面、海洋或空中的接收器上。军事和民用通信卫星的主要区别在于传输信息的目的、内容、每种通信卫星工作的基本条件不同。军事卫星为国防工作提供信息发布服务，一般来说需要在敌对环境，甚至战争时期进行无障碍的、加密信息传递。而民用信号由于隐私和商业安全的目的可能被解密，民用通信卫星一般来说不需要在敌对的电磁或核辐射环境中工作。国家的命运往往不取决于民用通信卫星是否能够及时地完成一次信用卡交易，而国家领导人在政治紧张环境影响下如不能与其战略核设施进行通讯可能会引发一系列不可逆的行动，并将世界推入激烈的核战争深渊。

即使在冷战后期，美国国家指挥当局（NCA）和美国战略核军队之间保持安全的、清晰的、有保障的通讯线路也是基于核威慑的国家安全政策可信性的关键因素。实施核打击需要收到来自国家指挥当局的直接、真实的命令，其中包括一系列特别的密码和验证信号，它们必须通过安全的通讯线路传递。军事卫星能够保障美国总统和其他高级官员与全国的核军队保持联络。在冷战期间，苏联开发了一种特别的通信卫星家族，称为子午线卫星，可以为其广阔的北部地区提供可靠的信息。如果人类想避免意外核战争的爆发，国家领导人与战略核军队之间和拥有核武器的国家领导人之间进行安全、不被拦截的通讯就是一个最基本的条件。军事卫星为保持全世界的稳定起着很重要的作用。

几乎所有的现代军事通信卫星都是用地球同步轨道或者子午线轨道。在地球赤道上方地球同步轨道上正确放置的 3 颗通信卫星群能够提供覆盖全球的通讯。这种配置的唯一局限是在极地地区的边缘信号覆盖，即高于北纬70°和低于南纬70°区域。相比而言，在子午线轨道的4颗通信卫星群能够覆盖整个半球。子午线轨道高度椭圆的周期为12小时轨道，位于该轨道的卫星在北半球的远地点约为4万千米，在南半球的近地点为500千米。此轨道由苏联开创并用于发射一种特别的通信卫星（子午线卫星）。在子午线轨道的卫星的大部分时间在地平线之上（即远地点）观测高北纬地区，少量时间在南纬地区（即近极地）。通信卫星也可以放置在低地球轨道（LEO），但一般来说低地球轨道需要大概24颗卫星组成卫星群来提供3颗地球同步轨道卫星同样的覆盖范围。

应用防阻塞卫星与军队进行通讯有以下几个主要的优点。首先，军事通信卫星可以使指挥官与空中、陆地和海洋的行进中的部队进行直接、连续和直线式的通讯。第二，有恰当的电路和密码设备，军事通信卫星能够提供防阻塞的、安全的远程通信联络。不论战场上当时的军事条件如何不确定，空军、海军和陆军在某些特定的战场都能够应用这些卫星相互进行可靠安全的通讯。第三，军事卫星可以保障军队指挥官和在敌方领地秘密工作的特别部门所进行的突发传输通讯迅速、抗拦截和保密。第四，军事通信卫星能够将被击落飞机上的人员、发生海难的海军人员、单独的作战单位发出的危险求救信号进行传递，从而可以作为空中友好的救生控制台。最后，在某一特定的战争中，卫星可以为军队指挥官和所有友军之间提供安全的、连续的和实时的信息交换。这减少了所谓的战争的迷雾，并极大地改善了模糊的、信息缺乏的工作条件以及由此引起的友军交火伤亡情况的发生。总的来说，现代军事通信卫星增强了战场上的信息优势。

美国空军在1958年12月18日发射了世界上第一颗通信卫星，名为"斯科尔"项目（通过轨道传递设备进行信号通讯），其主要目的是证明阿特拉斯导弹能够被放入轨道。"斯科尔"项目的第二个目的是证明人造卫星可以用作通信转发器。它装载的设备包括由美国军方信号公司改装的商业通信设备，并且安装到一枚阿特拉斯B导弹上。这个项目是在国防部高级研究项目局（ARPA）的指导下执行的。

在"斯科尔"项目中，美国空军将整个阿特拉斯导弹从卡纳维拉尔角送入低地球轨道。这颗阿特拉斯导弹成为一个大型卫星，其主干作为天线。卫星长度为24.4米，直径为3米，轨道上的干质量为3 980千克。轨道的近地点为185千米，远地点为1 484千米，倾角为32.3°，周期为101.4分钟。

"斯科尔"项目卫星在轨道上维持了大约 1 个月，在美国地面站之间传递声音和电报信息。它的第一个试验性的传输是艾森豪威尔总统传向全世界的圣诞信息，这是人类的声音第一次从太空传回地球。通讯实验进行了 12 天。1958 年 12 月 31 日，由于电池耗尽，"斯科尔"停止传输。这颗卫星没有太阳能电池和其他电能源。"斯科尔"在 1959 年 1 月 21 日重新进入地球上层大气层并烧毁。

世界上第二个军事通信卫星称为"信使 1B"。这个 230 千克重的卫星是由美国空军信号公司在高级研究项目局的指导和资助下开发的。美国空军用雷神 Able 星火箭发射器于 1960 年 10 月 4 日从卡纳维拉尔角成功地发射了"信使 1B"。"信使 1B"卫星的任务是进一步测试轨道通讯转发器的可行性。与"斯科尔"项目相同的是，"信使 1B"卫星是利用航天器上装载的磁带记录器进行反复的存储操作。但是，与"斯科尔"项目不同的是，"信使 1B"是一颗小型的、自我服务的球形卫星，直径为 130 厘米，其中包括太阳能电池和可充电式镍镉电池，可以提供 60 瓦的电能。尽管"信使 1B"预计寿命为一年，这颗卫星在轨道中仅运行了 17 天就遭遇了指令系统故障的问题。

初级国防通信卫星计划（IDCSP）是美国第一颗实用性的军事通信卫星。计划的开发始于 1962 年，是在早期称为降临项目（经历了不成功的开发过程，未能进行卫星发射尝试）的取消之后开始的。

初级国防通信卫星计划系统包括从卡纳维拉尔角由太阳神 III C 火箭发射的小型的、45 千克重的卫星群。每个初级国防通信卫星计划的卫星都是一颗自转稳定的、有 26 面的多边形，直径为 86 厘米，表面覆盖有太阳能电池。在 1966 年 6 月—1968 年 6 月间，26 颗初级国防通信卫星计划的卫星由 4 个不同的太阳神 III C 火箭成功送入轨道。一个由太阳神 III C 火箭特别运载的分配器在一个近同步轨道内将每颗初级国防通信卫星计划的卫星每次推入一个特定的簇。自转稳定的卫星此后每天大约漂移 30°。这个轨道设置策略是基于这样一种观点：如果某一特定的初级国防通信卫星计划的卫星出了故障，一个备用的卫星总会出现在地面站的视野中。

初级国防通信卫星计划的卫星既可以传输声音也可以传输照片（图像），从而支持东南亚的军事行动。每颗初级国防通信卫星计划的卫星都是一个小型的非常简单的航天器，没有电池和积极姿态控制系统。尽管有这些限制，初级国防通信卫星计划却满足了国防部（DOD）的需要。它是一种实验性的，但却是实用的世界性的军事通讯系统，共执行了 10 年任务，直到军方能够配备更复杂的卫星系统。那个更复杂的军事卫星系统被称为防御卫星通信系统（DSCS）。

防御卫星通信系统是一个发达的军事卫星家族，可以提供世界范围的敏捷的宽带和抗阻塞通讯，用以满足美国战略和战术信息传递的需求。前两个可操作的防御卫星（作为一组）通讯系统第二阶段卫星在 1971 年由一个单一的太阳神Ⅲ C 火箭从卡纳维拉尔角发射。"防御卫星通讯系统 2 号"是占据地球同步轨道的第一颗可操作性军事通信卫星。两次发射失败延缓了卫星网络的形成，但是到 1979 年 1 月，4 颗"防御卫星系统 2 号"卫星组成的星群已经就位并运转。"防御卫星系统 2 号"卫星的特点是通过它们的碟形天线将电子束集中到地球表面的很小区域上。在该计划的过程中，共有 16 颗"防御卫星通讯系统 2 号"卫星被建造和发射。最后一颗"防御卫星通信系统 2 号"卫星在 1989 年 9 月 4 日发射。

1973 年，国防部开始计划防御卫星通讯系统第三阶段（DSC Ⅲ）。"防御卫星通信系统 3 号"的重量约 1 200 千克，设计寿命为大约 10 年。它的矩形主体尺寸为 1.8 米 ×1.8 米 ×2.1 米，当它的太阳能板在轨道中充分展开时，跨度为 11.6 米。每个卫星上的光线配置能够产生平均为 1 500 瓦的电能。"防御卫星通信系统 3 号"的主发射器为"阿特拉斯 2 号"火箭，但是美国空军的先进的可耗性发射器（EELV）也可以用于将这颗通信卫星送入轨道。

美国空军在 1982 年开始发射更先进的"防御卫星通信系统 3 号"，目前有 13 颗这样的卫星群在地球同步轨道运行。"防御卫星通信系统 3 号"卫星能够抗阻塞，并且已经超过了它们的 10 年设计寿命。每个"防御卫星通信系统 3 号"在赤道上方大约 3.59 万千米的高度绕地球轨道运行。"防御卫星通信系统 3 号"应用 6 个超高频（SHF）雷达收发机频道，它们能够提供世界范围的安全的声音和高速数据比率通讯。这颗卫星也装载一个单一频道的雷达收发机，用于向核军队发布紧急行动和军事指令信息。这个军事卫星系统用于高度优先的命令和控制通讯，例如在国防官员和战场指挥官之间的战时信息交流。"防御卫星的系统 3 号"的卫星系统可以向不同的国防系统和军事用户传递空中行动和早期预警数据。这些用户包括国家指挥当局、白宫和国防信息系统网（DISN）、空军卫星控制网和外交远程通讯服务。

20 世纪 60 年代 7 个实验性的战术通信卫星的发射和运行为美国海军的舰队卫星通信系统（FLTSATCOM）铺平了道路。舰队卫星通讯系统设计为在地球同步轨道运行，提供近地卫星通信网络，用以支持美国海军和空军需要的高度优先的通讯。1978 年 2 月—1981 年 8 月间，第一批 5 颗卫星被发射。4 颗卫星进入轨道运行，但是有一颗卫星在发射时被毁坏。美国空军在 1986 年 12 月—1989 年 9 月间又发射了 3 颗舰队卫星通信系统补充卫星。其中两颗卫星到达轨道，而另一颗卫星从卡纳维拉尔角升空时被闪电击中而丧失。

在 20 世纪 60 年代—70 年代期间，为了满足北大西洋公约组织（NATO）的信息需求，美国协助其开发和发射了多颗军事通信卫星。北约组织卫星的开发始于 1968 年 4 月，最初的系列卫星名为"北约 2 号"。一颗"北约 2 号"卫星在 1970 年 3 月发射，而另一颗在 1971 年 2 月发射。开发更先进的被称为"北约 3 号"的卫星系统始于 1973 年。在 1976 年和 1978 年间，三颗"北约 3 号"卫星被成功发射。1984 年 11 月，当第四颗"北约 3 号"卫星进入轨道时，卫星群得到了成功补充。

另一个服役的主要的美国军事通信卫星是军事星（军事战略和战术传递）系统。军事星是高级的军事通信卫星，为国防部、国家指挥当局及美国军方提供世界范围内可靠的、长期的通讯。最初的设计是渗透进入敌军封锁系统并克服核爆炸对远程通讯的分裂效果，如今，军事星系统已经演变成国防部部署的最强有力和可靠的卫星通信系统。这个卫星计划开始于冷战末期，主要目的是为国家指挥当局创建一个安全的、核威胁下可以生存的、基于太空的通讯系统。今天，在战争和反恐活动的信息时代，军事星利用 5 个改进的卫星群支持基于全球的高度优先的国防通讯，这些卫星可以提供敌方军队难以拦截和探测的信息。

军事星卫星重量大约为 4 540 千克，设计寿命为 10 年。有 5 颗军事星卫星在地球同步轨道绕地球运行。每颗军事星卫星在太空中就像一个聪明的配电板，指挥地球上任何地方终端与终端之间信息交流。自从卫星能够真正处理通信信号并能够通过交联与其他军事星卫星联系，人们对地面控制交换的需求极大降低了。实际上，卫星能够按照用户的指令建立、保持、重新配置及分解所需通讯。军事星卫星终端提供加密的声音、数据、电传打字或传真通讯。当代军事星系统的一个关键作用是能为美国军队、海军及空军军事星终端这些用户提供可共同使用的通讯。在一个高度紧张的现代冲突中，如果军方要作出迅速、成功的决策，美国军队各个部门之间的及时有保障的通信就显得尤为重要。

第一颗军事星卫星由一枚太阳神Ⅳ火箭运载，在 1994 年 2 月 7 日从卡纳维拉尔角空军站发射。第二颗军事星在 1995 年 11 月 6 日发射。不幸的是，第一颗"军事星 2 号"（改进和升级系统）在 1999 年 4 月 30 日进入一个无法利用的轨道。为了对这次失败做出回应，一枚太阳神Ⅳ火箭装载一颗"军事星 2 号"通信卫星在 2001 年 1 月 15 日从卡纳维拉尔角成功发射。随后，在 2002 年 1 月 16 日，美国空军成功发射另一颗"军事星 2 号"卫星，从而完成了最初的四颗卫星运行计划。第六颗也是最后一颗军事星卫星在 2003 年 4 月 8 日成功发射。

首次发射的两颗军事星卫星（"军事星 1 号"）装载低数据率（LDR）通讯载荷。低数据率载荷能够在极高频范围（EHF）通过 192 个频道每秒传输 75—2 400 比特数据。加密技术和卫星与卫星之间交联提供了安全通讯、数据交换和全球覆盖。

另外三颗卫星（"军事星 2 号"）装载低数据率和中数据率（MDR）载荷。中数据率载荷能够通过 32 个频道每秒传输 4 800—154.4 万比特的数据。更高的数据率使得用户能够在短时间内传输大量的数据。

军事星星群提供了持续的低数据率和中数据率通讯，覆盖了美国在世界各地从北纬 65° 到南纬 65° 之间的军事力量。美国空军主要负责管理军事星计划，同时也得到美国海军、军队和不同的国防部机构的支持。

在 20 世纪 90 年代，美国开始用由休斯太空和通讯公司（现在波音卫星系统公司）的超高频接续系列建造的用户定制卫星星群替代和升级其超高频（UHF）卫星通讯网络，这些卫星支持美国海军的全球通讯网络——为海上轮船及多种其他的美国军队固定和移动终端服务。

这些绰号为 UFO 卫星的航天器能够利用以前的海军卫星系统在相同的频率范围内提供更多的通信渠道。每颗卫星有 11 个固态特高频放大器和 39 个特高频信道，总共带宽为 555 千赫兹（kHz）。特高频载荷由 21 个每个为 5 千赫兹的窄带信道和 17 个每个为 25 千赫兹中继信号信道组成。对比来看，舰队卫星通讯系统提供了 22 个信道。第一批 7 颗 UFO 卫星（名为 UFO F1—UFO F7）包含一个超高频（SHF）子系统，当卫星在观测站以及与舰队广播系统安全向上连接时，能够提供命令和广泛搜索功能。美国海军资助了其他载荷子系统的修正，使得这一系列的新卫星能够更灵活地为舰队提供安全的全球通讯服务。

阿特拉斯火箭系列从卡纳维拉尔角提供发射服务。在 1993 年 9 月 3 日一次成功的发射之后，特高频接续通信卫星"飞行 2 号"（名为 UFO F-2）是第一个进入运行

服务的该系列的航天器。2003 年 12 月 12 日，阿特拉斯 III 火箭成功地将 UFO F-11
卫星送入地球同步轨道。这颗大约 1 400 千克重的 UFO F-11 卫星是 UFO 系列中的最
后一个航天器。UFO F-11 完成了星群计划，现在即使在极其恶劣的天气状况下，也

2001 年 2 月初，在卡纳维拉尔角空军基地，太空技师检查洛克希德·马丁公司建造的"军事星 4 号"
卫星，当时它放置在太阳神Ⅳ发射器上。这颗军事通信卫星于 2001 年 2 月 27 日被成功发射（美国
空军和洛克希德·马丁公司）

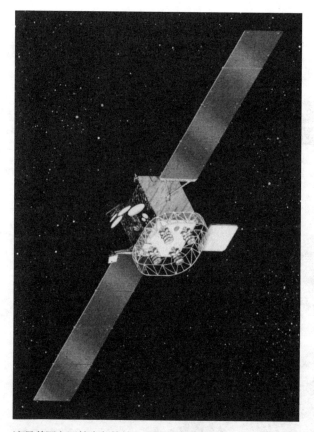

可以在轮船、飞机以及移动地面站之间提供安全的通讯。

通过与其他军事卫星的过去和现在进行对比，由三块太阳能板构成翼展的 UFO F–11 的尺寸从一端到另一端距离超过 18.3 米长。这些太阳能板一共能产生 2 800 瓦的电能。

名为"飞行 8 号—10 号"的卫星，其侧部（翼）有 4 块太阳能板，使得这些航天器从一端到另一端的长度为 22.9 米。这些略微大的太阳能板能够产生总共 3 800 瓦的电能。卫星标称重量为 1 545 千克，使它们成为该系列中最重的航天器。

这是美国空军特高频接续（UFO）通信卫星，它与基于地面和海洋的终端谐调服务，是对舰队卫星通信（FLTSATCOM）系统的升级替代（美国海军和波音卫星系统）

这里谈到的最后的军事通信卫星是"宽带补隙者"（WGS）卫星系统，由下面几部分组成：卫星部分、终端部分、控制部分。军用通信卫星联合计划办公室（MJPO）负责开发、追踪和维持"宽带补隙者"计划，美国空军起主要的管理作用，波音卫星系统（加利福尼亚州艾尔斯贡杜）作为"宽带补隙者"卫星的主承包人。

如目前计划的一样，"宽带补隙者"是一个能够提供多种服务的计划。它在航天工业支持将商业模式和先进的技术相结合来迅速设计、组建、发射和支持高性能军事通信卫星群。在其 2006 年第一次发射进入地球同步轨道时，"宽带补隙者飞行 1 号"就成为国防部性能最强的通信卫星。最终，3—5 颗"宽带补隙者"卫星形成星群，为非军事用户提供 X 和 Ka 带频率范围的通讯服务。这些高级的卫星代表着美国在全世界的军力在通讯能力、通讯连接及灵活性方面的极大提高。"宽带补隙者"通过与已经存在的 X 带和 Ka 带频率接收器保持互用性，并通过为战斗指挥官提供他们所需要的有效控制战术军队的基本通讯在任何未来的战争中加强了信息独占能力。用一句话可以很好地总结这一卫星系统的任务："'宽带补隙者'为战场带来了带宽。"

美国空军利用"德尔塔Ⅳ号"和"阿特拉斯 5 号"先进消耗性发射器（EELVs）将 3 500 千克的"宽带补隙者"送入地球同步轨道。

◎ 导航卫星

由于导航卫星围绕地球的运动可以预测并且可以精确获得它的位置信息，因此在明确的轨道中运行的导航卫星可以成为地球导航系统很好的参照平台。第七章会涉及现代导航卫星系统运作的物理规律并提供关于全球定位系统（GPS）更详细的讨论。这部分包括导航卫星在美国军事太空计划中的最初情况。

自从在 1960 年引入了导航卫星，导航卫星已经使军事导航在艺术和实践方面发生了革命性的变化。定位准确性的极大提高源于来自卫星信号的精确的计时。这些导航信号在现代高度紧张的快速运动冲突中为战术部队提供了巨大的优势。战术部队也用基于卫星的导航数据精确打击高价值的敌军目标。利用来自导航卫星的精确定位数据经常可以用最少量的武器摧毁敌军高价值的、防御严密的目标，从而减少友军在战略袭击中的伤亡。

世界第一颗导航卫星称为"经纬 1B"。科学家们于 1958 年在约翰斯·霍普金斯大学的应用物理学研究室开发了这颗卫星。美国国防部高级计划署（ARPA）在 1958 年 9 月开始经纬项目的开发，一年之后全部转交给美国海军。1960 年 4 月 13 日，美国空军从卡纳维拉尔角空军基地发射了"经纬 1B"。海军开创性的基于太空的导航系统在 1964 年完成最初的运转计划，在 1968 年 10 月实现了全部的运作能力。

经纬系统由 3 个可操作的卫星产生无线电频率信号，其多普勒效应和已知的（来源）位置可以帮助船上和潜艇上的接收者以二维方式计算其在地球上的位置——即获得更精确的经度和纬度。经纬系统通过卫星完成了导航的目的。这一重要的卫星家族也为军事用户从太空平台间传递导航数据。然而，对于快速运动的平台，例如飞机和巡航导弹，经纬系统处理导航数据的速度太慢了。1996 年 12 月，经纬系统最后一批卫星传递的信号被关闭了，这是由于国防部（DOD）开始依靠新的、更快的和更精确的被称为全球定位系统（GPS）的卫星导航系统。全球定位系统现在执行国防部的全部导航和定位任务。这一系统包括24颗可操作卫星，它们将导航信号传回地球，还包括保持信号精确的控制部分以及接收和处理这些信号的用户设备。通过处理来自全球定位系统4颗卫星星群的信号，用户可以获得每颗卫星的位置以及特定接受者（用户）与每颗卫星之间的距离。从这些基本的位置信息，用户就能够迅速确定地球表面或上方的三维位置。

除了经纬系统，全球定位系统还有两个另外的技术先行者：被称为"621B"（开始于20世纪60年代末期）的美国空军卫星技术计划和被称作"蒂麻森"（同期开始于海军研究实验室）的美国海军卫星计划。"621B"计划设想一个地球同步倾斜轨道的20颗卫星的星群，而"蒂麻森"设想放置在中纬度轨道的21—27颗卫星的星群。1973年，这两个导航卫星计划被合并形成全球定位系统的理念，其中利用了"621B"计划的信号结构和无线电频率和与"蒂麻森"计划所提出的相似的中纬度轨道。

在全球定位系统计划的确认阶段，美国空军建立和配置了最初的全球定位系统导航卫星（称为GPS"鱼叉Ⅰ"）以及凸版照相控制部分。1994年3月9日，空军完成了全部的24颗"鱼叉Ⅱ"和"鱼叉ⅡA"（A指高级）全球定位系统导航卫星星群的设置。在进行一些轨道测试之后，全球定位系统在1995年4月实现其全部运作能力。

全球定位系统能够支持广泛的军事行动，包括空中集结及补充燃料、设备着陆、全天候空降、布雷及扫雷、反潜艇作战、轰击和轰炸、摄影制图、跟踪和营救任务。全球定位系统也受到日益增长的民用市场的关注。民用客户获得的全球定位系统信号曾一度故意被不精确设置，当时被称为选择性获得条件。通过总统的指令，故意的设置误差在2001年5月1日被调整为零，这样全球定位系统的民用客户在精确度上就可以得到极大的提升。

◎ 反卫星武器系统

反卫星（ASAT）武器是为摧毁太空中的卫星而设计的武器系统。反卫星武器系统的武器可以从地面或从飞机上，也可能基于太空的某一位置发射。反卫星行动是防御性和进攻性的军事行动，设计为取消、瓦解或者威胁敌对的（敌军）卫星或重要卫星控制部件，例如地面接收站或卫星传输系统。目标卫星可能会被核爆破或传统爆破摧毁，与高速物体相撞（动能武器）或者来自某一直接能源武器（DEW）的能量爆破，比如高能激光（HEL）系统。当外太空储存大规模杀伤性武器（WMD）被国际条约禁止时（1967年《外层空间条约》），国际法律制度对于其他类型的非核反卫星武器仍然保持模糊的态度。在冷战期间，美国和苏联都测试了不同类型的反卫星武器系统。在冲突过程中，基于太空的系统的重要性的提升对于国防活动，拒绝敌对国家利用太空以及保护美国重要的军事卫星仍然是一个符合逻辑的战略。

第一个运作的美国反卫星武器系统称为计划505。这个反卫星系统是由美国军方开发的，应用原来设计用于反弹道导弹（ABM）功能的奈克·宙斯导弹。军方基于夸贾林环礁的导弹在太平洋进行了测试，并于1963年8月1日宣布系统的可行性。起初，国防部长罗伯特·麦克纳马拉非常关注这一系统，但是他在1964年放弃了计划505，转而支持美国空军反卫星武器系统。

空军的反卫星武器系统是基于"计划437"这一地面系统，利用雷神导弹携带核弹头。这些导弹能够准确地发射进入太空并摧毁或至少抑制敌方基于太空的武器系统或卫星。此时在冷战期间，美国军方领导人已经关注苏联驻扎在太空的核武器。由于这些武器在理论上能够几乎在毫无预警的情况下迅速地脱离轨道，基于确保相互毁灭（MAD）这一战略核观念，它们代表对存在于超级大国之间的微妙的平衡的威胁。雷神导弹驻扎在太平洋的约翰斯顿岛上。1964年2月1日，进行了第一批4颗导弹的测试发射（不携带核弹头）。在这4次测试发射中，只有3次取得成功。然而，1964年6月1日，国防部宣布该系统全面运行。这一空军操作的具备反卫星能力的系统一直工作到1970年10月进入待机状态。1975年4月，在约翰斯顿岛的发射设备被关闭，"计划437"被完全放弃。

在"计划437"服役期间，空军为反卫星武器系统增加了一个卫星检测功能。始于1963年5月，美国太空设计者开始研究利用"计划437"资源检查和拍摄轨道中的敌方卫星的可能性。于是美国人开发了这样一个系统，称为"计划437AP"，并且在1965年末—1966年中期进行了几次测试发射。其中的一些测试成功地将阿金纳太空器的照片传回。"计划437AP"系统应用"科罗纳"计划开发的相机和返回舱。然而，美国和空军在1966年11月30日取消了"计划437AP"。

在20世纪70年代，美国空军开始发展不应用核弹头的接续反卫星武器系统的观念。这一反卫星系统包括两个连续的、相关的开发过程。斯派克（Spike）项目是第一步。这个项目包括从 F-106 飞机上发射一个二级导弹。这颗导弹将释放一个终端寻工具。由固体火箭发动机推进,终端寻工具将会被引导到一个轨道来拦截目标卫星,并通过撞击摧毁(动能摧毁)。

斯派克项目没有进入开发阶段,但是其技术和设计为后来美国反卫星开发计划,即开始于 1976 年的空中发射反卫星计划奠定了基础。与斯派克项目相似,空中发射反卫星计划应用了缩小的终端寻工具由一颗空中发射的二级导弹推进进入太空。然而,在这个项目中,导弹是由 F-15 战斗机发射。缩小的寻工具利用长波红外线探测器寻找目标,有选择地启动小火箭发动机向目标靠近,并通过撞击能量摧毁目标(即通过高速冲击力)。

1985 年 9 月 13 日,空中发射的反卫星成功地摧毁一颗轨道卫星。在这次测试中,一架 F-15 战斗机飞越范登堡空军基地以西的大约 320 千米的太平洋上空,从 1.16 万米的高度向上发射了反卫星武器。几分钟之后,一个废弃的空军卫星 P78-1,当时在太平洋上空 555 千米的轨道运行,突然被击成碎片。尽管有一些进一步的成功的测试,空军在 1988 年 3 月中止了空中发射的反卫星计划,一方面是由于美国国会反对在太空中测试武器,另一方面是由于预算紧张。

为了开发可行的防御系统并在全世界范围内与出现的弹道导弹威胁抗击,国防部重新考虑了基于太空的、无核的武器平台这一概念,例如基于太空的截击机和轨道高能激光系统。然而,这种基于太空的军事系统必须克服许多政治障碍和技术挑战才能为国防作贡献。

冷战期间,苏联开发的一个反卫星武器称为同

这幅图显示了苏联反卫星武器系统在轨道的测试。背景中的目标卫星代表低地球轨道的假定的侦察卫星。20 世纪 80 年代,苏联测试并运行了一颗同轨反卫星武器——通过在目标卫星的附近轨道运行并释放一个有很多小球的炸弹,杀手卫星由此能够破坏太空目标。高速运动的小球云能够摧毁目标卫星(美国国防部、国防情报局;罗纳德·C. 惠特曼 摄 1986)

轨卫星系统。在部署这一武器战略时，同轨卫星系统是第一个从地球发射到接近目标卫星轨道的武器。这颗 1 400 千克的杀手卫星选择 1—2 个地球轨道努力接近目标，利用其装载的雷达系统引导其逼近目标。当距离足够近时（大约 1.6 千米左右），同轨反卫星执行"跳水"策略冲向目标并引爆高爆炸性电荷，释放了一群致命的榴霰弹和小球，利用高速冲击摧毁目标。

苏联人从 1963 年—20 世纪 80 年代中期进行了无数次的这种杀手卫星系统轨道测试。例如，1978—1982 年，苏联以每年拦截一颗目标卫星的速度测试这种同轨反卫星武器系统。在这 20 年间的其他时候，苏联针对这种在太空中的同轨反卫星进行卫星自我强化操练。1983 年 8 月，苏联宣布单边禁止同轨反卫星。从宣布以来，该系统没有在太空测试。然而，情报分析师们相信同轨反卫星还是一个可操作的系统，在低至 160 千米，高达 1 600 千米的轨道高度具备拦截和袭击卫星的能力。

◎核测试监控卫星

在 20 世纪中期对全球文明最大的关注之一是美国和苏联之间逐步升级的核武器竞赛。两个超级大国都在进行侵略性空中测试计划，包括更强大的核爆炸装置。同它们表面和空中测试产生的辐射碎片对未来人类的后代造成了致命的环境破坏。为了整个星球的健康，基于卫星的核爆炸监测帮助逆转了这一危险的趋势。始于 20 世纪 60 年代初期的"维拉号"卫星计划让美国领导人能够自信地加入不同的国际禁止核试验条约，因为他们了解太空中警惕的哨兵不停地向地球表面巡视，并对大气层和外太空进行的秘密的核试验和违反条约的行为发出警告信号。

第一个从太空中实现核爆炸监视的美国卫星系统称为"维拉号"客栈，后来简称为"维拉号"。美国空军、原子能委员会（AEC）美国国家航空航天局的代表在 1960 年 12 月 15 日召开会议，启动了一个开发能够检测核爆炸的高纬度卫星系统联合计划。这一卫星系统的主要目的是监视禁止核试验条约的遵守情况，此后在瑞士日内瓦的国际会议上得到了讨论。在 1961—1962 年期间，原子能委员会开发了特殊的核爆炸检测器并用空军"发现者号"卫星发射了这些仪器实验型号。首批两颗"维拉号"卫星（"维拉号 1A"和"维拉号 1B"）在 1963 年 10 月 17 日从卡纳维拉尔角由阿特拉斯阿金纳火箭成功发射。几天之后禁止核武器试验条约开始实行。

"维拉号"卫星家族是由美国在 20 世纪 60 年代和 70 年代早期用于检测接近地

1957 年 9 月 14 日，被称作 FITZEAU 的 1.1 万吨当量的美国核设施在内华达州试验基地空中爆炸，图片显示的是爆炸后期的火球和有特点的蘑菇云（美国能源部／内华达业务办公室）

面的大气层中的和超过 1.6 亿千米距离的外太空核爆炸所发射的不断进化和发展的航天器。这些航天器是由美国国防部和美国原子能委员会（现在的能源部）共同开发的，这些卫星被成对放置，180 度角分开排列，在极高的高度（大约 11.5 万千米）绕地球轨道运行。最后一对这种高度成功的 26 面（多面体形状）的卫星是"维拉号 6A"和"维拉号 6B"，在 1970 年 4 月 8 日被成功发射。我们可以很有趣地看到第一对"维拉号"卫星的发射与美国、苏联和英国签署的禁止限制性核武器试验条约的时间一致。这一条约禁止签署国在地球大气层、水下或者外太空进行核武器试验。该声明是成功监控条约的基础。好的机器人岗哨，监视卫星使基于太空的查证不受政治边界、地理限制甚至人类直接干预的影响。

除了支持美国政府重要的核试验监控目的，"维拉号"卫星也使天体物理学发生了一些革命。1969—1972 年间，"维拉号"卫星检测到能量为 20—150 万电伏的伽马射线光子 16 次非常短暂爆发。这些神秘的宇宙伽马射线爆发持续了 0.1—30 秒的时间。尽管"维拉号"设备不是主要为天体物理学研究设计的，但几颗卫星同时的观测结果使天体物理学家开始找寻这些非常奇妙的、复杂的宇宙现象，天体物理学家们现在称之为伽马射线爆发的瞬时现象。

美国空军在 1984 年 9 月 27 日关闭了最后的先进的"维拉号"卫星——发射升空之后的 15 年。建立在"维拉号"卫星的技术和操作基础上，防御支持计划（DSP）卫星和全球定位系统（GPS）卫星上装置的核辐射探测器现在在太空中为美国政府执行禁止核试验条约监控的任务。

美国空军发射了成对的"维拉"核爆炸检测卫星进入 11 万千米的绕地球圆形轨道。图中所示为"维拉 5A"和"维拉 5B"卫星在 1969 年 5 月由太阳神ⅢC 火箭发射前的情况。这些自转稳定的、多面体卫星是为检测地球表面或上方以及在太空中的核爆炸而设计和运行的（美国空军）

◎雷达海洋侦察卫星

在冷战期间，苏联军方领导人希望严密观测美国海军。为了满足他们对全球海上侦察的需求，他们应用了两种军事卫星，一般来说作为一组共同运作。通过先后入轨和运行一个情报海洋侦察卫星（EORSAT）和一个雷达海洋侦察卫星（RORSAT），苏联军方实现了对美国海军资源（特别是大型海面船只如航空母舰）的实时探测和定位。雷达海洋侦察卫星的任务是利用雷达系统来确定美国海面船只的位置。如果美国海军试图用电子干扰雷达海洋侦察卫星，另一颗同伴卫星 EORSAT 就会启动并提供所需的位置信息。

RORSAT 家族在低地球轨道运行。RORSAT 的特别之处在于这颗军事卫星的雷达系统是从太空核反应堆获得电能的。"宇宙 469"卫星，是苏联于 1971 年 12 月 25 日发射的，它被认为是第一个由 BES-5 太空核反应堆供能的海洋侦察卫星。冷战结

图中显示了苏联的一颗由核反应堆供能的、雷达装备的海洋侦察卫星（RORSAT）。在冷战期间，这样一颗海洋侦察卫星将会在低地球轨道与一颗电子情报海洋侦察卫星（EORSAT）一前一后运行。这颗支持苏联海军的雷达海洋侦察卫星能利用强大的雷达系统搜寻和定位美国海军的海面船只。如果美国海军船只试图对雷达海洋侦察卫星进行电子干扰，其同伴苏联 EORSAT 将会探测美国的干扰信号并报告船只位置（美国国防部 / 国防情报局 / 罗纳德·C. 惠特曼 摄，1982）

束之后的报告表明，BES-5 是利用浓缩铀-235 做燃料的小型、紧密的 100 千瓦热（10 千瓦电）级核反应堆。

1978 年 1 月 24 日，另一颗苏联核能海洋侦察卫星"宇宙 954"，在加拿大西北地区坠毁。

很明显的是，最后执行雷达海洋侦察卫星任务的是"宇宙 1932"，发射于 1988 年 3 月 14 日。此任务之后，当时的苏联领导人米哈伊尔·戈尔巴乔夫取消了这一计划。

5 气象卫星

在太空时代开始之前，气象观测基本上都局限于接近地球表面的地方。而海洋和人烟稀少的地区则是气象观测的空白区。那时，对于气象学家来说，对整个地球进行观测还只是个梦想。1952 年美国气象局发布了关于"未来"天气预报的宣传册，其导言部分清楚地反映了当时的气象观测状态。该宣传册表达了在当时看来还只能是想象中的愿望："如果人们能够乘坐飞机或是火箭俯视整个国家 —— 从大西洋到太平洋 —— 该多好啊！"当然，前太空时代的很多气象学家对环地轨道卫星的重要作用都坚信不疑。

因此，以空间为基础的气象观察在 1960 年一经证实可行之后，便迅速地发展起来。很快，大气学家和航空工程师又设计出了更加复杂的传感器。这些传感器能够提供更精确的环境资料，对天气预报有很大帮助。在以卫星为基础的气象学初期，环境卫星、大气卫星和气象卫星这 3 个术语经常是可以互换的。而最近，环境卫星这一术语又有了更加专业化的含义，用于地球学中全球变化的研究领域。

1964 年，美国国家航空航天局以更加先进的"雨云号"系列气象卫星（Nimbus，拉丁语中指"云"）取代了之前成功发射的"泰罗斯"系列气象卫星（TIROS）。"雨云号"系列气象卫星所具备的众多先进空间技术之一便是其能够围绕着地球在极点附近以及与太阳同步轨道上活动。这种工作轨道使气象学家能够将气象卫星发回的资料拼接成整个地球的完整图像。这一期间，被称作防御气象卫星计划（DMSP）的第一代极轨军事气象卫星也开始出现了。尽管一开始高度机密化，这些低空军事气象卫星最后还是揭开了其神秘面纱，无论是在与防御相关还是日常的国家天气预报中都起到了极其重要的作用。

气象学家开始意识到，若要提供全球天气预报信息，他们还需要开发一种能够持续提供高品质半球观察的地球同步气象卫星。为了达到这一目的，美国国家航空航天局于 1966 年发射了第一颗应用技术卫星（ATS-1），运行在约西经 150° 的赤

1989 年 8 月 1 日，在飓风弗兰（Fran）从北到达美国东海岸开始其灾难之旅之前，对地静止环境工作卫星监测并拍下了这一画面。9 月 5 日，暴风雨席卷了北卡罗来纳州的南部海岸，风力持续约 185 千米 / 小时，并伴有高达 200 千米 / 小时的强阵风（美国国家航空航天局提供）

道太平洋上方对地静止轨道上。同年 12 月，该卫星的可见光自旋扫描相机开始几乎源源不断地传输大部分太平洋沿岸地区的照片。接下来的几年中，这一成功的技术卫星又为资料缺乏的太平洋地区提供了大气云图，并且成为该地区天气分析和预报的重要手段之一。

1967 年 11 月，美国国家航空航天局又发射了"应用技术卫星 3 号"（ATS-3），其对气象学的影响与 ATS-1 卫星类似。凭借其在对地静止轨道中的优势位置，ATS-3 卫星所配备的先进多色自旋扫描相机能够拍摄到更多画面，包括北大西洋和南大西洋的大部分地区，整个南美洲、北美洲的绝大部分地区，甚至是欧洲和非洲的西部边缘地区。

电视和红外辐射观测卫星

"泰罗斯"系列气象卫星装载了特殊的电视摄像机,能够在海拔约725千米的轨道上观测到地球云量。其传输回地球的影像为气象学家提供了一种新的工具——云层分析,或叫作卫星云图。1960年4月1日,第一颗真正的气象卫星"泰罗斯"1号(TIROS-1)由卡纳维拉尔角发射进入近赤道轨道。到1965年,又有9颗"泰罗斯"卫星发射升空。这些卫星的工作时间逐渐增加,其携带的红外微波辐射计能够用来研究地球的热量分布。"泰罗斯"系列气象卫星由美国国家航空航天局戈达德宇宙飞行中心(GSFC)研制,环境科学服务业务署(ESSA)管理,其目标是要建立一个全球天气系统。

"泰罗斯"计划是美国国家航空航天局为证实卫星是研究地球的有效工具所进行的第一次试验性尝试。在当时,卫星观测在研究人们所居住的星球中的重要作用还未被证实,许多问题和困难尚待解决。"泰罗斯"计划的伟大之处就在于它发展了气象卫星信息体系。天气预报被认为是以空间为基础的地球观测中最具前景的应用。"泰罗斯"卫星获得了极大的成功,

在搜集空间资料的基础上第一次提供了精确的天气预报。从1962年开始,"泰罗斯"这一先遣性卫星不断地观测地球天气,并且为全世界的气象学家提供信息。"泰罗斯"计划中仪器以及轨道构造多样性的成功为更加复杂的气象观测卫星的发展铺平了道路。

"泰罗斯8号"(TIROS-8)装载了第一架自动图像传输(APT)相机系统以及地面站补充装置。该卫星包括两个广角相机系统。其中一个是标准的"泰罗斯"广角镜头,另一个则是APT镜头。APT画面以慢速扫描的概念(每秒钟4行),采用类似于无线电传真照片的传输原理进行传送。按照美国国家航空航天局的设计,每个与APT兼容的地面站负责从每个轨道接收3张图片。"泰罗斯8号"的APT系统超越其预期的90天寿命,并且获得了巨大的成功。全球47个地面站都能够接收到卫星图像,这就形成了地球的第一组广角图像。"泰罗斯8号"的成功通常被认为是地球科学的开端,即以空间为基础的地球研究的开端。

此后,一些"泰罗斯"卫星被放置到倾角较大的后退极轨中,用以扩

大云图拍摄的范围。"泰罗斯9号"和"泰罗斯10号"卫星也被定位为实验性气象卫星，用以改进"泰罗斯"工作卫星系统（TOS）的构造。

"泰罗斯"工作卫星系统于1966年开始使用。它们位于与太阳同步的极轨道，因此每天都可以在完全相同的时间通过地球表面的同一个地点。这种轨道使气象学家能够在24小时范围内观测到当地云层变化。由于轨道卫星系统由环境科学服务业务署管理，因此，"泰罗斯"工作卫星系统又被称为艾萨（ESSA），即环境科学服务业务卫星。

美国国家航空航天局在20世纪70年代又发射了一系列的艾托斯（ITOS），即"泰罗斯"改进型工作卫星。其中最早的是1970年1月23日发射的"艾托斯1号"卫星。这些卫星同样位于与太阳同步的极轨道，可以为全球提供清晰的红外图像。美国国家海洋和大气管理局（NOAA）的气象学家负责操作艾托斯卫星为其服务。

知识窗

美国国家海洋和大气管理局

1970年，美国国家海洋和大气管理局（NOAA）作为美国商务部的一个机构成立，其任务是要改善公众环境服务，提高公众对地球环境资源的认识。通过国家气象局，国家海洋局，国家海洋渔业处，国家环境卫星、数据和信息服务处以及国家大气海洋局研究处这5个主要组织，NOAA对全球海洋、大气、太空以及太阳进行研究并收集资料。NOAA的研究活动由美国政府支持，工作人员负责航海和航空的操作管理。

美国国家环境卫星、数据和信息服务处（NESDIS）负责包括对地静止环境工作卫星（GOES）在内的美国环境卫星的日常操作。环境卫星数据主要为国家气象局服务，同时，NOAA也将这些数据提供给其他政府或非政府的使用者。NOAA的环境应用卫星系统由提供当前报告或短期警报的对地静止环境工作卫星以及能够提供长期预报的极轨环境卫星（POES）组成。这两种卫星在提供完整的全球天气监测系统中都是必不可少的。这些卫星还具有搜寻营救功能（SAR），无论是对于偏远的陆地或是海上的失踪人群（例如飞机失事或是海难中的遇难者）都能够准确定位。

1994 年 5 月，根据一项总统令，由国家环境卫星、数据和信息服务处负责管理国防部（DOD）防御气象卫星计划（DMSP）的航天器。这一指令将美国军用和民用工作气象卫星系统合并成一个单独的国家系统，在获得远程传感环境资料时，它能够满足民用和国家安全的需要。作为这一合并项目的一部分，成立一个三位一体的机构（美国国家海洋和大气管理局、美国国家航空航天局和国防部），由其负责 2010 年左右开始的国家极轨环境卫星系统（NPOESS）的发展。除了操作卫星之外，国家环境卫星、数据和信息服务处还负责管理全球数据库，为气象学、海洋学、地球物理学以及日地系统学服务。

国家极轨环境卫星是美国计划的高级极轨环境卫星系统，将目前的美国极轨气象卫星系统（即防御气象卫星计划和商务部的极轨环境卫星）汇集到一个单独的国家系统中。随着这一系统的展开，国家极轨环境卫星将继续监测全球环境状况，收集并发布关于天气、大气、海洋、陆地以及近地空间的环境资料。由其获得的全球和地区环境影像以及专门的环境资料无论是在和平或是战争时期都能够为国防部提供服务，并且能够满足诸如 NOAA 内部国家气象局等组织的日常需要。国家极轨环境卫星的特别之处就在于，它使用的设备能够传感电磁波频谱中可见的红外微波频段中的表面和大气辐射，从而监测空间环境的重要参数，并且区分重要参数，例如土壤湿度、云层高度、海冰以及电离层的闪烁。

根据"应用技术卫星 1 号"和"应用技术卫星 3 号"所发回的资料，美国国家航空航天局和美国国家海洋和大气管理局的科学家研发出了新的气象分析技术。值得一提的是，这些对地静止卫星不但能够为气象学家提供半球范围的云层和风向资料，还可以使他们几乎不间断地观察到小范围天气情况。这是气象学上一次了不起的突破。通过以 27 次 / 分的频率重复所拍摄到的图像，应用技术卫星证明了对地静止卫星能够从积云开始一直监测雷雨的变化过程。这就大大提高了对恶劣天气的监测水平。应用技术卫星提供的资料也成了佛罗里达州国家飓风监测中心必不可少的资料之一。1969 年 8 月，"应用技术卫星 3 号"发回的信息就监测到了飓风卡米尔

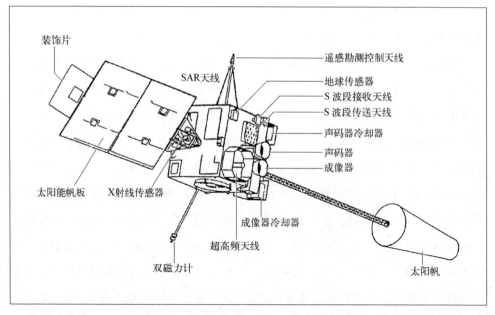

美国国家海洋和大气管理局的对地静止环境工作卫星（GOES1-M）主要组成部分及特征。需要指出的是 SAR 天线是 SAR（搜寻营救）任务的特别之处。该天线能够使这一卫星接收并且传输在地球上失踪人员的遇难信号（美国国家航空航天局、美国国家海洋和大气管理局提供）

的到来，并且及时精确地指出了受灾地区——美国的墨西哥湾地区。

美国国家航空航天局应用技术卫星的巨大成功，为对地静止环境工作卫星（GOES）系列奠定了技术基础。NOAA 普遍使用对地静止环境工作卫星为美国乃至全世界提供完整的气象预报。1975 年 10 月美国国家航空航天局发射的 GOES1 号标志着基于空间的气象学在操作上完全进入成熟阶段。

1994 年 5 月，一项总统令要求国防部和商务部合并其原本各自的低空极轨气象卫星项目，从而统一了国防部所有卫星以及 NOAA 气象卫星的调配和管理。到 1998 年 6 月，防御气象卫星计划以及 NOAA 的民用极轨气象卫星（类防御气象卫星计划）便全部由商务部负责管理。商务部还将继续负责这两种气象卫星计划，并且为美国军事提供必需的环境监测资料，直至 2010 年新的国家极轨环境卫星系统（NPOESS）开始运转。

目前的 NOAA 工作环境卫星系统由两种基本的气象卫星所组成：一是提供当前报告或短期警报的对地静止环境工作卫星（GOES），另一种是能够提供长期预报的极轨环境卫星（POES）。这两种卫星提供的资料共同为全球气象监测系统服务。

1997 年 4 月 25 日，卡纳维拉尔角，美国国家海洋和大气管理局"GOES-K"卫星发射升空之前，正等待装载有效载荷整流罩。在成功发射后，"GOES-K"卫星被命名为"GOES-10 号"，加入"GOES8 号"和"GOES9 号"的行列共同在太空服务。（美国国家航空航天局提供）

　　对地静止环境工作卫星能够为集中的资料分析提供持续的监测。由于其位于地球表面上方远距离的固定地点，因此能够对地球表面进行全面的监测，并且持续监测能够导致恶劣天气的大气因素，例如龙卷风、山洪、冰雹和飓风（其他国家类似的对地静止气象卫星也具有同样的作用）。这些灾难性天气到来之前，该卫星能够监测到风暴及其路径。雷雨和飓风到来时，气象学家能够利用卫星图像确定降雨量，从而警报可能到来的山洪暴发。此外，卫星图像还可以帮助气象学家确定降雪量以及降雪范围。卫星提供的降雪资料能够帮助气象学家提供风暴以及融雪警报。

　　NOAA 的每颗低空极轨气象卫星都能够监测整个地球表面，追踪环境变化因素，

2005 年 5 月 2 日，加利福尼亚范登堡美国空军基地，"NOAA-N"卫星在等待装"载德尔塔 II 型"运载火箭的有效载荷整流罩（美国国家海洋和大气管理局、洛克希德·马丁公司提供）

并且提供高分辨率云图以及大气资料。这些卫星的主要任务是要监测追踪影响美国天气和气候的气象模式，因此这些卫星上都装载有特殊仪器，能够收集可见红外辐射的资料。这些资料被用来成像、测量辐射以及描绘温度曲线图。此外，每个极轨卫星上的紫外线传感器都能够监测大气中的臭氧含量，从而帮助科学家监测南极洲上方的臭氧洞。极轨卫星最特别之处在于它们能够在全球范围内完成 1.6 万次环境监测。通过这些资料，即使是在以往缺乏资料的偏远海洋地区，气象学家也能够对其天气进行预测。

专业的气象学家利用气象卫星观测并测量大气特性，提供越来越精确的天气预报以及恶劣天气预警。除了对云层及其运动描绘出具体的可见近红外图像，成像工具还可以作为海洋表面温度的指示计。大气声码器能够利用红外或是微波波段收集资料。这些资料提供了不同海拔的温度和湿度。雷达测高计、散射计和合成孔径雷达图像系统能够测量洋流、海风以及雪和冰盖层的结构。

工作气象卫星最重要的社会影响就是对热带气旋的早期监测和追踪。这种热带气旋是指大西洋的飓风和太平洋的台风。在众多自然灾害中，飓风所带来的破坏力是相当具有毁灭性的。5 级飓风被称作是地球上最强飓风，它的风力持续高达 250 千米 / 小时，风暴潮达到 5.5 米，并伴有强降雨量，足以毁灭一整片沿海地区。专家指出，飓风肆虐过程中产生的能量和 1 万颗核弹不相上下。今天，在气象卫星的帮助下，气象学家能够为生活在飓风频发的沿海地区居民提供及时的警报。2004 年，4 次强飓风（"查理""弗朗西斯""伊万"和"珍妮"）在几周之内造访了佛罗里达州及附近地区，导致上百万居民撤离。这在飓风史上是极其少见的。无独有偶，一年之后，美国墨西哥湾地区又遭受到了飓风"卡特里娜"和"丽塔"的袭击。这些强势致命的风暴造成了数十亿美元的损失，打乱了数百万人的正常生活。

一些气象卫星还装有搜寻救援跟踪卫星（SARSAT）系统，能够在全球范围内搜寻带有遇险示位标的失踪人员。这种气象卫星能够立即接收并发出遇难信号，大大提高迅速成功救援的概率。

影响地球天气和气候的基本因素就是地球辐射平衡（ERB）。它的成分包括接收的太阳辐射；被云层、大气和地球表面反射回太空的太阳辐射以及地球表面和大气散发的长波热辐射。地球辐射平衡的纬度变化是导致大气和海洋环流及其所带来气候的最终因素。

大气科学家最感兴趣的问题之一就是云层和天气之间如何互相影响。要解释这个问题，就需要了解云层是如何吸收并反射进入的短波太阳能以及流出的长波（热红外）地面辐射。根据气象卫星带回的资料，科学家发现海洋上方形成的云层与陆地上方所形成的云层是完全不同的。这种不同影响到了云层反射太阳光的方式。同时，云层从地球吸收并散发出的长波热红外能量的多少也受其影响。

空气中的水蒸气也会影响日常天气和气候。这是因为，水蒸气类似于温室气体，能够吸收地球散发出的长波辐射。由于云是由水蒸气凝结而成，因此空气中的水蒸

知识窗 ━━━━━━━━━━━━━━━━━━━━━━━━━━━━━━━●

太空时代的守护天使

在今天，全球搜救卫星系统（COSPAS-SARSAT）对于人类像保护天使一样，搜寻全球遇难失踪人员。值得一提的是，全球搜救卫星系统能够不分国界地域地为全球搜救活动提供精确、及时、可靠的信息帮助。COSPAS 是俄语（Cosmicheskaya Systyema Poiska Avariynich Sudov）的缩写，翻译过来就是"搜寻遇难船舶的空间系统"。而 SARSAT 是英文（Search and Rescue Satellite Aided Tracking）的缩写，意思是"搜寻救援跟踪卫星"。这一缩写被美国国家海洋和大气管理局用来代表这项国际搜救系统中的美国气象卫星所起的作用。

全球搜救卫星系统的基本组成部分包括：遇险示位标，发出遇险报警信号；卫星星座，其运行轨道为低空极轨道，用来监测遇险示位标发出的遇险报警信号；地面接收站，接收并处理卫星转发下来的遇险信号；搜救任务控制中心（MCCs），接收地面接收站传来的遇险信号并将其分发到有关搜救协调中心（RCCs）和搜救协调点（SPOC）。

目前使用的主要有 3 种形式的遇险示位标：航空用紧急示位发射机（ELT）、航海用紧急无线电示位标（EPIRBs）、陆地用个人位置示位标（PLB）。

全球搜救卫星系统中的遇险示位标使用频率有 406 兆赫（MHz）和 121.5 兆赫两种。然而，这两种频率的功能大不相同。因此，从 2009 年 2 月开始，停止使用 121.5 兆赫示位标，搜救系统将只采用更为精确的 406 兆赫示位标。地面接收站又被称为本地用户终端（LUTs）。

全球搜救卫星系统中的卫星星座由低轨道搜救卫星（LEOSAR）和对地静止轨道搜救卫星（GEOSAR）组成。前者由 4 颗卫星构成，包括两个 COSPAS 和两个 SARSAT。其中 COSPAS 由俄罗斯提供，位于 1 000 千米的近极地轨道，装配有 121.5 兆赫和 406 兆赫两种搜寻营救仪器。SARSAT 则由美国提供，是美国国家海洋和大气管理局的气象卫星，位于约 850 千米的与太阳同步的近极地轨道。其搜寻营救仪器同样为 121.5 兆赫和 406 兆赫两种，由加拿大和法国提供，这也反映出了全球搜救卫星系统的国际性质。

目前的对地静止轨道搜救卫星星座由美国国家海洋和大气管理局提供的两个气象卫星（分别被称为 GOES 东和 GOES 西）以及印度提供的一个卫星（称为印度国家卫星，INSAT）所组成。这 3 颗卫星共同不间断地覆盖着整个地球。

借助卫星进行搜救工作的想法源于 1970 年的一次事故。当时，一架载有两位美国国会议员的飞机在阿拉斯加的一个偏远地区坠毁。尽管派出了大量搜救人员，还是无法找到乘客和失事飞机的残骸。为了防止类似事件再次发生，美国国会要求本国所有的飞机安装紧急示位发射机（ELT）。这一装置能够在遇险时自动激活并发出遇险信号。由于当时的空间技术还不成熟，ELT 的频率采用了当时国际上飞机遇险信号所使用的 121.5 兆赫。虽然这种方法在当时很有效果，但却存在很多技术上的局限。接下来的几年中，这些局限的影响慢慢地开始超过其有利因素。同时，空间技术的发展使借助卫星进行搜救工作成为可能。专家认为，这一基于空间的搜救系统应使用专门用于遇险示位标的频率（406 兆赫），每个示位标都应该有一种数字信号相匹配。此外，搜救系统应该扩大到全球范围内。

在美国、加拿大和法国的共同努力下，SARSAT 系统于 20 世纪 70 年代诞生。该卫星系统由美国国家航空航天局研发，投入使用后，由美国国家海洋和大气管理局负责管理，并且一直延续至今。苏联也研发出了一个类似的系统，叫作 COSPAS。于是，1979 年，这 4 个创始国（美国、加拿大、法国、苏联）将其系统结合起来形成了全球搜救卫星系统（COSPAS-SARSAT）。第一颗搜救卫星于 1982 年发射升空。经过两年的试验之后，1984 年，专家宣布该系统运转良好。

1982—2004 年间，全球搜救卫星系统在全球范围内成功救助了近 1.7 万人，其中的 4 600 人在美国获救。该系统的成员也在不断扩展，从最初的 4 个创始国发展为现在的 33 个成员国，并且拥有了 45 个地面接收站和 23 个搜救任务控制中心。全球搜救卫星系统作为国际合作的典范还在继续发展。即使是在 20 世纪 80 年代冷战的背景下，美国和苏联还是能够跨越其意识形态的分歧，共同解决一些棘手的技术问题。正是这种精神使全球搜救卫星系统在全球范围内不断发展。

气含量增加会引起云量的增加。在卫星中，科学家们设计了很多种仪器，试图更好地理解复杂的大自然是如何影响地球的能量平衡的。

全球变化的研究力图监测并理解大自然和人类活动对地球的影响过程。通过收集全球气象资料，目前的气象卫星和其他先进的环境卫星为这一研究提供了很大的帮助。现代环境卫星所配备的仪器能够在全球范围内收集到大量的有用资料。它们能够测量平流层臭氧和消耗臭氧物质；长期科学地记录地球气候；监测地球辐射平衡以及温室气体和浮质的含量；监测海洋温度和洋流；监测薄冰层和冰河厚度，并且能够观察到陆地变化以及植被的覆盖情况。通过卫星对这些环境变量的持续测量，科学家们可以对全球变化背景下地球系统的复杂性和相互关联性有更深入的理解。

知识窗

宇宙天气

太阳距地球约 1.5 亿千米，是离我们最近的恒星。尽管从地球上看，太阳是很安静的，但实际上它却是一个大火炉，不断地搅动、沸腾，而且经常猛烈地喷发。太阳表面和大气的一部分会被持续不断地辐射到宇宙中，成为太阳风暴。太阳风暴由炙热的带电粒子构成，由太阳的日冕喷发而出后迅速被吹散到整个太阳系。太阳风暴以每小时 100 万千米以上的速度扩散，3—4 天的时间就可以到达地球。当太阳风暴到达地球附近时，与地球的磁场发生作用，会产生数百万安的电流。太阳风暴将地球磁场的磁力线吹得向后弯曲，形成了一个被称

为磁气圈的区域。总的来说，从太阳的喷发，到太阳风暴的扩散，再到地球磁气圈的形成，这一过程中的现象都被称为太空天气。与陆地天气类似，太空天气也会时而平静温和，时而狂暴危险。

由太阳喷发引起的恶劣的太空天气不仅会对宇航员和航天器产生影响，还会影响到地球上的一些活动和装置，如电线、通讯和航海活动。例如，宇宙中的日冕物质抛射（CMEs）和太阳耀斑会破坏卫星中敏感的电子系统，并且导致控制航天器的电脑发出错误指令。如果此时宇航员没有待在太空船的辐射屏

蔽层内，他们的处境会变得非常危险。太空天气还可能干扰地面雷达装置。在磁暴过程中，电流可以流过地球表面，有时甚至会破坏地面电线。加拿大就曾发生过类似事件。1989年，太阳风暴造成加拿大魁北克地区电网停电，一些居民不得不在黑暗中度过漫长的一整月。

今天，由美国、欧洲、日本和俄罗斯共同组成的"卫星舰队"能够帮助世界各地的科学家对太空天气进行监测预报。此外，这些国家联合开始实施国际日地物理（ISTP）计划。通过该计划，科学家可以预测恶劣的空间天气。因此，当太阳接近其最大活动周期时，太空天气预报员和太空科学家可以更仔细地监测太空环境，从而发现太阳活动是否会给地球带来灾害。

6

通信卫星

太空探索——插图本人造卫星简史

◎ 现代通信卫星的发展

通信卫星是一种环地轨道卫星，能够在两个或多个通信站之前传送信号。太空平台就像一个高空无线转换台。通常来说，通信卫星有两种：一种是可以在通信站之间接收、调节并转发信号的有源通信卫星；另一种是用来在通信站之间反射电波的无源通信卫星。1960年美国国家航空航天局第一颗无源通信卫星"回声1号"（Echo1）的成功，证明了轨道平台在无线电通信中的作用。而现在，数以百计的有源通信卫星更是构成了全球通信的基础。

目前，绝大多数的通信卫星都采用对地静止轨道或是"闪电"（Molniya）轨道。对地静止轨道中的3颗有源通信卫星几乎可以覆盖整个地球表面（除极地地区，即北纬70°以北和南纬70°以南地区）。正因为这样，苏联的航空工程师才将一系列"闪电"通信卫星发射到了"闪电"轨道上。放置在椭圆形"闪电"轨道中的4颗"闪电"通信卫星能够完全并且持续地覆盖苏联的高纬度极地地区。

1960年，美国AT&T公司向联邦通信委员会申请发射一颗实验性通信卫星，用以促进卫星工作系统的发展。1962年7月10日，AT&T公司的"泰尔塔1号"有源通信卫星由卡纳维拉尔角发射升空。次年5月7日，"泰尔塔2号"同样发射成功。这两次民间的卫星发射行为（由美国国家航空航天局在成本补偿的基础上给予协助）便是AT&T公司发射50颗中轨卫星计划的雏形。而后基于1962年的通信卫星法案，美国政府决定成立通信卫星公司（COMSAT）垄断通信卫星业，因此AT&T公司的这一卫星计划被迫中断。

1961年，美国国家航空航天局决定研发一颗高度为6 400千米的中轨卫星，名为中继（Relay）卫星。与之前的"回声1号"和"回声2号"不同的是，中继卫星是一颗有源卫星，自此之后的所有工作通信卫星也都是有源卫星。这种新的卫星能够接收地面的无线电信号，并且将其转发回地面的指定地点。"中继1号"和"中继

2 号"分别于 1962 年 12 月 13 日和 1964 年 1 月 21 日发射升空。

在中继卫星中，行波管（TWT）是其主要的功率放大设备。随着其不断发展，这一设备已经成为现代通信卫星必不可少的组成部分。在早期的"中继 1 号"卫星中，行波管重达 1.6 千克，其最小无线电输出频率为 11 瓦，在 4 050—4 250 兆赫波段范围内能够达到 33 分贝的接受分贝，效率至少节约 21%。

1961 年，美国国家航空航天局还研发了一颗 24 小时轨道（对地静止轨道）通信卫星，命名为"辛康"（Syncom）。"辛康"计划主要是为了展示对地静止轨道通信卫星技术。对地静止轨道英文缩写为 GEO。它是地球同步轨道中倾角为 0° 时的一种特殊轨道，固定在赤道上空，距地面高度约 3.59 万千米。对地静止轨道卫星紧随地球自转运行并始终保持同一角度，因此，当人们从地球上仰望卫星，它仿佛悬在太空中静止不动。一个对地静止轨道可覆盖 42% 的地球表面。因此，在地球同步轨道上布设 3 颗通信卫星，即可覆盖除两极外的地球全部区域。

尽管克拉克（Arthur C. Clarke）1945 年就曾提出对地静止通信轨道的设想，世界上第一个同步轨道通信卫星"辛康 1 号"直到 1963 年 2 月 14 日才发射。然而不幸的是，当卫星上的远地点发动机点火 20 秒钟后，卫星上的全部信号突然中断。事后查明，尽管"辛康 1 号"卫星信号中断，它还是准确地进入了倾角为 33° 的轨道中。

对地静止轨道通信卫星的一个主要优势就是地面站可以随时观测并很容易追踪其轨迹。对于低轨卫星来说，自其从地平线出现、经过天空直至消失，地面站必须及时完整地记录下来。为了不断追踪低空轨道卫星，地面站的分布要达到这样的标准——每两个地面站之间对卫星轨迹的记录要衔接妥当，没有空缺。

此外，对地静止轨道还可以展示地球的全景。比如，同一颗通信卫星既能够观测到美国，又能观测到如加拿大、墨西哥、阿根廷、巴西、智利、哥伦比亚和委内瑞拉这些国家。由于这一优势，通信卫星可以建立起一个"地球村"，整个世界的电子商务、体育、娱乐以及个人新闻都能够以光速经济高效地进行传播。

尽管"辛康 1 号"失败了，美国国家航空航天局还是利用"辛康 3 号"第一次证明了对地静止轨道通信卫星的可行性。在此之前，他们虽然已经成功地发射了"辛康 2 号"同步轨道卫星，但它的轨道平面与地球赤道平面之间的夹角并不是 0°，而是 33°。因此，从地球上看，它的轨道在 24 小时内先向北前进 33°，又向南前进 33°，很像一个数字 8。

阿瑟·克拉克爵士

英国科幻作家阿瑟·克拉克（Arthur C. Clarke，1917—2008）以其对太空探索的极度热情闻名于世。1998年，为了表彰他为空间科技所作出的贡献，英女王伊丽莎白二世（Elizabeth Ⅱ）授予其爵士勋章。

克拉克1917年12月16日出生于英格兰西部萨默塞特郡（Somerset）的海滨小镇迈因赫德（Minehead）。1936年，克拉克从普通中学毕业后来到伦敦，并加入英国星际学会（BIS）。该学会是世界上最早成立的致力于促进太空探索和太空航空学的组织。第二次世界大战期间，克拉克在英国皇家空军（RAF）内部从事与雷达有关的技术工作。战后的1945年，他在《世界无线电》（Wireless World）杂志第10期上发表了一篇具有历史意义的关于卫星通信的科学设想论文《地球外的中继》（Extra-Terrestrial Relays），详细论述了卫星通信的可行性，总结了通信卫星的一些定律，并且建议在全球通信卫星系统中采用对地静止轨道。由此，克拉克也成了一位了不起的预言家，并且获得了包括马可尼奖（1982）在内的许多奖项。为表彰他在太空技术方面作出的巨大贡献，国际天文学联合会（IAU）将地球上空3.59万千米的对地静止轨道命名为克拉克轨道。

1948年，克拉克在伦敦国王学院获得了物理学和数学专业的理学学士学位。1951年开始，克拉克开始以写太空遨游小说谋生。他的题材不仅包括对太空和火箭技术的想象，还讨论了太空技术对人类的重要影响，这也为他获得了许多奖项。他在《太空探险》（Exploration of Space）一书指出，航天时代的到来是不可避免的，并且预言了太空探索需要经过7个阶段，其中除了第一阶段外，都会有人类参与。在这部先驱性的著作中，克拉克预言对月球的探索将会是人类了解火星和金星的前奏。根据克拉克里程碑式的预言，人们登上火星和金星后，星际旅行的第一阶段也随之结束。在该书的结尾处，克拉克还大胆预言，人类最终会接触到太阳系以外星球上的"人"，或是被其造访。

"外星人"的预言在克拉克的许多作品中都出现过。在1953年的《童年的终结》（Childhood's End）一书中，克拉克描述了地球与外星人的初次接触。这些外星人被刻画成奇怪却更高级的文明人，并决定帮助人类成长。这部小说也成为外星人文学的经典之作。克拉克最为辉煌的成就当推 1964 年的《2001：太空奥德赛》（*2001: A Space Odyssey*）。该书出版 4 年后，斯坦利·库布里克（Stanley Kubrick）导演与克拉克合作将其翻拍成电影，并获得了奥斯卡提名。这部电影现实地描述了人类在浩瀚宇宙中的探索之旅，被认为是有史以来拍得最好的科幻片，受到了空前的赞誉，此后，克拉克陆续发表了"奥德赛"系列，包括 1982 年的《2010：奥德赛 2》（*2010: Odyssey Two*）、1988 年的《2061：奥德赛 3》（*2061: Odyssey Three*）以及 1997 年最终的《3001：奥德赛的终结》（*3001: The Final Odyssey*）。

1962 年，在《未来的轮廓》（*Profiles of the Future*）一书中，克拉克讨论了科技对社会造成的影响，并且首次提出了科技预言中的 3 条定律，即"克拉克基本定律"。其中的第三条声明："任何非常先进的技术，初看都与魔法无异。"这一定律对于今天甚至是未来的太空科技预测都是很有帮助的。

克拉克从 1956 年起一直居住在斯里兰卡首都科伦坡。克拉克一生致力于太空技术的设想，在国际上享有很高声誉，数以百万的读者从他的作品中受到了教育和启发。克拉克共著有六十多部作品，其中大部分都是对太空技术的发展和影响的预测，为人类太空计划的发展作出了巨大贡献。

同步轨道是一种赤道轨道，其卫星的轨道速度与地球自转速度完全一致，因此卫星看上去似乎在赤道上的同一个位置完全没有移动。若在地面看，卫星的轨道为圆形，并且位于赤道平面，那么这颗卫星就位于对地静止轨道中。在这种情况下，地面观测者看到的卫星是处于地球表面上方的一个固定地点完全静止的。反之，如在地面看来卫星的轨道与赤道平面有倾斜度，那么这颗卫星 24 小时内则会在天空划出一个数字 8 的轨迹。在这种对地静止同步轨道中，卫星仍旧以地球自转的速度绕地运行，但这时，在地面看来每 24 小时卫星会沿赤道上方固定点向上移动。

1963 年 2 月 14 日，"辛康 1 号"由卡纳维拉尔角发射准备进入近同步轨道。但由于远地点发动机点火过程中出现错误，"辛康 1 号"发射失败。根据调查，很有可能是高压氮瓶问题导致点火失败。"辛康 1 号"配有两种独立的姿态控制喷气发动机燃料：氮气和过氧化氢。"辛康"计划的目标之一是要证明姿态控制系统能够调节天线角度并使其与地面站连接。其后的"辛康2号"改进了氮瓶设计，于1963年7月26日发射成功，并发回了资料以及电信、传真和电视信号。1964年8月19日，又一颗卫星——"辛康3号"于卡纳维拉尔角成功发射进入对地静止轨道。"辛康3号"带有宽频带信道，成功地对1964年东京奥运会进行了直播。到1965年4月，"辛康2号"和"辛康3号"都交由国防部管理，并于1969年4月正式"退役"。20世纪60年代早期，通过"辛康"计划向同步轨道进军证明了太空技术的迅猛发展。"辛康"计划的主要目标也是为了证明同步卫星的可行性。

"辛康"卫星也带动了后来的"晨鸟1号"商业通信卫星以及技术应用卫星（ATS）系列科研卫星的发展。1964年，美国通信卫星公司（COMSAT）决定选择休斯飞机公司（现属波音公司）提供的24小时轨道（对地静止）卫星建立了其最初的两个商业卫星系统。1965年4月6日，通信卫星公司的首颗卫星"晨鸟1号"由卡纳维拉尔角成功发射。这也标志着商业通信卫星"地球村"的开始。那时，英国、法国、德国、意大利、巴西和日本都已经设立通信卫星地面站。1964年8月20日，国际通信卫星组织（INTELSAT）成立。其Ⅱ型通信卫星系列是"晨鸟"卫星的改进版，功能更加强大，寿命也更长久。此后的Ⅲ型通信卫星系列第一次覆盖了印度洋地区。自此，整个地球均为卫星所覆盖。

知识窗

回声计划

20世纪50年代后期，航空工程师和通信专家们开始讨论有源和无源通信卫星各自的优势。无源通信卫星无论是在设计还是操作方面都非常简单。它们的任务仅仅是作为一个高空反射器，将地球一个通信站的无线电信号反射到另一个通信站。相反，有源通信卫星需要装载当时并不完善的电子设备，这一设备需要接收并处理无线电信号（包括信号的增强），再将其传送回地球的另一个通信站。当时正处于太空时代的初期，出于商业目的设计这种电子设备似乎是不太可行的。

为了解决这种技术争端，美国国家航空航天局实施回声计划，用以探索无源通信卫星的作用。1960—1964年间，美国国家航空航天局向地球附近的轨道发射了两颗巨大的无源通信卫星，作为远距离通信试验的无源测验平台。

作为世界上第一颗无源通信中继卫星，美国国家航空航天局的"回声1号"于1960年8月12日在卡纳维拉尔角美国空军基地由第一代"德尔塔"运载火箭发射成功，开始进入近地点1 524千米、远地点1 684千米、周期118.3分钟、倾角47.2°的轨道中绕地运行。该卫星虽然体积巨大，质量却只有180千克。

"回声1号"呈球状，直径为30.48米。其表面为0.012 7毫米厚的聚酯薄膜。"回声1号"作为无源通信反射器，用来在陆地间传递电话（语音）、无线电以及电视信号。"回声1号"证明了无源通信卫星可以通过其铝制聚酯表面将信号反射回地球不同的接收站。对于达到2万兆赫的无线电频率，这种铝制聚酯表面的反射率高达98%。通过"回声1号"，科学家们积累了宝贵的资料、图片和声音传输经验。他们甚至尝试在美国和英国的地面站之间进行远距离传输。

然而，"回声1号"并没有搭载任何装置来进行信号放大，并且，当其

进入太空后，很难保持正常的反射镜形状。由于其表面的空气质量比例很高，因此在受到太阳辐射（太阳推动卫星运动）和地球大气上空的引力时，其轨道较容易受到干扰。

为了进行遥感勘测，"回声1号"装备了107.9兆赫的遇险示位标。由5节可以进行太阳能充电的镍镉电池负责发电。利用"回声1号"很高的表面空气质量比例，科学家们追踪其轨迹，从而第一次收集到了关于太阳辐射压力和大气密度对近地轨道卫星所造成影响的资料。"回声1号"在生命后期，还被用来评估在全球测地学中卫星三角测量法的技术可行性。1968年5月24日，"回声1号"坠入大气层，在夏威夷南部上空烧毁。

1964年1月25日，美国国家航空航天局在加利福尼亚范登堡空军基地使用"多尔Agena-B"运载火箭发射了"回声2号"通信卫星。"回声2号"膨胀后直径为41米，重达256千克，相对于"回声1号"大很多。与"回声1号"相似的是，它的表面也非常坚硬，是由一块铝箔聚酯薄膜层压板构成的。吸取了"回声1号"的经验，科学家将"回声2号"设计成为一个更加坚固的膨胀型无源通信卫星。尽管"回声2号"帮助科学家

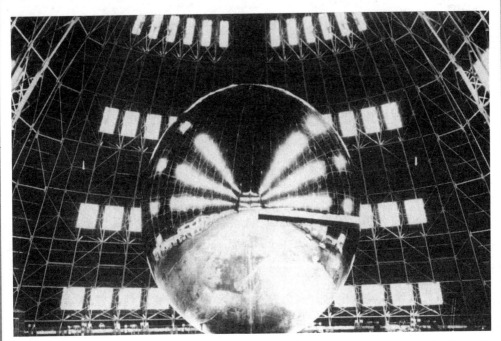

图为直径为 30.5 米的"回声 1 号"卫星在发射前进行膨胀测试。这颗可膨胀的巨大无源通信卫星作为一个反射器，当其进入轨道膨胀后，其超薄的铝制聚酯表面可在地球接收站间反射无线电波（美国国家航空航天局提供）

们进行了一些远距离无线电传播的实验，但从 1964 年起，航空业开始倾向于有源通信卫星的研究。因此，"回声 2 号"的首要任务是辅助太阳辐射压力的研究、高空大气厚度的测量以及全球几何测地学（卫星三角测量法的应用）的实验。其初始极轨道为近地点 1 029 千米、远地点 1 316 千米、轨道倾角 109°、周期 109 分钟。1969 年 7 月，这颗"大气球"重新回到地球。

美国国家航空航天局的回声计划成功地发射了两颗能够反射无线电信号的无源"气球"卫星。然而，由于其反射回的信号大都很微弱，覆盖面也并不完全，因此，无源通信卫星并没有商业价值。

知识窗

"闪电"通信卫星

20世纪60年代，苏联航空工程师开始使用一种叫作"闪电"轨道的特殊卫星轨道，为其境内广阔的高纬度北方地区提供不间断的通信卫星服务。

"闪电"轨道为偏心率很大的椭圆形，轨道周期为12小时，其放置的卫星通常可达到北半球远地点3.96万千米，南半球近地点480千米，大部分时间（即位于远地点的时间）都可以覆盖整个高纬度北方地区，而只有极少一部分时间（即位于近地点的时间）在南方上空。

"闪电"系列卫星被用来研究"闪电"轨道的性能，从而为苏联北部地区提供基本的通信卫星服务。作为有源信号转频器，"闪电"卫星能够在莫斯科和俄罗斯境内的许多地面接收站之间传送电视节目并进行远距离通信。

第一代"闪电"卫星（"闪电1号"）于1965年4月问世。这颗重达910千克的卫星是一个两端为锥形的密封圆柱体。其密封的圆柱体部分长3.4米，直径1.6米。其中一端的锥体内装有轨道修正火箭引擎和姿态控制分系统。另一端的锥体外部则安装了太阳地球传感器。在圆柱体内部有一个高灵敏度的接收器和3个40瓦800兆赫的通信转频器，其中一个正常使用，另外两个作为备份。该卫星带有化学电池，可以持续利用太阳能充电。其柱体外部安装有6个太阳电池翼和两副抛物面定向通信天线（在同一平面），其中一副天线始终指向地球，另一副则作备用。

在进入稳定的低空暂泊轨道后，"闪电"卫星进入了椭圆形的"闪电"轨道，每天两次进入北半球上空远地点，其中一次位于俄罗斯上空，另一次位于北美上空。"闪电"卫星每天还会两次快速通过南半球上方的低空近地点。在向远地点运行过程中，"闪电"通信卫星在其12小时的轨道周期中会与地面保持近8小时的相对静止。4颗正确放置的"闪电"卫星使俄罗斯航空工程师们可以持续地监测其境内整个高纬度北部地区。

改进后的"闪电1号"系列卫星（即"闪电2号"系列和"闪电3号"系列）分别于1971年和1974年研制成功并发射。此外，苏联还开发了包括"彩虹"和"地平线"在内的对地静止通信卫星。

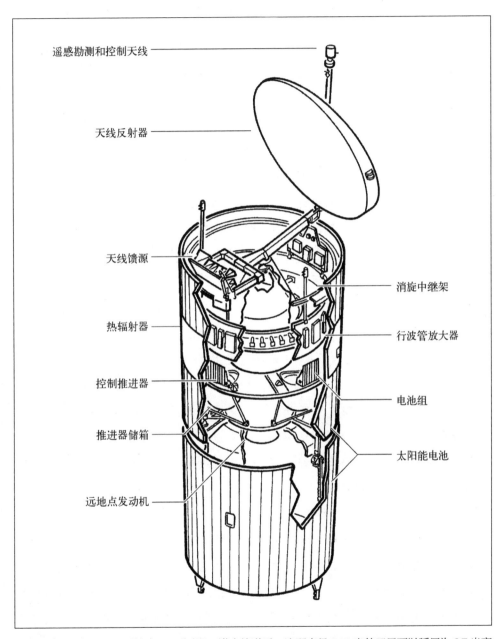

现代通信卫星剖面图（以波音376为例）。进入轨道后，这颗直径2.13米的卫星可以延展为6.7米高的柱体（如图所示）。目前许多这种对地静止轨道商业通信卫星已经投入使用（波音公司提供）

"兄弟"通信卫星

在因纽特语言中，anik 这个词是小兄弟的意思。这个词也用来命名加拿大一个很成功的通信卫星系列。1969 年，在加拿大政府和广播机构的共同努力下成立了加拿大通信卫星公司。其任务是要研发一系列的对地静止轨道通信卫星，为其境内偏远的北方地区和人口密集的南方地区提供无线电、电视和电话服务。人们认为这种通过卫星开展的电讯服务深化了各地区间的兄弟友情，因此该系列卫星也得名"兄弟"。

最初 3 颗"兄弟"通信卫星（"兄弟 A1 号""兄弟 A2 号"和"兄弟 A3 号"）是一模一样的。其主要部分由加利福尼亚的休斯飞机公司制造，加拿大国内的一些公司也负责了部分制造工作。当地时间 1972 年 11 月 9 日，"兄弟 A1 号"卫星在卡纳维拉尔角美国空军基地由德尔塔运载火箭发射升空，进入对地静止轨道。其成功发射也使加拿大成为世界上第一个拥有国内商业对地静止轨道卫星系统的国家。1982 年，"兄弟 A1 号"卫星由更加先进的"兄弟 D1 号"卫星所取代。

当地时间 1973 年 4 月 20 日，"兄弟 A2 号"卫星同样于卡纳维拉尔角由德尔塔运载火箭发射升空，并且为加拿大国内用户提供电讯服务，直至 1982 年"退役"。1975 年，当地时间 5 月 7 日，"兄弟"系列的"兄弟 A3 号"卫星同样在卡纳维拉尔角由德尔塔运载火箭发射成功，与之前的"兄弟 A1 号"和"兄弟 A2 号"共同为加拿大电讯业服务，直至 1983 年"退役"。

当地时间 1978 年 12 月 15 日，德尔塔运载火箭又在卡纳维拉尔角成功发射了"兄弟 B1 号"卫星。这一具有革命性的 14/12 千兆赫（GHz）波段通信卫星成为世界上第一颗提供商业服务的卫星，证明了用卫星直接传送无线电广播的可行性。"兄弟 B1 号"的成功也预示着将来的通信卫星可以为世界上任何地区、任何规模的接收站提供服务。对"兄弟 B1 号"所进行的通讯实验表明，为偏远地区提供直接无线电广播服务并不需要预计的大量能量。"兄弟 B1 号"卫星最终于 1986 年"退役"。

当地时间 2004 年 7 月 17 日，"兄弟 F2 号"卫星在法属圭亚那库鲁航天发射场由"阿里亚娜5号"运载火箭发射成功。"兄弟"F系列卫星最早出现于1998年，是第一代使用波音702的"兄弟"卫星。波音702为7.3米×3.8米×3.4米的卫星，使用氙离子推进系统保持轨道稳定。"兄弟F2号"卫星位于西经111.1°的对地静止轨道中，为美国和加拿大的乡村地区提供宽带网络、远程学习和网上就医服务。

1972年，加拿大通信卫星公司发射了世界上第一颗国内通信卫星——"兄弟A1号"。"兄弟"号系列卫星覆盖了整个加拿大陆地地区。此后1974年4月13日，美国也发射了其第一颗国内通信卫星——"西联星（Westar）1号"通信卫星。1976年2月，美国通信卫星公司又发射了一种新型的通信卫星——海事通信卫星（Marisat），它为国内提供海军和其他海事通信服务。1979年，联合国国际海事组织（IMO）发起建立了国际海事卫星组织（INMARSAT）。在经过20世纪80年代租借雷达收发机的时期后，国际海事卫星组织终于在1990年发射了第一颗通信卫星"国际海事通信卫星ⅡF—

图为1985年在加州埃尔塞贡多的休斯飞机公司（现在的波音公司）太空仿真实验室里，在热真空容器测验前，航空工程师正在莫雷洛斯通信卫星侧面安装光条带。光条带能够模仿太阳为卫星的太阳能电池充电。莫雷洛斯通信卫星是由休斯飞机公司为墨西哥通信和运输部研发的（波音公司提供）

1号"。

尽管通信卫星的大量基本技术在太空时代之初就已经存在,20世纪60年代中期,航空科学家们还是进行了一系列的试验并不断改进技术。在他们的努力下,20世纪70年代通信卫星开始为全世界提供服务。今天,对地静止轨道的现代通信卫星作为天空中的无线转换台在世界范围内传送信息,并将整个地球联系在一起。个人通信卫星(像移动电话时代)需求量的增加也使科学家们更加关注低空轨道的小型通信卫星的发展。这种轨道要比20世纪60年代初的"电星"和"中继号"卫星轨道低很多。通信公司若将50—70颗的小型卫星星群放置在650千米的极轨中,其中每个轨道平面放置10—11颗卫星,便可以为移动电话用户提供创新性的全球通信服务。

通信卫星是太空科技的重要贡献之一。目前,大量的有源通信卫星构成了全球电讯的基本框架。这些卫星提供的无线通信服务在信息革命中起到了至关重要的作用。

◎应用技术卫星

20世纪60年代中期到70年代中期,美国国家航空航天局利用其应用技术卫星(ATS)系列的六颗卫星对未来通信、气象和导航卫星中将使用到的大量新技术进行检测,其中包括自旋稳定性、重力梯度稳定性、综合同步轨道机动飞行以及对地静止轨道的太空环境,并进行了大量的通信实验。

尽管应用技术卫星系列最初被作为技术检测使用,该系列还是收集传送回了一些气象资料,并偶尔作为通信卫星使用。在这六颗应用技术卫星中,前五颗在许多设计方面都有共同点,而第六颗则采用了一种全新的设计。

1966年12月7日,"ATS 1号"卫星在卡纳维拉尔角由宇宙神Agena D型运载火箭发射升空。这一气象卫星的雏形用来检测卫星轨道的一些技术以及对地静止轨道的运动,同时为地面站传送气象图片和资料。"ATS 1号"于1978年12月1日结束其任务。在其12年的生命中,"ATS 1号"检测了对地静止轨道环境,并进行了一些C波段通信实验,包括向美国乡村地区和太平洋周边国家传送教育和健康节目。"ATS 1号"还第一次为气象学家提供了全球云图。

"ATS 2号"卫星与"ATS 1号"任务相近。但是由于其发射时(1967年4月6日)发射工具(宇宙神Agena D型运载火箭)出现故障,导致"ATS 2号"进入了错误的轨道。由此产生的大气力矩最终破坏了卫星重力梯度的稳定性，使其逐渐翻转。尽管"ATS 2 号"还能够正常工作，但其发回的资料效率却不高，因此科学家在发射 6 个月后结束了其任务。

此后的"ATS3 号"于 1967 年 11 月 5 日同样在卡纳维拉尔角由宇宙神 Agena D 型运载火箭成功发射。"ATS 3 号"体积略大于"ATS 1 号"，但设计与其相似。"ATS 3 号"的任务包括检测自旋稳定性，并进行甚高频和 C 波段通信实验。此外，"ATS 3 号"还完成了一系列其他任务，包括：为太平洋周边地区和南极洲地区提供常规的通讯服务；在 1987 年墨西哥地震和 1980 年圣海伦火山喷发期间，提供紧急卫星信号连接；支持阿波罗登月计划；提供世界上第一张太空拍摄的地球彩色图片，推进了气象卫星的发展；为气象研究提供常规的云图。"ATS 3 号"于 1978 年 12 月 1 日停止使用。

1967 年 8 月 10 日，"ATS 4 号"卫星在卡纳维拉尔角由宇宙神-半人马座运载火箭发射升空。然而，由于火箭点火失败，地面控制台在卫星发射 61 分钟后将其终止。由于点火失败造成了卫星轨道过低，因此在大气阻力的作用下，"ATS 4 号"于 1968 年 10 月 17 重新回到地球大气层并碎裂。

此后的"ATS 5 号"卫星同样用来检测重力梯度的稳定性，并为气象资料检索提供新的图片技术。1969 年 8 月 12 日，宇宙神-半人马座运载火箭成功将"ATS 5 号"送入太空。但是，在远地点发动机点火后，卫星出人意料地开始进行水平螺旋旋转。虽然之后卫星调整并开始正常绕轴旋转，但是却向着与计划相反的方向。结果，卫星的重力梯度杆无法正常展开，它的一些实验（如重力梯度稳定性和气象图片的获得）也无法进行。但是在地面工作人员将其推进到对地静止轨道上方之前，"ATS 5 号"还是进行了一小部分其他的实验。

1974 年 5 月 30 日，大力神 3C 运载火箭成功地将"ATS 6 号"送入太空。在完成其技术检测任务的同时，"ATS 6 号"还成为世界上第一颗教育卫星。在 5 年的工作生命中，"ATS 6 号"不断为印度、美国乡村地区以及其他国家传送教育节目。此外，"ATS 6 号"还进行了航空管制测验和直接广播电视实验，并且证明了利用卫星进行搜救工作的可行性。在阿波罗联盟号试验项目中，"ATS 6 号"在为得克萨斯州休斯敦的约翰逊宇航中心传送信号过程中起到了重要作用。在其任务结束后，地面控制人员将"ATS 6 号"卫星送入对地静止轨道上方。

◎欧洲通信卫星组织

欧洲通信卫星组织是利用卫星提供电信服务的主要机构。该组织的 24 颗通信卫星覆盖了从美国到太平洋地区的一百五十多个国家，为世界上 90% 的人口提供信息传送商业服务，包括电视和无线电广播、专业视频广播、公司网络、互联网、本地宽带以及移动通信服务。

该组织使用世界上广泛采用的数字视频广播（DVB），成为欧洲第一个传送数字卫星电视信号的机构，并且推进了双向宽带终端技术在本地和商业网络中的应用。

2001 年，欧洲通信卫星组织重组为公司，与包括比利时最大的通信运营商比利时电信公司、英国电信、德国电信、法国电信、意大利空间通信公司在内的通信运营商以及包括休斯网络系统公司在内的信息传送服务提供商进行商业合作。公司还为国有和私有电视台提供广播服务，合作伙伴包括英国广播公司（BBC）、意大利天空电视台、法国电视台、德国之声以及美国有线新闻网络（CNN）。

从西经 15° 到东经 70.5° 的对地静止轨道，欧洲通信卫星组织的卫星覆盖了欧洲、中东、非洲、北美洲东部以及南美洲地区。该组织目前的服务基于 24 颗卫星，其中的 20 颗可由其独立操作。其中最具代表性的为"热鸟"系列卫星。这 5 颗"热鸟"卫星使该组织成为世界上提供广播频道最多的卫星服务提供商。

欧洲通信卫星组织的另一颗卫星——"欧鸟 1 号"的一

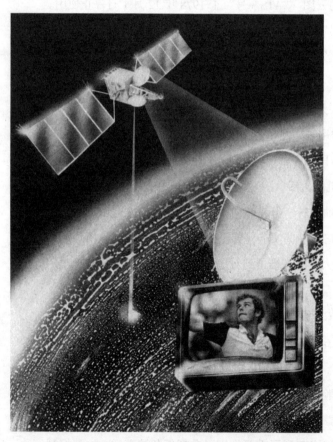

图为展示直接广播卫星（DBS）和其传输解码器小型圆盘式屋顶卫星电视天线（直径约 0.5 米）的艺术图。这一装置可为家庭和商务场所提供大量的电视转播服务（法国国家空间研究中心提供）

个功能强大的聚光束负责英伦三岛地区，另外两个可转向的光束负责德国地区。这就使该卫星能够为英国境内的六百多万数字用户提供服务。"欧鸟1号"还可以为欧洲大陆的电缆数据转频器用户提供商业服务和频道传输服务。在东经13°地区工作4年后，"热鸟5号"卫星被移至东经25.5°地区，并改名为"欧鸟2号"。欧洲通信卫星组织的W系列通信卫星W1号、W2号、W3号和W5号覆盖了包括欧洲、非洲、中东和西亚在内的广大地区。其中W5号使该组织的卫星覆盖范围从远东地区延伸到日本以及澳大利亚地区。W4号的高功率聚光束为非洲和俄罗斯的用户提供付费电视和互联网服务。而2004年3月发射的W3A号则结合了Ku和Ka波段频率以及星载多用复路技术，为欧洲、中东和非洲市场提供服务。

"SESAT 1号"卫星覆盖了远达西伯利亚的大部分欧洲地区，其点波束能够覆盖印度及其邻近地区，因此将欧洲和亚洲的电讯服务直接联系到一起。同样，"SESAT 2号"卫星装有固定和可转向两种光束，可以为欧洲、非洲、中东和中亚地区提供高功率Ku波段频率服务。通过12个Ku波段转频器，"SESAT 2号"可以提供电讯、宽带和广播服务。该卫星也反映出了国际电讯业的共性。在卫星总共的24个转频器中，12个是由俄罗斯卫星通信公司（RSCC）租借给欧洲通信卫星组织的，其余的12个转频器则命名为EXPRESS AM22号，为俄罗斯境内提供商业服务。

欧洲通信卫星组织还将3颗"大西洋鸟"通信卫星放置在西经12.5°与西经5°之间的区域内，其主要任务是连接美洲大陆、欧洲、非洲和西亚地区。通过"大西洋鸟3号"卫星，欧洲通信卫星组织也进入了C波段市场，其10个转频器能够为整个非洲地区提供服务。

为了满足全球信息服务的需要，欧洲通信卫星组织还于2003年9月发射了第一颗特别为双向宽带互联网服务而设计的通信卫星——"e鸟"卫星。该卫星位于东经33°的对地静止轨道中，其4个高功率光束能够覆盖欧洲和土耳其地区。

◎ "亚卫3号"卫星的挽救

"亚卫3号"通信卫星（AsiaSat 3）于1997年12月24号在哈萨克斯坦拜科努尔由俄罗斯原子火箭发射升空。该卫星最初为中国香港亚洲卫星通信有限公司所有，其任务是为亚洲、中东和太平洋地区（包括澳大利亚在内）提供电视传输和电讯服务。值得一提的是，"亚卫3号"拥有多点光束，能够为指定地区提供电讯服务。

卫星的太阳能帆板长 26.2 米，天线长度为 10 米。"亚卫 3 号"卫星为高 4 米的立方体，通过两个太阳能帆板进行充电。太阳能帆板上配有砷化镓太阳能电池，能够提供高达 9 900 瓦的电能。而在日食期间，卫星则可有一个由 29 个镍氢电池组成的蓄电池提供电能。为了达到稳定性，卫星采用一个由 12 个传统二元推进器组成的二元推进系统。

卫星两端分别装有两个直径为 2.72 米的天线，垂直于太阳能帆板。这两个天线分别以 C 波段和 Ku 波段进行工作。一个直径为 1.3 米的 Ku 波段反射器能够进行集中覆盖。另一个直径为 1 米的 Ku 波段可转向点光束天线使卫星能够对地球表面任何其轨道可见地区进行无角度的覆盖。这两个天线都位于卫星的最低端。

尽管卫星在发射后到达了对地静止轨道高度，但是由于第四推进阶段的操作错误，导致其没有进入正确轨道。此后，"亚卫 3 号"的制造商（休斯全球服务）从保险公司将卫星买回，并重新命名为"HGS1 号"。

经过调整后，地面控制人员最终将"HGS1 号"送入正确的对地静止轨道。这也是历史上第一次地面控制人员利用轨道调整挽救商业卫星。

知识窗

直接广播卫星

直播卫星是一种位于对地静止轨道中的通信卫星。它从地面接收广播信号（如电视节目）后，经过放大、解码，再将信号传送回地面某个指定地点的个体用户。现在，世界上许多家庭都可以通过小型锅式屋顶卫星电视天线（通常为直径 0.5 米或更小）直接接收到大量的电视频道。在这种卫星的帮助下，教育、娱乐和新闻打破了政治、地域和文化的界限在世界范围内传播。这种信息的无界快速传播是地球村发展中必不可少的社会条件。任何技术，无论其多么强大，都不能够立即解决已经存在了数百年的政治对峙问题，直接广播卫星和其他现代通信卫星却在这方面做出了有益的贡献。

◎体育广播和通信卫星

1975 年 8 月 9 日，美国棒球联赛得克萨斯巡游者队和密尔沃基酿酒人队之间的比赛成为世界上通过卫星转播的第一场职业体育赛事。随着巡游者队以 4∶1 战胜酿酒人队，这次转播也成为信息技术时代的先驱性试验。此后，通过卫星进行体育赛事转播的商业活动便迅速发展起来。

1975 年的 9 月 30 日标志着体育赛事转播的全球化。这一天，在菲律宾首都马尼拉进行的拳王阿里（Muhammad Ali）对阵乔·弗雷泽（Joe Frazier）的重量级拳击锦标赛，首次进行了现场直播。这一赛事此后常被称为"马尼拉三重奏"，标志着商业通信卫星完全能够将即时体育赛事转播给世界各地的体育迷们。这一天也成为娱乐业的一座里程碑。从此，卫星传输的付费电视服务便诞生了。即使在偏远的乡村地区，人们也可以在第一时间观看到世界上最激动人心的体育赛事了。

今天，人们对通过卫星进行体育转播的需求不断增加。据统计，1998 年 1 月 24进行的第三十二届超级碗丹佛野马对绿湾包装工的比赛通过卫星传输给了世界上 140个国家的 7.5 亿观众。在这场比赛中，丹佛野马队最终以 31∶24 战胜了绿湾包装工队。

毫无疑问，体育是无国界的，其观众也在世界范围内迅速增加。当发展中国家的人们拥有了第一台电视机后，他们首先搜索的节目之一便是体育赛事。类似奥运会、足球世界杯和世界职业棒球大赛这样的重要赛事经常会吸引世界各地数以百万计的观众。

◎跟踪和数据中继卫星（TDRS）

美国国家航空航天局的跟踪和数据中继卫星网络几乎可以对 24 个地球轨道中的卫星同时进行全面覆盖。其提供的信息中继服务包括通信、跟踪、遥感勘测和信息采集。

跟踪和数据中继卫星位于地球上方 3.59 万千米的对地静止轨道中。从这一高度，该卫星可以俯视其他中低轨道卫星。在其大多数绕地轨道中，这种卫星都能观测到一个或是多个该种卫星。过去，卫星只有位于地面站能够跟踪到的范围内时（特别是在每一轨道不超过 15% 的时间时），才能与地面进行通信。而跟踪和数据中继卫星相当于把地面上的测控站升高到了地球静止卫星轨道高度。因此，其整个卫星星群使其他的卫星也能够与地面进行通信。所有的航天飞机任务和国际空间站（ISS）

以及美国国家航空航天局几乎所有的地球轨道卫星都需要这种跟踪和数据中继卫星的支持。

跟踪和数据中继卫星为三轴稳定的卫星。当它的太阳能帆板充分展开后，能够达到17.4米长。该卫星重约2 268千克。其设计采用了3个模块：装置模块、通信有效载荷模块和天线模块。其中的装置模块位于卫星六边形的底部，负责装载实际控制和操作卫星的子系统。太阳能帆板能够吸收1 700瓦以上的电能。而当卫星位于地球阴影中时，其镍镉电池也能够提供电能。通信有效载荷模块则处于六边形的中部，包括的电子设备用以控制卫星天线和其他通信工具之间的信号传输。

由7个不同类型的天线组成的天线模块，作为一个平台位于六边形的顶部。卫星的上行链路负责从地面站接收信号，将其放大后传输到卫星。其后，由下行链路将卫星传送的信号放大后传回地面终端。地面站和卫星间的基本连接工具是一个直径2米的圆盘天线，通过一个机械螺杆连接在六边形的中间部位。这个抛物面反射器以Ku波段（12—14千兆赫）工作频率与地面终端进行中继传输。卫星下行链路的遥感勘测资料都传送回位于新墨西哥州白沙的一个高自动化地面综合站。该地面站由于其卫星观测的良好视线以及干爽的气候而成为理想的地面接收站。干爽的气候有利于将雨水对无线电信号传送的影响降至最低。

第一代跟踪和数据中继通信卫星均由佛罗里达州肯尼迪航空中心航天飞机发射。1983年4月，美国从"挑战者号"航天飞机上发射了第一颗跟踪和数据中继卫星。而1986年1月28日发射的跟踪和数据中继卫星2号则由于"挑战者号"故障与地面失去联系。一旦进入低空轨道展开后，跟踪和数据中继卫星的惯性上面级（IUS）会点火两次并将卫星推入预定的对地静止轨道。其中第一次点火大约于展开后1小时左右开始，将卫星送入椭圆形的初级对地静止传送轨道。第一级工作完毕并分离后，第二次点火在起飞后12.5小时左右开始，圆化轨道并提高飞行路径以使卫星在赤道上方运动。起飞后13小时左右，惯性上面级第二阶段与卫星分离。当卫星进入对地静止轨道后，其附属物（包括太阳能帆板和抛物型天线）就会展开。起飞24小时后，地面控制人员可以开始对卫星进行监测。卫星首先位于对地静止轨道的中间部位接受校验和测试，然后沿赤道进入其最终工作地点。

2000年6月，美国国家航空航天局在卡纳维拉尔角发射了最新设计和改进的3颗跟踪和数据中继卫星中的第一颗。这3颗卫星分别为跟踪和数据中继卫星H型、I

型和 J 型，其任务是扩充之前的卫星队伍。之后，I 型卫星又于 2002 年 9 月 30 日由宇宙神 II A 号运载火箭成功发射进入对地静止轨道中。改进后的跟踪和数据中继卫星系列在保持原有天线的基础上，又增加了两个能够自由移动以跟踪下面轨道的大天线，为国际空间站、哈勃空间望远镜和其他地球轨道卫星提供高效的通信服务。

◎ 通信卫星作为社会进步的催化剂

有了通信卫星的帮助，突发性新闻可以跨越政治、地域和文化限制，迅速地在世界范围内传播，世界各地的人们都可以得到实时报道。时区不再是一种自然和社会障碍了。移动电视工作人员现在配有最新的通信卫星连接装置，可以出现在世界任何有重要事件发生的地方。在他们的努力和全球通信卫星的帮助下，全世界的电视观众都可以在第一时间收看并见证重要事件的发生。

通信卫星带来的巨大社会变革才刚刚开始。通过太空技术，无论是发达国家还是发展中国家的乡村地区现在都能享受到世界范围内的通信服务，包括电视、电话、传真以及资料的传输。通信卫星还支持医疗、办公、教育、电子商务和无界银行业务的变化和发展，如网上就医、远程办公和跨国外购、远程教育、数字营销以及跨国转账业务。由通信卫星带来的信息革命正在世界范围内引起人类社会、政治和经济的变化。

如果有人怀疑这是个迅速发展的信息时代，他只需要浏览一本当前电话簿上面的国际电话区号就可以了。在通信卫星的帮助下，那些很遥远的地区也都拥有了自己的地区号码，如阿松森岛地区号为 247，安道尔共和国为 376，圣诞岛为 672，法属玻利尼西亚为 689，格陵兰岛为 299，圣马力诺为 689，威克岛为 808，南极洲地区则为 672。

7
导航卫星

导航是人们在地球上辨别方向的一门科学。自古以来，无论是陆地还是海上的旅行者都懂得利用太阳、月亮和星星辨别方向。这些自然天体为旅行者提供足够的标记，使其至少能够辨别出自己所处的大概位置。但是随着 20 世纪空中飞行的发展，人们又产生了对三维空间内方位确定的需求。经度、纬度和高度信息立即成为民事和军事航空中不可或缺的部分。

为了解决这一问题，人们开始使用一些无线电系统，如罗兰 C 远程导航系统和奥米加导航系统。这些基于地面的导航系统使用很大的传输天线，通过地面和地球电离层的反射层向远距离的陆地和海上传送低频和超低频无线电波。由于太阳光撞击地球大气层上方导致了大气的光化电离作用，其中产生的紫外线即构成了地球的电离层。

今天，陆地、海上和空中导航又增加了一种新的有效方法，即基于太空的导航系统。较之基于陆地的无线电信号系统，这种新的系统在卫星的帮助下，能够覆盖地球更广泛的地区。无论是陆地、海洋或是空中旅行，现代导航卫星都能够提供持续的监测。至少需要 4 颗导航卫星就可以准确地定位一个人在三维空间中的具体位置。

1960 年 4 月 13 日，美国海军在卡纳维拉尔角空军基地成功发射了一颗特殊的试验卫星——"子午仪 1B 号"。该卫星是海军导航卫星系统的第一颗试验性卫星。在一段时期内，该卫星的民用使用率超过了其军用使用率，因此，国际导航技术的倾向也发生了一定的转变。

本章首先介绍"子午仪"导航系统的基本情况，包括：20 世纪 50 年代卫星导航概念的出现以及"子午仪"卫星对民事和军事导航的帮助。此外，本章还追溯了导航卫星全球定位系统（GPS）的起源，并介绍了这一系统如何为世界民事和军事提供 24 小时精确的三维空间定位信息。十多年来，导航卫星全球定位系统（或简称为全球定位系统）已经成为一个妇孺皆知的词语。由其所提供的精准的定位信息已经占据了上百亿美元的国际市场。

◎ "子午仪"：海军导航卫星系统

世界上第一个以太空为基础的导航系统叫作"子午仪"。1958年，受到世界上第一颗人造卫星——苏联人造地球卫星"斯普特尼克1号"（Sputnik 1，1957年10月4日发射）的启示，约翰斯·霍普金斯大学应用物理实验室（JAPL）的科学家们开始研究这一系统。苏联人造地球卫星1号刚刚发射几天后，JAPL的两位科学家乔治·C.韦范巴赫（George C. Weiffenbach）和威廉·H.吉尔（William H. Guier）就通过分析其单程运动的无线电多普勒效应确定了其卫星轨道。其后，应用物理实验室研究中心主席弗兰克·T.麦克卢尔（Frank T. McClure，1916—1973）又将这一创造性工作向前推进了一大步。他指出，如果卫星的位置是确定的或是可预知的，那么就可以利用卫星传送的无线电信号的多普勒效应来确定地面接收者的位置。也就是说，人可以由卫星导航。现代卫星导航系统就是根据4个位置确定的GPS卫星传送的无线电信号进行工作的。当时，虽然实现卫星导航还需要大量的工作，但这一概念已经开始被人们所熟悉了。

1958年，在美国国防部高级计划署（ARPA）的支持下，由理查德·B.克什纳（Richard B. Kershner，1913—1982）负责研发"子午仪"系统。基于声音工程原理（即使用最简单的设计达到效果），克什纳为"子午仪"项目制定了一个基本计划。根据这个计划，"子午仪"项目的初始阶段会发射一系列的试验卫星，从而逐步实现基于卫星的导航系统的形成。

1960年，这一项目交由美国海军负责。到1964年底，应用物理实验室已经设计、建造并发射了15颗导航卫星和8颗相关科研卫星。期间，应用物理实验室还帮助建立了全球地面跟踪站和海上接收装置网络。

1960年4月13日，美国空军在卡纳维拉尔角用雷神运载火箭成功地将"子午仪1B号"卫星发射升空。这颗重达600千克的试验导航卫星工作了89天。卫星以两组频率进行信号传输，从而确定导航卫星应该使用与其接近还是较远的输送频率。"子午仪1B号"位于近地点373千米，远地点748千米，倾角51.3°，周期95.8分钟的轨道中。这颗卫星也第一次使用了磁力技术来保持姿态控制。

早期的"子午仪"卫星星群包括两种卫星："奥斯卡"和"新星"。而最终的海军导航卫星系统卫星星群则由6颗卫星组成（全部为"奥斯卡"）。这6颗卫星被放置在位于 1 110 千米高空的极轨中，拥有 3 个地面控制站和大量终端接收用户。在这 6 颗"奥斯卡"卫星中，其中的 3 颗提供导航服务，另外 3 颗放置在轨道中作为备用。

这些重达 50 千克的"奥斯卡"卫星在早期的"子午仪"试验卫星技术基础上减去了很多重量，这样就可以使用侦察兵运载火箭将其送入轨道。而随着这种运载火箭有效载荷的不断改进，此后的"奥斯卡"卫星都是成对发射的。这种成对发射卫星的方法也被称为"奥斯卡-侦察兵"（SOOS）方法，其主要目的就是为了降低成本。"奥斯卡"卫星系列在轨道中的工作时间一直都很长。例如，"奥斯卡 13 号"工作了 21 年多的时间。这一特性也使"子午仪"项目保持了轨道工作时间最长的纪录。

159 千克重的"新星"卫星是"奥斯卡"的改进版。"新星"系列的"新星 1 号""新星 2 号"和"新星 3 号"卫星组成了一个卫星星群。其中每颗卫星平均都工作了 9 年的时间。

"子午仪"系统于 1964 年具备了最初的工作能力。到 1968 年，该系统便具有完全工作能力，为美国海军潜艇和海面船只提供了准确、可靠、全方位的导航服务。1967 年夏天，美国副总统休伯特·汉弗莱（Hubert Humphrey）宣布，"子午仪"系统开始为各个国家的商业船只和飞机提供导航服务。20 世纪 70 年代低成本接收装置的发展以及 1974 年的世界石油危机，共同促进了这一导航系统的商业化使用。由于石油钻井需要确定水下油藏的准确界限，因此巨大的海面石油钻井台就成为卫星定位技术的第一批商业应用。在 1974 年的石油危机中，为世界各地运输石油的油轮也利用"子午仪"系统更加准确地测算到港时间。短短的几年内，"子午仪"系统的民事应用便大大超过了其军事应用。

最后一颗"子午仪"卫星于 1988 年发射。在连续高效地工作了 32 年后，美国海军于 1996 年结束了"子午仪"系统的任务。从那时开始，军用和民用都开始采用由国防部发起的"全球定位系统"（GPS）导航卫星体系。

◎导航星全球定位系统（GPS）

美国海军的"子午仪"系统推动了卫星导航概念的确立。美国国防部也准备利用这一卫星系统。一个由 3 颗"子午仪"系列卫星组成的卫星星群传输的无线电信号，其多普勒效应和已知源位置可以帮助信号接收者（主要是船只和潜水艇）测算其二维位置，即测算船上接收者与地球表面的相对位置。但是"子午仪"系统对于飞机和巡航导弹这样迅速移动的空中平台不是很有帮助。

现在，国防部所有的导航和定位任务都改由导航卫星全球定位系统来完成。这一系统包括一组 24 颗覆盖全球的卫星组成的星群（负责向地面传送导航信号），控制部分（负责保证信号的准确）以及用户设备部分（负责接收并处理信号）。这个系统可以保证在任意时刻、地球上任意一点都可以同时观测到 4 颗卫星。在这 4 颗卫星对无线电信号处理完毕后，具有接收设备的用户可以确定每个卫星的位置以及接收者与每个太空船的距离。通过这些信息，接收者可以迅速计算出自己相对于地球表面的方位。

除了基于"子午仪"的技术之外，在国防部内部，GPS 系统还有两个原型，即621B 计划（20 世纪 60 年代后期美国空军发起的计划，设想在同步倾斜轨道中放置20 颗卫星）和测时计划（同一时期由美国海军研究实验室负责实施的计划，设想在中轨轨道中放置 21—27 颗卫星）。1973 年，国防部决定将这两个计划合并，便构成了 GPS 的概念。由此产生的 GPS 系统采用了 621 B 计划的结构和频率以及类似测时计划中的中轨轨道。

今天的 GPS 系统是一个由 24 颗地球轨道卫星组成的基于空间的系统，为全球的军事和民事活动提供导航和时间信息。GPS 系统由 3 个主要成分组成：空间、控制和用户。其中，空间部分由 6 个轨道平面中的 24 颗卫星组成，每 4 颗卫星位于一个轨道平面。该轨道为近圆形轨道，高度约 2.02 万千米，倾角为 55°，轨道周期 12小时（注：美国国防部官方资料中有时给出的轨道高度为 2 万千米）。每天在相同的恒星时间内 GPS 卫星的位置都是固定的，也就是说，每颗卫星都会比之前一颗提前出现 4 分钟。

地面控制部分包括 5 个全球监测站（分别位于夏威夷、夸贾林环礁、阿森松岛、迪戈加西亚和科罗拉多泉市），3 个地面控制站（位于阿森松岛、迪戈加西亚和夸贾林环礁）以及一个主控站（位于科罗拉多州施里弗空军基地）。监测站能够追踪负责范围内的所有卫星轨迹，收集其资料并传给主控站。主控站对这些资料进行处理后确定卫星轨道并升级卫星的导航信息。升级后的信息通过地面控制站天线传送给每颗卫星。用户设备部分包括天线和接收处理器，能够为用户提供位置、速率和准确的时间信息。

GPS 卫星以 12 小时的周期绕地旋转，以两种不同的 L 波段频率持续传送无线电信号。GPS 星群被设计成一个由 24 颗卫星组成的系统，共有 6 个平面，每一平面上

图为美国空军 GPS 布洛克 IIR 号卫星的概念图（美国空军和洛克希德·马丁公司提供）

至少放置 4 颗卫星。用户可以利用相应的设备接收并处理这些信号，从而测算地点、时间和速率。无论是军用或是民用飞机、船只和地面车辆都可以使用 GPS 系统。

GPS 系统的基本原理就是通过对 4 颗卫星的同距离测量计算出接收者的位置和时间。其卫星以两个不同的频率传送信号，以保证接收者能过滤地球电离层造成的失真无线电信号。信号从卫星传送到地面的时间为 65—85 毫秒之间。由于卫星传送回来的信号非常准确，因此地面接收者测算出的时间误差不会超过 100 万分之一小时，而地点的误差不会超过几米。2000 年，布什政府宣布取消 GPS 卫星的有选择可获得性能力（SA 能力，即有意降低民用信号精度的能力），从而大大提高了民用信号的精度。此后，民用 GPS 定位信号的误差减小为 20 米，有时还会更少。

GPS 卫星上的精确的时间测算装置为一个原子钟，利用众所周知的原子震动原理，使时间的计量得到了突破性的进展，提供了相当精确的时间测算。每颗 GPS "布洛克 II 号" 或是 "布洛克 II A 号" 卫星都有两个铯原子钟和两个铷原子钟。而每颗 "布洛克 II R 号" 卫星上都有 3 个铷原子钟。这些原子钟的稳定性已经达到了每 30 万年

1 秒的极小误差。在每颗卫星上，每一次只有一个原子钟在工作，其他的作为备用。

GPS 系统能够提供 24 小时导航服务，其中包括：极其精准的高度、经度和纬度三维信息，速率和精确的时间测算；能够方便地转换成任何当地网格的全球通用网格；在任何天气下提供服务；提供持续及时的信息；提供大量的无界限军事服务；为民事活动提供稍逊于军事精度的服务。

GPS 大大提高了诸如测绘、空中集合和燃料补给、大地测量和搜救工作的精度。在 20 世纪 90 年代初期的美军"沙漠盾牌"和"沙漠风暴"行动中，GPS 的许多军事应用得到了检验。在这些行动中，盟军很大程度上依靠 GPS 提供的资料为其在沙特阿拉伯一望无际的沙漠中导航。包括飞行员、坦克手以及其他支援人员都成功地利用了这一导航系统，以致国防部官员称赞 GPS 系统是美军在"沙漠风暴"中获胜的关键所在。在此后的"持久自由行动""雄鹰行动"和"自由伊拉克行动"中，这一导航系统又作出了更大的贡献，大大提高了军需物品运输的准确性，并将附带损失降至最低。美国空军发言人证实，在全部的约 2.92 万颗对伊拉克发射的导弹和炸弹中，近 1/4 是由 GPS 信号导航的。

GPS 卫星分别为"布洛克Ⅰ号""布洛克Ⅱ/ⅡA 号""布洛克ⅡR 号"和"布洛克ⅡF 号"。其中，"布洛克Ⅰ号"卫星用来检验 GPS 系统和空间导航技术的功效。从这 11 颗"布洛克Ⅰ号"卫星的操作中得出的经验对之后的设计有很大帮助。

"布洛克Ⅱ号"和"布洛克ⅡA 号"卫星构成了第一组卫星星群。"布洛克ⅡA 号"卫星重达 990 千克，位于特殊设计的近 2.02 万千米高空的圆形轨道中。这些卫星均于卡纳维拉尔角由"德尔塔Ⅱ型"运载火箭送入轨道。其设计工作年限约为 7 年半。

"布洛克ⅡR 号"在之前的布洛克卫星基础上有了显著的改进，可以与其他"布洛克ⅡR 号"卫星进行卫星间测距，从而确定其自身位置。"布洛克ⅡR 号"卫星重约 1 080 千克，设计工作年限为 10 年。在"布洛克Ⅱ号"和"布洛克ⅡA 号"达到工作年限之后，"布洛克ⅡR 号"便会将其代替。2004 年 11 月 6 日，"德尔塔Ⅱ型"运载火箭成功地将"ⅡR13 号"卫星从卡纳维拉尔角送入轨道。

经过改进后，"布洛克ⅡR-M 号"卫星被用来以 L1 和 L2 频道发送新的军事信号，并以 L2 频道发送较强的民事信号。通过 GPS 装置，这种新的军事信号为美国军队提供了更强、更有效的信号。

第四代 GPS 导航卫星"布洛克ⅡF 号"重达 1 563 千克。除具有前三代布洛克的全部功能外，"布洛克ⅡF号"还进行了一些改进。其工作年限延长为12年，增加了内存空间，并提高了信号处理速度。此外，"布洛克ⅡF号"还增加了一种新的民事信号，其频率也增加为3种。美国空军于2007年发射第一颗"布洛克ⅡF号"卫星。其运载火箭为"德尔塔Ⅳ号"或是改进后的"宇宙神Ⅴ号"。

1995年4月27日，美国空军司令部正式宣布GPS卫星星群已经具备完全工作能力。其24颗工作卫星（"布洛克Ⅱ"和"布洛克ⅡA号"）能够在其制定轨道中正常工作，对其军事能力的检验也已圆满结束。

对现有的GPS系统进行升级可以降低其受到的人为干扰，并且可以在保证军事应用的同时提高其民用能力。升级内容包括更新强度、更高的民事信号和军事信号。对军用用户终端设备的改进有利于将人为干扰降至最低，并且能够在战争环境中保护GPS系统。

图为一位洛克希德·马丁公司的航空工程师正在对发射前的"布洛克ⅡR11号"卫星进行检验。"ⅡR11号"卫星于2004年3月20日在卡纳维拉尔角由德尔塔Ⅱ型运载火箭成功发射升空（美国空军和洛克希德·马丁公司提供）

美国国防部的导航卫星全球定位系统是一个多角度服务的系统，由美国空军管理，并由位于科罗拉多州施里弗空军基地的第五十号空间联队负责操作和控制。GPS系统的主控站也由第51号空间联队进行操作，负责监控GPS卫星星群。GPS的地面系统由分布在世界各地的监控站和地面天线组成。地面站使用GPS接收器追踪所有卫星的导航信号，然后交由主控站处理并用来升级卫星导航信息。主控站人员使用S波段频率利用地面天线将升级后的导航信息传送回GPS卫星。地面天线还用来向卫星传送信号，并负责接收遥感勘测状况信号。

为人类服务了 10 年之后，导航卫星全球定位系统现在已经成为世界首要的空间定位导航系统，为测绘、空中集合和燃料补给、大地测量和搜救工作提供了大量的帮助。几乎全部美国军事工作都离不开 GPS 系统的帮助。包括飞机、太空船、地面车辆和船只在内的许多交通工具都可以接收 GPS 信号。此外，GPS 系统还帮助提高了军需物品的配送准确性，从而提高了美国军队的作战能力。

美国军队及其盟军并不是 GPS 系统的唯一受益者。世界上数百万的民间使用者同样从中受益。交通工具追踪是 GPS 系统的一个主要应用范围。装有 GPS 系统的舰队、公共交通系统、运输卡车以及装甲车均可以使用这一系统随时监测其方位。例如，消防车和急救车这样的需要快速做出反应的车辆通常都装有 GPS 接收装置。这一装置能够帮助主控站迅速找到并安排距离出事地点最近的车辆进行救援。许多最新的私人汽车也装有 GPS 装置，用来防止被盗并寻求紧急救援。

GPS 装置在农业、林业、渔业等商业活动中也起到了重要作用。建筑工程公司利用 GPS 系统提供的资料进行重要的测量和测绘。旅行家、探险家和猎人可以使用手持式 GPS 接收器为其在偏远的荒野地区指路。考古学家利用 GPS 系统确定并记录古代遗迹和重要挖掘地的精确位置。海上救援公司还可以使用 GPS 装置确定失事船只的水下具体位置。

远古时期的旅行者们利用星星为其指路，而现代的旅行者则可以在先进的 GPS 卫星帮助下到达任何目的地。

8

作为科学天文台的卫星

太空时代到来之前，宇宙看似遥远而又难以接近。1958年，"探险者1号"卫星发现了范艾伦辐射带，为此后的大规模科学活动奠定了基础。接下来的几十年中，科学家们获得了大量的关于宇宙的知识。这种知识爆炸的主要贡献者之一就是环地轨道卫星。这些为天文学、太阳物理学、地球物理学、高能天体物理学和宇宙哲学而设计的卫星，能够通过部分电磁波频谱收集到大量关于神秘宇宙天体的信息。而此前，由于被地球居间大气层所吸收，地面观测者并没有利用到这种电磁波频谱。

在科学卫星出现之前，黑洞和中子星还仅仅是一些物理学家提出的理论概念。极少有科学家敢设想类似脉冲星和类星体这样的奇怪天体。当时的"大爆炸"理论也只是关于宇宙起源的推测之一。绝大多数宇宙学家都认为没有足够的科学证据证明哪一个推测是正确的。

◎卫星提供了可以直接观察宇宙的工具

为什么环地轨道卫星能够引起这场天文学界的革命呢？答案很简单，就在下页图表当中。这张图表显示了在不同的波长情况下，电磁波频谱通过地球大气层的数量。处于地面天文台的科学家们（即时是在很高的山顶上）也只能收集到太空中电磁波频谱的极少部分信息。科学家们又尝试将收集装置放置在高空气球和飞机上，这对于收集工作起到了一定的帮助，但是通过这种方法获得的宇宙信息还远远不够。

第二次世界大战后，科学火箭之旅帮助科学家们第一次了解到了地球大气层以外尚未开发的空间。但是，这些飞行仅仅能够持续几分钟时间。因此，直到太空时代出现后，排除地球居间大气层影响的宇宙观察才开始进行。科学家们将观测装置放置在环地轨道平台中，从而在人类历史上第一次与宇宙进行了面对面的接触。从此，在卫星的帮助下，人类开始了对神秘的宇宙进行长期深入的探索。科学卫星无论在观测天文学、天体物理学，还是宇宙哲学领域都带来了前所未有的革命，并且推动了新兴学科的出现，例如空间科学和 X 射线天文学。

　　本章重点介绍了一些帮助人类改变对宇宙认识的科学卫星。这些卫星有的帮助人们了解到地球复杂的磁气圈信息及其如何与太阳风相互作用；有的帮助环地轨道天文台对离地球最近的恒星——太阳进行深入的探索；还有的卫星（如美国国家航空航天局的高能天文台卫星系列）提供了关于一些新的天体、宇宙现象的信息，并探索了从前看似平静的宇宙中周期性出现的一些剧烈现象，从而拓展了天文学和天体物理学知识。许多环地轨道天文台观测到的现象对于此前的天文学家来说还都是很陌生的。因此，美国国家航空航天局"大天文台计划"中由环地轨道系列卫星通过电磁波频谱提供的大量新知识在天文学历史上是前所未有的。

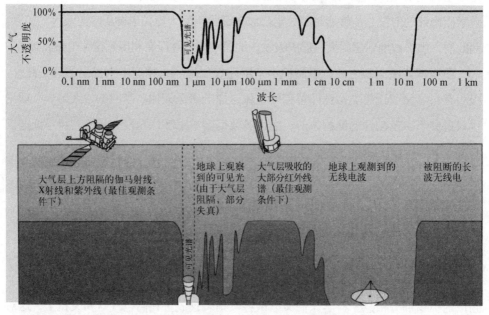

该图显示了在不同波长情况下，电磁波频谱（包括可见光）通过地球大气层的数量。例如，一些近红外线辐射波长可以到达位于气候干燥的高山顶部的天文台。但是，只有位于宇宙中的天文台才能够进行不受阻隔的宇宙红外观测。同样，来自宇宙的伽马射线、X 射线、紫外线和长波无线电也存在这种情况（美国国家航空航天局喷气推进实验室、加利福尼亚理工学院提供）

　　本章还介绍了美国国家航空航天局宇宙背景探测器（COBE）科学卫星。这颗卫星能够追溯到宇宙形成初期，第一次细致地勘察宇宙微波背景，也就是我们现在看到的宇宙大爆炸遗留下来的尘埃。这使宇宙学家可以重新认识大约 150 亿年前那次创造宇宙的大爆炸。

　　在科学卫星的帮助下，过去的 60 年成为人类历史上空前的大发现阶段。现在的物理学家、天文学家和宇宙学家正被大量新的科学资料和频繁的科学发现所包围。他们发现，地球仅仅是这个超出任何人想象的神秘宇宙的一小部分。因此，本章列举了过去天文学界所取得的一些伟大成就。

◎ 早期的轨道天文台

　　电磁波频谱的每一部分（包括无线电、红外线、可见光、紫外线、X 射线和伽马射线）都为天文学家和天体物理学家提供了关于宇宙和天体的特有信息。举例来说，某种确定的无线电频率信号可以帮助科学家发现冷分子云的特征；宇宙微波背景则代表了宇宙大爆炸（通常认为 150 亿年前发生）后形成的化石辐射；红外光谱提供的信号能够使天文学家观测到一些不可见天体，比如像褐矮星这样的临近星；红外

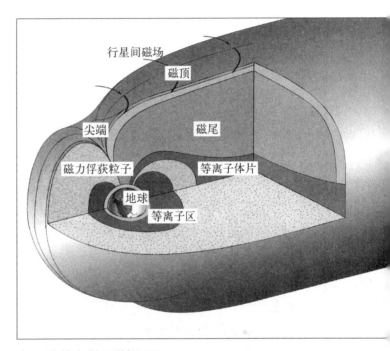

该图形为地球磁气圈的概要图

线还可以帮助科学家们观测到布满尘埃的"恒星育婴室"（即新恒星形成的地方），并揭开银河系中央区域的神秘面纱；紫外线（UV）辐射为天体物理学家提供了关于极热星体和类星体的独特信息；可见光帮助天文学家发现行星、主星序行星、星云和星系的特征；此外，由太空天文台收集到的 X 射线和伽马射线还为科学家提供了关于高能量现象（如超新星、中子星和黑洞）的独特信息。

地球磁气圈

地球的核心由金属构成，它像一个被粘贴在地球中心的巨大磁铁一样发挥作用，环绕地球形成了一个被称作"磁气圈"的巨大磁场。由于地球本身具有磁场，因此地球磁场和太阳风的相互作用便产生了这一复杂动态的地球磁气圈。

如上图所示，通过卫星提供的信息，科学家们已经可以绘制出大部分磁场的结构图和地球周围粒子流图形。太阳风由炙热的带电粒子构成（多为质子和电子），以每小时 100 万千米以上的速度从太阳的日冕中喷发而出，将地球磁气圈吹成眼泪形状，其中长长的磁尾向着与太阳相反的方向伸展着。

地球和太阳系中的其他行星都位于日光层中。日光层是太空中受太阳磁力影响区域。行星之间的空间都充满着太阳风。地球的地磁场是太阳风运动中的一个障碍物，就像迅速流动的水流遇到了岩石一样。在地球的向阳面形成了一个被称为"弓形激波"的冲击波，使太阳风的运动发生偏转。弓形激波减缓了太阳风运行的速度，使其变热并被压缩。之后，太阳风沿着地磁场运行，便形成了地球磁气圈。太阳风的持续压力使地球磁场向阳面的球形场线向内推进地球半径的 15 倍，约 10 万千米。而在地球的另一面，太阳风则将地磁场的场线拉长形成了一条很长的磁尾。尽管没有具体的数字，但是通常认为，磁尾会被延伸至地球半径的数百倍长。

地球磁气圈的最外层被称为磁顶。一部分太阳风粒子运行经过磁顶时，会陷于磁气圈内部。之后，这些粒子中的一部分会沿着极点运行进入地球大气层顶端，从而引发极光现象。由于极光在北极圈和南极圈发生，因此又叫作北极光和南极光。这些壮观的极光景象便是太阳、太阳风和地球磁气圈同大气层之间相互作用的典型产物。

◎轨道天文台（OAO）

轨道天文台计划由 20 世纪 60 年代后期美国国家航空航天局研发的一系列大天文台组成。这一计划旨在拓展对宇宙的科学理解。第一个成功放置于环地轨道中的大天文台是 1968 年 12 月 7 日发射的"轨道天文台 2 号"（OAO-2 号）卫星（绰号为"观星者"）。在其前 30 天的工作中，"OAO-2 号"收集到的紫外线信息便达到了过去 15 年探空火箭收集信息总和的二十多倍。1970 年，在巨蛇座新星爆发 60 天后，"OAO-2 号"对其进行了观测。观测结果证实了之前关于新星爆发造成质量亏损的理论。轨道天文台计划的另一个卫星"OAO-3 号"于 1972 年 8 月 21 日成功发射。为纪念杰出的波兰天文学家尼古拉·哥白尼（1473—1543），"OAO-3 号"便命名为"哥白尼号"。"哥白尼号"提供了关于恒星温度、化学成分特性的大量新资料，并且收集了著名的天鹅座 X-1 黑洞信息。天鹅座 X-1 黑洞之所以这么命名是因为它是天鹅座中发现的第一个 X 射线源。

知识窗 ————————————————————————————————●

"哥白尼号"卫星

美国国家航空航天局的"OAO-3 号"卫星于 1972 年 8 月 21 日在卡纳维拉尔角由一枚宇宙神-半人马座运载火箭发射进入近圆轨道中。其轨道高度约 748 千米，倾角 35°，周期为 99.7 分钟。这是美国国家航空航天局轨道天文台计划所发射的 3 颗卫星中成功的第二颗，观测到了地球大气层上方的天球。一台装有分光计的紫外线望远镜对恒星、星系和行星进行了高分辨率的光谱测量，重点是星际间的吸收谱线。3 台 X 射线望远镜和一个校准正比计数器可以测量波长在 0.1—10 纳米之间的 X 射线来源和星际间的吸收谱线。"OAO-3 号"卫星的工作年限长达九年半（1972 年 8 月—1981 年 2 月）。为纪念杰出的波兰天文学家尼古拉·哥白尼（其"太阳中心说"对 16 世纪的科学革命起到了巨大的推动作用），美国国家航空航天局将"OAO-3 号"命名为"哥白尼号"卫星。

◎轨道地球物理台（OGO）

美国国家航空航天局的轨道地球物理台计划由 1961—1965 年间发射的 6 颗科学卫星组成。在美国民用太空计划之初，OGO 计划对于近地太空环境和太阳地球相互作用的研究提供了主要的资料。例如，关于低能电子区域包围高能范艾伦辐射带区域的最初证据就是由 OGO 计划的卫星提供的。

◎轨道太阳观测台（OSO）

美国国家航空航天局的轨道太阳观测台计划由 1962—1975 年间发射的 8 颗环地轨道科学卫星组成，从太空角度对太阳进行研究，重点是其紫外线到伽马射线范围内的电磁辐射。在 11 年的太阳活动周期（太阳活动的过程为：不活跃—活跃—不活跃）内，这些卫星为科学家们提供了大量的有用资料。

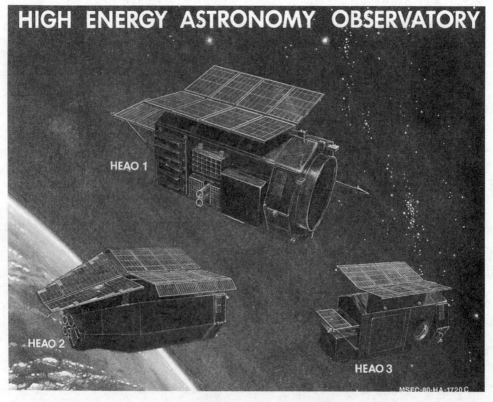

图为美国国家航空航天局的高能天文台系列卫星。"HEAO-1 号""HEAO-2 号"和"HEAO-3 号"分别发射于 1977 年 8 月 12 日、1978 年 11 月 13 日和 1979 年 9 月 20 日（美国国家航空航天局/马歇尔航天飞行中心提供）

◎乌呼鲁卫星

美国国家航空航天局的乌呼鲁卫星是第一颗完全为 X 射线天文学服务的环地轨道卫星，于 1970 年 12 月 12 日在非洲肯尼亚海岸的圣马科发射平台由一枚侦察兵运载火箭成功发射。由于发射当天正值肯尼亚独立 7 周年纪念日，因此得名乌呼鲁（瓦希里语意为"自由"）。工作两年多后，该卫星于 1973 年 3 月完成其任务。呜呼鲁卫星第一次对宇宙 X 射线来源进行了全面细致的观测。其搭载的两个正比计数器探测到了 339 个 X 射线来源，例如 X 射线双星、超新星遗迹和塞弗特星系。

◎高能天文台（HEAO）

美国国家航空航天局的高能天文台计划包括 3 颗放置在环地轨道中的科学卫星。"HEAO-1 号""HEAO-2 号"和"HEAO-3 号"分别于 1977 年 8 月、1978 年 11 月和 1979 年 9 月发射升空。这些轨道天文台为 X 射线天文学和伽马射线天文学提供了资料。为了纪念著名的物理学家阿尔伯特·爱因斯坦（Albert Einstein，1879—1955），美国国家航空航天局将"HEAO-2 号"更名为"爱因斯坦卫星"。

知识窗 ————————————————————————●

爱因斯坦卫星

为了纪念伟大的物理学家阿尔伯特·爱因斯坦（1879—1955），美国国家航空航天局将 1978 年 11 月成功发射的"HEAO-2 号"卫星更名为"爱因斯坦卫星"。爱因斯坦卫星的主要任务是对特定 X 射线源进行成像和声谱研究以及研究扩散的 X 射线背景。为了保证卫星的 X 射线望远镜角度达到最大精度（精确到 1 弧分），卫星在沿用"HEAO-1 号"构造的基础上，又增加了反作用轮和相关电子厂品。

仪表的有效载荷达到 1 450 千克。X 射线源的图像由一个掠入式 X 射线望远镜提供，4 个安装在转盘上的可互换仪器［晶体分光计（SSS）、焦平面晶体分光计（FPCS）、成像正比计数器（IPC）和高精度成像探测器（HRI）］负责分析该图像。此外，仪表的有效载荷还包括一个监测正比计数器（MPC），能够沿着望远镜的轴观测天空；以及一个宽带过滤装置和物镜光栅分光计，能够同焦平面晶体分光计共同工作。

爱因斯坦卫星的主要任务是以高光谱分解（能量范围为 0.2—4.0 千伏）精确地定位并检验 X 射线源，并以高低两种差量声谱仪对其进行高光谱感应测量。其有效载荷还能够对短暂的 X 光进行高灵敏度测量。卫星是一个高 5.68 米、直径 2.67 米的六角棱柱体。向下链路遥感勘测可以 6.5 千比特/秒的实时资料传送速度和 128 千比特/秒的记录速度进行。一个姿态控制子系统负责保持其正确姿势。卫星还使用回转仪、太阳传感器和星相跟踪仪作为传感装置。

1978 年 11 月 13 日（UTC 时间 05：24），该卫星于卡纳维拉尔角由一枚宇宙神半人马座运载火箭发射进入 470 千米高的环地轨道中。轨道倾角为 23.5°，周期 94 分钟。在工作了 4 年后，1981 年 4 月 26 日，地面控制人员关闭了其太空舱。经过了沿轨道螺旋下降一年左右时间后，这颗重达 3 130 千克的卫星最终回到地球大气层并在高空燃烧解体。

爱因斯坦卫星是第一个发射进入太空的成像 X 射线望远镜，彻底改变了科学家对于天空的看法。爱因斯坦卫星第一次完成了对超新星遗迹的高精度光谱和形态研究。根据卫星发回的资料，天文学家发现普通恒星发出的冠状辐射要比想象中强很多。卫星分解了仙女座星系和麦哲伦星系的大量 X 射线源。此外，卫星还完成了对星系和星系族的第一次 X 射线辐射研究。

◎宇宙背景探测器（COBE）

1989 年 11 月 18 日，美国国家航空航天局的宇宙背景探测器（COBE）在加利福尼亚范登堡空军基地由一枚"德尔塔"运载火箭成功发射。这颗重约 2 270 千克的卫星被放置在 900 千米高、倾角为 99° 的（极）轨道中，沿着地球终端负载连接器（行星或月球上日夜的分界线）由一端运动到另一端，其目的是保护热感应装置不受太阳辐射影响，并避免其直接指向太阳或地球。

COBE 的任务是要研究天体物理学和宇宙哲学中的一些基本问题，例如："大爆炸"假设的本质是什么？星系是怎样形成的？几十年来，科学家们一直在探讨宇宙的形成问题。其中最为人们所接受的就是被称为"大爆炸"理论。该理论认为宇宙是由于约 150 亿年前的一次大爆炸而形成的，其证据就是从各个方向传向地球的这些均匀分布的宇宙微波背景辐射。这种宇宙背景辐射是由物理学家阿尔诺·艾伦·彭齐亚斯（Arno Allen Penzias，1933—　）和罗伯特·伍德罗·威尔逊（Robert Woodrow Wilson，1936—　）在 1964 年的一次通信卫星天线测验中偶然发现的。他们发现了一种"天空中的静电"，现在的物理学家认为这种现象就是"大爆炸"的残余辐射。

COBE 装载了 3 个主要的探测仪器：远红外绝对分光光度计（FIRAS），用于探测宇宙微波背景辐射的波谱是否符合黑体的辐射曲线；较差微波辐射计（DMR），用于探测宇宙微波背景辐射的各向异性；红外背景散射实验装置（DIBRE），用于探测早期的红外星系。

其中远红外绝对分光光度计其精度达到误差 0.03% 以内，测量出的宇宙微波背景温度在 0.5—5.0 毫米的波长范围内为 2.726 ± 0.010 K。这一测量结果正好符合"大爆炸"假说中的黑体辐射光谱理论。由于其工作需要液体氮的支持，因此，1990 年 9 月 21 日，当 COBE 中的液体氮耗尽后，远红外绝对分光光度计也停止了工作。

较差微波辐射计用来探测宇宙微波背景亮度的原始波动。其资料显示，在宇宙微波背景中存在着极其细微的不对称性（实际上是"大爆炸"辐射产生的原始热点和冷点）。科学家们用这种不对称性来解释最初的宇宙是如何形成现在这种巨大的星云和真空的。COBE 为宇宙微波背景的研究开了先河。此后，美国国家航空航天局又于 2001 年 6 月发射了威尔金森微波各向异性探测器（WMAP），以更高的分辨率、灵敏度和准确性绘制了宇宙微波背景辐射的温度波动。WMAP 的使用帮助解决了宇宙哲学中的更多关键问题。

知识窗 ●────────────────────────────●

威尔金森微波各向异性探测器

美国国家航空航天局的威尔金森微波各向异性探测器（WMAP）任务通过对宇宙微波背景的温度各向异性更加精准的绘制，从而探究宇宙的演变。其轨道、天空扫描方式以及仪器设计也都是为此目的服务的。与 COBE 相比，由 WMAP 观测得到的宇宙微波背景图的灵敏度是其 45 倍，角分辨率是其33倍。

1992年，COBE发现了宇宙微波背景中极细微的波动（或叫各向异性）。例如，COBE发现了天空某一部分的宇宙微波背景辐射温度为2.725 1 K，而另一部分则为2.724 9 K。这些波动与宇宙最初的物质密度波动有关，因此有助于科学家们了解一些关于宇宙结构形成的最初条件，如星系和空间。探测器在空中的角分辨率达到了7度，是月球表面角度的14倍。这种角分辨的限制使COBE只能够感应到宇宙微波背景中较明显的波动。

WMAP自从2001年6月发射以来，便一直以更高的分辨率、灵敏度和准确性绘制宇宙微波背景辐射的温度波动，并帮助解决了宇宙哲学中的更多关键问题。

WMAP于2001年6月30日在卡纳维拉尔角由一枚"德尔塔Ⅱ型"火箭发射升空，进入利萨如轨道（Lissajous orbit）的日-地拉格朗日2点（L2）。这是一个距地球较远的轨道，其距离为150万千米，是月球与地球距离的4倍。利萨如轨道是卫星在双系统中沿直线震动的点进行的自然运动。为保持稳定状态，要尽量减少动力改变。这就使其区别于"晕轨道"（halo）。对于晕轨道来说，卫星沿震动点的运动轨迹为简单的圆形或椭圆形。

自从在轨道开始工作后，WMAP已经绘制了5种频率的宇宙微波背景，分别为：K波段23千兆赫（GHz）、Ka波段33 GHz、Q波段41 GHz、V波段61 GHz和W波段94 GHz。到2003年9月，WMAP已经成功地在其L2轨道中工作了两年的时间。直到2006年6月，WMAP一直处于正常工作状态，收集高质量的科学资料，例如宇宙微波背景温度的模糊变化或各向异性。

9

遥感技术原理

些地球轨道卫星会搭载特殊的遥感仪器从而为科学家们提供对地球现象和变化更全面的观察。科学家将遥感定义为对某一物体、现象或是事件进行非直接接触的感应。该物体（或现象）和感应器之间的信息传递是通过电磁波频谱（有时通过核粒子）来完成的。安装在卫星上的感应器会使用电磁波频谱的不同部分来监测不同种类的高能核粒子。本章重点介绍通过电磁辐射进行的遥感勘测的一些基本概念。第十章介绍一些重要地球观测卫星。第十一章则介绍了这些通过卫星获得的地球资料在地球系统科学中的重要作用。这个新出现的多学科领域正帮助科学家理解重要的全球变化现象，如全球变暖和温室效应。

◎电磁波频谱

理解遥感机制最重要一点就是要理解电磁波频谱中的不同部分以及每部分所传递的信息。当阳光穿过棱柱时，会产生一种类似彩虹的颜色分布，被称为可见光谱。可见光谱代表了电磁辐射在人眼可感知的一个窄波波段之间的光的分布。人们通常称这个窄波波段为可见光。

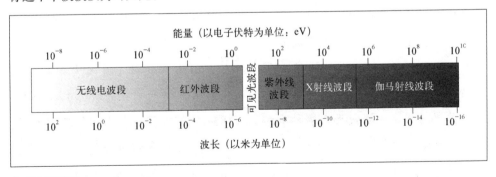

电磁波频谱图

但是，还有很多信息超出了人眼可感知的范围。电磁波频谱由整个波长范围（从最短波的伽马射线到最长波的无线电）内的电磁辐射构成。如上图所示，电磁波频谱的各个部分（从短波到长波）分别为：伽马射线、X 射线、紫外线、可见光、红外线和无线电。电磁辐射以光速（约 30 万千米/秒）传播，是能量在太空这一真空中传播的基本机制。

20 世纪物理学中的最有趣的发现之一就是电磁辐射的双重性质。在一些条件下电磁辐射以波形运动，而在另一些条件下，又会以粒子流（叫作"光子"）的形式运动。光子所带有的极少能量称为"量子能"（源自拉丁文，意思是极小的光束）。

物理学家发现波长越短，其能量越大。宇宙中的万物都以其独特的方式发出、反射并吸收电磁辐射。科学家们可以通过遥感工具探测这一过程。例如，某一天体的光谱图中，明亮的线条代表发出的电磁辐射，较暗的线条则代表吸收的电磁辐射。对于线条位置和线形的分析可以为天文学家提供关于这一遥远天体的大量信息，包括其成分、表面温度、密度、年龄、运动形式以及距离。

知识窗 ●

古斯塔夫·罗伯特·基尔霍夫

19 世纪中期，德国天才物理学家古斯塔夫·罗伯特·基尔霍夫（Gustav Robert Kirchhoff，1824—1887）同德国化学家罗伯特·本生（Robert Bunsen，1811—1899）合作研究光谱学的基本原理。在研究黑体辐射现象时，基尔霍夫将光谱学应用到太阳化学成分的研究中（特别是太阳光谱中夫琅和费线的产生）。这一创造性的研究促进了天体光谱学这一现代天文学和遥感技术主要学科的发展。

基尔霍夫于 1924 年 3 月 12 日出生在普鲁士的柯尼斯堡（现为俄罗斯的加里宁格勒），1847 年于柯尼斯堡大学毕业。在就读期间，基尔霍夫便将自己的物理法则（现在称为"基尔霍夫法则"）应用到格奥尔格·西蒙·欧姆（Georg Simon Ohm，1787—1854）研究成果中，用来描述电流、电压和电阻的关系，发展了欧姆定律。毕业后，基尔霍夫在柏林大学担任了 3 年左右的无薪教师（德国大学中报酬直接来自学生学费的教师）。1850—1854 年任布雷斯劳大学物理学教授。此后，又来到海德堡大学任教直至 1875 年。在海德堡大学期间，基尔霍夫和本生一起进行了一系列创新实验，通过天体光谱学的研究大大促进了观测天文学的发展。

1857 年，在对光谱学的创新性研究之前，基尔霍夫就做过一次理论计算，证明了通过零电阻导体的交流电可以以光速通过回路这一物理原理。基尔霍夫的研究为苏格兰物理学家詹姆斯·麦克斯韦（James Clerk Maxwell，1831—1879）的电磁场理论奠定了基础。

基尔霍夫对遥感技术和天文学最重要的贡献还在于光谱学领域。虽然约瑟夫·冯·弗劳恩霍夫（Joseph Fraunhofer）确立了光谱学的技术基础，但是他却没注意到每种化学成分都有其独特的光谱。而这一漏洞恰恰是物理学家和天文学家了解神秘的夫琅和费线的关键所在，并且能够使光谱学成为观测天文学和其他许多学科必不可少的工具。1859 年，基尔霍夫与本生在海德堡大学的实验发现则填补了这一漏洞。在这次具有突破性的实验中，基尔霍夫让太阳光通过食盐火焰，通过原始的分光镜，他和本生观察到了两条暗线，而这两条暗线的明亮背景恰好是夫琅和费 D 线辐射在太阳光谱中出现的位置。因此，他们立刻得出结论，食盐火焰中产生的气体吸收了太阳光谱中的 D 线辐射，从而产生了吸收光谱。

在又经过了几次实验后，基尔霍夫最终发现，其他的夫琅和费线也是吸收光线。也就是说，太阳外层大气中的气体吸收了其内部的一些可见辐射，因此太阳光谱中才会出现这些暗线。通过对比太阳光谱线和一些已知的光谱元素，基尔霍夫和本生发现了太阳中的大量化学元素，其中最多的就是氢。这一系列在海德堡大学本生实验室利用原始分光镜进行的实验最终产生了一个新的学科——光谱学。

此后，本生和基尔霍夫又利用分光镜研究地球的元素之谜，于 1861 年发现第四和第五碱金属，命名为铯（拉丁语代表天空的蓝色）和铷（拉丁语代表暗红色）。现代科学家利用分光镜发现化学元素发出或吸收达到白炽状态时的光线的这种光谱分析法，便得益于本生和基尔霍夫早期工作的启发。天文学家对天体光谱进行了一系列重要应用，例如成分分析、横行分类以及径向速度确定。

1875 年，基尔霍夫因病结束了在海德堡大学的科研生涯。此后的基尔霍夫不得不与轮椅为伴。在接受了柏林大学理论物理学教研室主任这一并不需要太多体力支持的职位后，基尔霍夫继续着理论物理方面的课题研究。也正是在这一期间，他为辐射传热领域作出了巨大的贡献，特别是发现了在同一温度下，某一物体发出的能量与黑体发出能量的比率与该物体吸收率是一致的。他的这一发现为马克斯·普朗克（Max Planck，1858—1947）的量子力学理论奠定了基础。

由于基尔霍夫在物理学和天文学方面作出的巨大贡献，英国皇家学会于 1875 年推选他为会员。不幸的是，每况愈下的身体状况使基尔霍夫不得不于 1886 年过早地离开了柏林大学的研究岗位。次年 10 月 17 日，基尔霍夫在柏林病逝。基尔霍夫和本生的光谱学实验开创了观测天文学和遥感技术的新纪元。

19 世纪中叶以来，天文学家们一直利用光谱分析来了解遥远的宇宙现象。但是直到太空时代到来之前，他们的观察点都局限在地球大气层范围内，但大气层却将宇宙中的大部分电磁辐射都过滤掉了。事实上，以地面观察为基础的天文学家仅仅能够了解到电磁光谱的可见光部分以及红外、无线电和紫外线波段的极小部分。而现在以太空为基础的观察则能够使科学家检测整个电磁光谱。通过研究电磁光谱中的红外、紫外、X 射线和伽马射线波段，天文学家获得了许多有趣的发现，并且建立了复杂的遥感光谱，为地球生物圈提供更加有效的监控手段。

◎ 遥感技术的施行

遥感技术可以利用轨道卫星，从太空角度具体研究地球及太阳系其他星体情况。现代遥感技术能够获得电磁波频谱中许多波段的资料，而不仅仅是可见光部分，因此可以绘制极其少见的影像。

太阳以电磁辐射的形式为地球提供能量。其中除一部分太阳辐射会被地球大气层反射外，大部分辐射都会穿过大气层并且被大气层中的气体分子、云层和地球表面（包括海洋、高山、平原、森林、冰原和城市地区）进行再辐射。科学家通常将遥感系统分为两类：被动传感器和主动传感器。被动传感器用来观察被反射的太阳辐射，而主动传感器（例如雷达系统）本身会对物体照明。这两种传感系统都可以用来获得某物体或景象的画面，从而测量光谱某一波段内的总能量。

被动传感器包括成像辐射计和大气探测器。其中成像辐射计可以感知可见光、近红外、热红外和紫外线波长部分，提供被观察物体或景象的画面。而大气探测器可以收集由大气成分（如水蒸气或是二氧化碳）发出的红外和微波辐射能量。之后，这些遥感资料被用来分析大气温度和湿度。

主动传感器通过对某物体照明（即辐射）来收集被该物体反射的辐射。主动遥感系统包括成像雷达、散射仪、雷达测高计和激光雷达测高计。成像雷达从雷达发射机中发出微波辐射，然后收集离散的辐射来成像。散射仪在发出微波辐射后可以感知物体反射回能量的总量。成像雷达和散射仪可以用来测量表面风速和风向从而确定云层成分。雷达测高计在向物体表面发出窄脉冲的微波能量后，可以精确地测算微波能量被物体表面反射回的时间，从而准确算出该物体的距离。激光雷达测高计与其原理相似，唯一不同的是激光雷达测高计发出的是窄脉冲激光（可见光或红外光）。

目前，以太空为基础的遥感技术可以为科学、军事和政府研究以及工业和个人用户提供大量有用的资料。例如：同时观测地球系统中主要成分的互动情况；监测云层、大气温度、降雨以及风速和风向情况；监测海洋表面温度和洋流；监测人类活动或是自然引起的环境和气候变化；遥感偏远地区或是地形复杂地区；不受政治界限或是自然限制地遥感地球各个角落；重复覆盖某一地区从而提供长期环境监测或是环境变化监测（特别是在多谱图像工具的帮助下）；确定某一物体的表面特性为地球提供土壤湿度监测。

◎多谱图像

多谱图像是遥感的一种，同时跟踪和测量远距离物体发出的不同能量的光子。成像分析家们通过电脑对多谱图像的光谱特征进行处理和合成，从而发现一些正常图像背后有趣的特征和相互关系。其主要的工作原理就是多谱图像需要同时收集物体反射回或是发出的多个波段的电磁波频谱信息，而不仅仅是可见光波段的信息。

可见光只是电磁波频谱中很窄的一个波段，其光子的波长为 $0.4\mu m$（紫光）—$0.7\mu m$（红光）之间。遥感专家通常将波长极短的部分称为千分尺或是微米。1 千分尺相当于 1 米的一百万分之一。需要注意的是，英寸或英尺通常不用来表示光辐射的波长。在早些年前，物理学家还用一种叫作"埃"（Å）的单位来描述可见光辐射的波长。"埃"这种长度单位的使用是为了纪念瑞典科学家埃斯特朗（Anders Jonas Ångström，1817—1874）。一埃相当于 0.1 纳米。现在，"埃"这个单位已经不被人们所采用了。本节均采用微米（μm）作为光辐射的波长单位。

与可见光部分相对，红外部分的辐射并不能由肉眼观察到。其波长范围在 $0.7\,\mu m$（近红外波段的开始）到 $1\,000\,\mu m$（远红外波段的结尾）之内。$1\,000\,\mu m$ 波段也正是红外波段的结束和微波波段的开始。多普成像通常是几种不同波长的遥感成像的集合。

举个简单的例子，科学家们可以通过对比某物体的蓝光影像（波长为 $0.65\,\mu m$）、绿光影像（$0.48\,\mu m$）、红光影像（$0.4\,\mu m$）、近红外影像（$1.05\,\mu m$）以及热红外影像（$10.6\,\mu m$）来观测该物体。在分析这些影像时，科学家们通常会合成一个多谱影像，将那些假彩影像置入人眼看不到的辐射波长范围内。这样，人脑就更容易处理和吸收合成图像中的信息。通过集合这些假彩影像，科学家们就可以追踪那些人眼看不到的辐射形式。

卫星多谱图像的原理如下。太阳光会照射地球表面物体。太阳辐射的波长通常在 $0.2—3.4\,\mu m$ 范围之间，而到达地球的最高波长约为 $0.48\,\mu m$，与可见绿光的波长一致。由于地球大气层会传导、吸收并且/或分散这些太阳辐射，因此一些"大气窗口"波段（天体辐射中能穿透大气的一些波段）的可见光和红外光才能穿过大气层。地球观测卫星上的传感器就是从这些"大气窗口"获得多谱图像资料的。多谱图像传感器可收集到的带宽是由许多因素决定的，包括传感器使用的材料以及该卫星的总体任务。

对于地球上任何一种物质来说，其反射回宇宙的太阳辐射能量都随着波长的变化而变化。天然或是人造物体（如草地、淤泥、红沙和建筑物）反射太阳光的波长在可见光到近红外的波长范围内。这种物质的重要特性使人们可以通过多谱图像来确定并区分不同物质。

所有多谱图像系统的作用都是追踪物体反射回的太阳光和发出的电磁辐射信号，分析其光谱特征，从而确定该物体的空间位置。多谱图像是一种非常实用的信息说明方法，能够通过分析物体光谱特征所表现出的物体性质和分布来确定该物体的具体位置。

1972 年 7 月 23 日，美国国家航空航天局发射了第一颗能够在世界范围内为地球陆地提供重复多谱图像的卫星。该卫星最初被称作地球资源技术卫星，之后更名为"陆地号"卫星。"陆地号"卫星系列的第七颗——"陆地 7 号"于 1999 年 4 月 15

日发射成功，是"陆地"家族中最先进最复杂的成员。不同于之前的 6 颗"陆地号"卫星，"陆地 7 号"在一种新型的推帚式扫描仪的帮助下，可以同时遥感 8 种不同波段的辐射。这种推帚式扫描仪采用线列（或面阵）探测器作为敏感元件，能够提供关于地球表面的高分辨率图像信息。

图为 1987 年 7 月 6 日由美国"陆地号"资源卫星图像获得的直布罗陀海峡透视图。图中欧洲（西班牙）位于该海峡左面（西面），非洲（摩洛哥）位于其右面（东面）。著名的直布罗陀岩石以半岛形状位于该图的左后方。直布罗陀海峡只有约 13 千米宽。该图为垂直放大 3 倍的计算机合成图（美国国家航空航天局、喷气推进实验室、美国国家地理空间情报局提供）

◎雷达图像

雷达图像是一种主动遥感技术。雷达天线首先发出射向地球表面物体的微波脉冲［叫作本线（footprint）］。然后接收并且记录反射回的微波脉冲。随着雷达天线以特定的微波波长交替传递并接收这些脉冲的过程，地面图像也就绘制完成了。

通常来说，雷达图像系统以波长范围在 1 厘米—1 米之间的无线电频率工作。这一波长范围大致与 300 兆赫—30 千兆赫的频率一致。科学家发现，波长越短，频率越高，反之亦然。发出的脉冲可在一个单独的垂直或水平平面发生偏振。每秒大约有 1 500 个高能量脉冲被传送到物体表面接受成像，每个脉冲宽度（即脉冲时间）都在 10—50 微秒之间。成像雷达系统的带宽通常在 10—200 兆赫之间。

雷达脉冲到达地球表面后会被反射到各个方向，其中的一些被反射回雷达天线。地球表面的粗糙度会影响雷达脉冲的反射。波长大大超过表面粗糙度的脉冲会发生镜面反射。而较粗糙的表面则会将脉冲发射向各个方向，也包括反射回接收天线。

随着雷达图像系统沿着其飞行路径移动，被雷达辐射的物体也会沿表面移动从而成像。雷达天线的长度决定了图像方位的分辨率。天线越长，其分辨率也就越高。"合成孔径雷达"（SAR）这一术语是指利用雷达与目标物体的相对运动把尺寸较小的

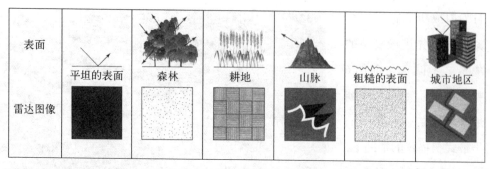

表面	平坦的表面	森林	耕地	山脉	粗糙的表面	城市地区
雷达图像						

该图解释了不同种类的物体表面是如何呈现在雷达图像中的（电脑制作，美国国家航空航天局、喷气推进实验室提供）

真实天线孔径用数据处理的方法合成较大的等效天线孔径雷达的一种技术。

随着雷达系统的移动，反射回的信号会被记录。由于雷达系统是相对于地面运动的，因此这些信号会发生多普勒频移。当雷达系统接近目标物体时，多普勒频移就是消极的，反之则是积极的。将这些发生多普勒频移的频率同参数频率相对比，就可以使许多反射回的信号集中到单独的一个点上，从而有效地增加绘制该点图像的天线长度。这种操作通常被称为合成孔径雷达处理，是通过高速的数字计算机迅速完成的，因此对雷达平台和成像物体表面之间的相对运动提出了非常精确的要求。

合成孔径雷达这种高度发达的技术可以应用到卫星中负责制作高分辨率的雷达图像。合成孔径雷达图像系统是一种特殊的遥感技术，由于其本身可以发光（发出辐射），因此可以不受时间的限制（即不需要取决于太阳光）。由于其无线电频率的波长较之可见光或红外辐射的波长长很多，这种图像系统可以穿透云层和空气中的灰尘，绘制那些较难观测的物体表面图像。

雷达图像的像素很高。每个像素都代表了从目标物体表面发射回的雷达脉冲。雷达图像中的黑暗部分表示反射回的脉冲很少，而其明亮的部分则代表大量的反射脉冲。

目标物体能够发射回的雷达信号数量是由多种因素决定的，包括几何空间和物体表面粗糙度、目标物体所处地区的湿度、观测角度以及雷达系统的波长。通常来说，反射回的脉冲越多，就表明物体表面越粗糙。例如，植被的表面为中等粗糙程度，因此在雷达图像中会呈现出灰色或浅灰色；而目标物体的某一部位（如山脉的后坡）则由于被挡住而没有接收到辐射。这些被挡住的阴影部分也会在成像图中呈现出黑色。城市地区的图像在雷达图像中最为有趣。雷达脉冲到达城市街道后，被反射到周围建筑物上，又被反射回雷达系统。在这种情况下，城市街道会在雷达图像上呈现出白色。而宽阔的马路和高速公路都是很平坦的表面，能够反射回的雷达信号很少，因此它们在雷达图像上呈现出很暗的颜色。

反射回的信号量还取决于目标物体的含水量。较湿润的物体会在雷达图像中呈现亮色，而干燥的物体则会呈现暗色。但是，光滑的含水物体则不符合这一规律，因为光滑的含水物体就像一个平坦的表面，反射回的信号非常少，因此在雷达图像上会呈现暗色。

由航天飞机货仓载入太空的地球轨道雷达系统（如美国国家航空航天局的航天成像雷达——C/X 波段合成孔径雷达，即 SIR–C/X–SAR）可以帮助完成很多实时地球资源观测和监控计划。下页图为留尼汪岛火山岛（印度洋地区马达加斯加岛以东约 700 千米）的雷达图像。该岛的南部地区被弗尔乃斯活火山所占据。这是世界上最活跃的火山之一，在过去的 300 年中喷发了一百多次。最近的一次喷发发生在 Dolomieu Crater 附近。图中底部中间位置的马蹄形塌陷区域便反映了这次喷发造成的后果。

该图像是由美国宇航局 SIR–C/X–SAR 系统于 1994 年 10 月 5 日获得的。SIR–C/X–SAR 是美国国家航空航天局地球系统科学计划的一部分。之前也提到过，雷达系统以微波辐射地球，因此其观测可以摆脱天气和阳光条件限制。SIR–C/X–SAR 是由德国航天事务处（DARA）、意大利空间研究所（ASI）和美国国家航空航天局（NASA）共同合作的一项任务。SIR–C/X–SAR 系统的运行使用到 3 个微波波段，分别为 L 波段（24 厘米）、C 波段（6 厘米）和 X 波段（3 厘米）。国际科学协会对这一多频率雷达提供的图像资料进行分析，从而更好地理解全球环境及其变化。

◎ 对海洋的遥感

海洋占陆地总面积的 70% 左右，对于地球生物的生存至关重要。科学证据表明，海洋是地球上最早出现生命的地方。目前，地球上最大的生物（鲸）和最小的生物（细菌）都生活在海洋中。大气和海洋的活动都是相互联系的。海洋能够储存能量。当风吹过海面时，海洋可以从风中吸收更多的能量转移到波浪和洋流中。因此，当洋流发生变化时，全球天气也会发生变化，造成干旱、洪水或是暴风雨。

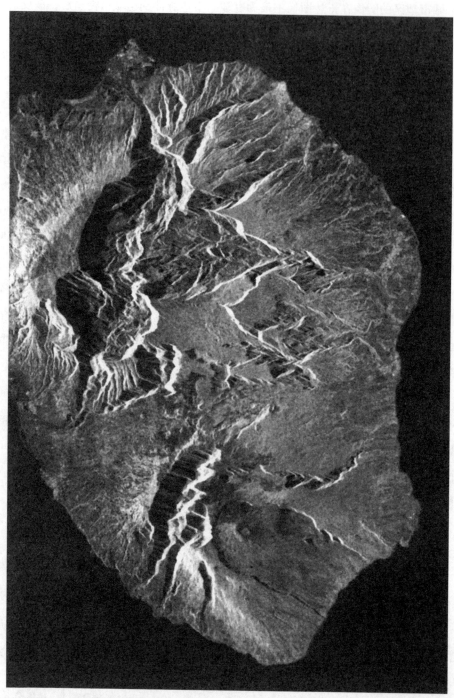

图为留尼汪岛的雷达图像（C 波段和 X 波段）。该岛位于印度洋地区马达加斯加岛以东约 700
千米处。该图像是由美国国家航空航天局 SIR-C/X-SAR 系统于 1994 年 10 月 5 日获得的（ 美
国国家航空航天局、喷气推进实验室提供 ）

在地球轨道卫星出现之前，关于全球海洋的知识还很有局限性。科学家们只能在船只、海岸线和海岛上观测、取样和研究海洋的一小部分。而地球轨道卫星则可以在不到一个小时内勘测整个地球海洋。卫星上的传感器可以从太空观测云层，因此科学家们可以研究大规模的海洋性天气模式。一些使用微波波长的卫星传感器可以穿透任何云层直接观测海平面，并测量其温度、浪高和海浪方向。科学家们还可以通过卫星从太空角度观察海洋颜色。海洋颜色在一段时期内的变化也为海洋学研究提供了宝贵的材料。

卫星从太空观测海洋时，通常会记录下许多不同的蓝色阴影。在一些比人眼更为灵敏的仪器帮助下，科学家们已经可以测量全球海洋的细微颜色变化。对于有经验的遥感分析家和海洋学家来说，不同的海洋颜色表明了浮游植物和沉淀物的集中存在。浮游植物是一种很小（比针头还要小）的单细胞海洋植物，含有叶绿素成分。叶绿素是植物进行光合作用的必要条件。由于不同浮游植物的叶绿素含量不等，因此卫星传感器显示的这些浮游植物颜色也各不相同。科学家们可以通过观察某一海洋地区的颜色来确定该地区浮游植物的数量和种类。这些信息也反映了该海洋地区的"健康"状况及其化学成分。对不同时期图片的比较可以反映出海洋的"健康"变化趋势。

浮游植物为何如此重要呢？除了作为海洋食物链的第一个环节，浮游植物还是形成海洋化学成分的重要因素。大气和海洋中的二氧化碳会保持平衡。在光合作用中，浮游植物会从海水中释放二氧化碳（同时也释放出了氧气）。这一过程使海洋可以从大气中吸收多余的二氧化碳。如果海洋中的浮游植物减少，那么大气中的二氧化碳含量就会上升。

即使死亡后，浮游植物也会影响二氧化碳含量。像陆地上的植物一样，浮游植物是由含碳的物质构成的。死亡后的浮游植物会沉到海底。其含有的碳会被沉入海底的其他材料迅速覆盖。因此，海洋就像一个大型蓄水池一样进行着碳的处理。如果没有海洋，大气中的二氧化碳含量就会急剧增加。

以太空为基础的遥感技术自出现以来，已经成为研究地球资源的重要技术。对天气和气候的监测可以提供更加准确的天气预报，并且成为研究全球气候变化的趋势。对陆地表面的监测有助于全球变化的研究，如现有自然资源的管理，新资源（例如石油、天然气和煤矿）的开发，城市建设的规划，农业、林业的管理，水资源的评测以及国家安全的保证。而对海洋的监测则可以确定冰盖范围、海面风浪、洋流和水循环以及海洋表面温度等特征。这些海洋资源无论是对于科学研究还是对于渔业和航运业来说都有着特殊的价值。

10

地球观测卫星

自1960 年第一颗气象卫星发射以来，非军事地球观测卫星加快了轨道信息革命的速度，并且为地球系统科学的兴起奠定了基础。本书中所使用的地球观测卫星是携带一些特殊传感器的绕地运行卫星。这些传感器能够监测重要的环境变量。

本章介绍了许多有趣而重要的地球观测卫星。每个卫星或卫星系列都利用了过去多年来太空遥感技术的重要突破性成果。科学家们利用这些卫星收集生物圈内复杂的自然循环的准确信息。正如十一章将描述的那样，地球有一系列以复杂的方式交织在一起的自然子系统。这些自然子系统运作和互动的方式最终决定了地球能否维持其之前的宝贵遗产和生命多样性。

由于地球观测卫星的主要任务就是准确测量并监控主要的环境变量，因此科学家们也经常把这种卫星称作环境或叫绿色卫星。这种命名反映了非军事地球观测卫星收集的数据在地球系统科学中所起的重要作用。

本章首先介绍了"陆地"系列地球观测卫星。1972 年 7 月 23 日，美国国家航空航天局发射了人类历史上第一颗民用卫星，用来提供全球陆地表面重复的多光谱影像，从此便开始了一场行星观测的革命。最初，这颗卫星被称作地球资源技术卫星（或 ERTS-1），此后更名为"陆地资源 1 号"。此外，本章还将介绍"海洋 1 号"卫星、"雷达 1 号"卫星、热容量测绘卫星（HCMM）、地球辐射收支卫星、激光地球动力卫星（LAGEOS）、"地球观测 1 号"卫星，以及"陆地号""阿卡号"和"微风号"卫星。

其中最后的 3 颗卫星，即"陆地号""阿卡号"和"微风号"，形成了强大环境卫星"三部曲"，它们使用先进的互补式传感器对地球进行前所未有的系统研究。这 3 颗卫星提供的环境信息以及之前的绕地卫星收集的大量信息形成了地球系统科学的信息基础。

在第一批环境卫星提供的影像中，地球看上去并不像一块巨大的蓝色大理石。

1960 年 4 月 1 日，世界上第一颗气象卫星（"泰罗斯 1 号"）传送了部分地球和大气云层的黑白影像。尽管按照今天的标准，这些最初的影像很粗糙，但却清楚地表明了卫星能够观测重要环境参数并且提供对天气预报有用的数据。近 10 年后，阿波罗号的宇航员才第一次收集了大量的地球全彩图像，并唤醒了人们的环保意识。突然之间，全世界数以亿计的人开始用全新的角度看待人类的地球家园。从太空中来看，地球似乎要小得多，而且其内部是互相关联的。海洋和大气不再被看作是无限的资源库。显然，由于地球子系统之间的关联，轻率地向海洋和大气倾倒有毒的废物、排放有害物质将会影响包括人类在内的所有地球生物。在太空中看似美丽的地球其实也是很容易受伤的，地球的资源也是有限的。因此这就为人类保护环境敲响了警钟。

"蓝色大理石"作为一个专有名词进入环境文学中，引起了人们对行星地球的关爱。作为太阳系中已知的唯一存在生命的星球，地球正面临着人类这一自然界中最危险的掠夺性生物所带来的种种威胁。阿波罗号提供的影像首先表明了这样一个概念：这个美丽的蓝色大理石事实上是一个漂浮在太空中的复杂孤立的生态系统。

自从地球出现生命以来，所有生物都在宇宙空间共享同样的资源。而有所不同的是，有一种生物能够有意识地收集必要的信息来保护其生存的家园，这就是人类与其他生物的重要区别所在。人类会利用这个绝好的机会吗？或是人类都忽视了其保护地球资源免受破坏的特殊任务？里海的过度捕鱼就是人类不加约束、目光短浅的破坏自然行为的很好例证。全球人口激增引起的无法控制的资源需求将会带来更大的环境压力。而对于这些压力如果不采取措施，地球维持生命的能力将大大降低。

如果我们这代人粗心地破坏了我们的地球家园，那么子孙后代到达其他星球的梦想将永远不会实现。地球观测卫星提供了能够满足人类未来资源需求的重要信息，同时维护了生物圈保持生命多样性的能力。通过卫星提供的信息可以促进人类对地球的智能化管理，例如精细农业、水资源管理和城市规划。

◎ "陆地资源"卫星（Landsat）

1972 年由美国国家航空航天局开发的多功能地球观测卫星——"陆地资源"卫星系列促进了多光谱感应器的大量应用。该系列卫星中的第一颗"陆地资源 1 号"（最初叫作地球资源技术卫星，或 ERTS–1）于 1972 年 7 月成功发射，改变了人们研究地球的视角。"陆地资源 1 号"是第一颗可以同时以电磁波频谱中的不同波段收集地球陆地表面高分辨率图像的民用卫星。美国国家航空航天局将"陆地资源1号"提供的可见光和近红外光图像与全世界的研究人员共享。科学家们很快将这些卫星取得的信息应用到许多重要学科，例如农业、水资源评估、林业、城市规划和污染监测。此后的"陆地资源2号"（1975年1月发射）和"陆地资源3号"（1978年发射）在设计和功能上都与"陆地资源1号"相似。

1982年7月，美国国家航空航天局发射了第二代民用遥感卫星——"陆地资源4号"。与之前的3颗卫星相比，"陆地资源4号"带有一个先进的多光谱扫描仪和一个新的主题绘图设备。"陆地资源5号"于1984年3月被成功地置于极地轨道，它携带了一个先进的补充遥感装置。不幸的是，1993年10月，发射的改良后的"陆地资源6号"却未能进入轨道。

1999年4月15日，一枚波音"德尔塔Ⅱ型"运载火箭在加州的范登堡空军基地成功地将"陆地资源7号"送入高度为705千米的太阳同步（极）轨道。这一轨道使卫星可以每隔16天对地球进行一次完全成像。卫星上携带了一个改进的主题绘图设备和升级的遥感装置。这个遥感装置带有8个波段，能识别可见光和红外辐射的不同波长。"陆地资源7号"通过提供持续全面的地球陆地表面信息，实现了"陆地计划"的总体目标。"陆地资源7号"拓展了1972年开始的环境和全球变化信息收集范围。科学家们可以利用陆地资源系列卫星收集的信息来研究全球变化、地区环境变化以及达到许多民用和商用目的。

1992年，陆地遥感法案把信息连续性确定为"路基计划"的基本目标。"陆地资源7号"是美国国家航

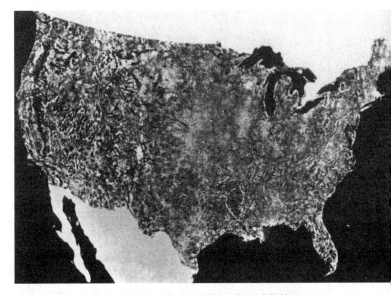

图为1972年由地球观测卫星提供的资料第一次合成的美国48个州的图像。该图像长3.28米，宽4.9米，是由"陆地资源1号"提供的595张黑白图片合成的。为了达到合成后图像的平衡性，所有的图像均由同一卫星高度——900千米获得

变 化 监 测

变化监测是指在不同时间对同一场景的两个数字化图像进行对比的遥感应用。通过对比同一场不同时间图像的相应强度差异（灰色调或是自然色差异），能够以一种半自动的方式迅速监测出变化和活动（例如蔬菜生长、缩水、城市扩张和移民环境对庄稼造成的影响等）的信息。环境专家使用卫星提供的信息来监测变化并进行全球变化研究。

咸海灾难便是一个生动的例子。对 20 世纪 70 年代和 90 年代卫星获得图像的对比显示了咸海大面积的干涸。这种干涸主要源于苏联进行的一次大规模调水工程。咸海曾是世界上第 4 大淡水湖。但是，从 20 世纪 60 年代开始，咸海开始逐渐干涸并且变咸。由于苏联政府开展了一项在最干燥的气候下在中亚的一个地区促进农业发展的项目，因此这地区的人们开始从咸海和最终流入它的两条河流中大量调水用来种植棉花和粮食作物。更糟糕的是，苏联官员制定了不切实际的生产和产量配额并且建造了一条世界上最长的灌溉运河。运河可延伸到 1 300 千米因而在几十年内就造成了咸海的干涸。

这一项目可能带来了短期的经济效益，但是从长远看，对苏联、中亚以及整个地球都造成了灾难性的后果。卫星图像生动地描绘了咸海如何失去了近 60% 的表面面积。这样灾难性的干涸会带来严重的环境后果，例如海边持续增长的盐沙地带、当地捕鱼业的破坏、不断扩张的区域性生态破坏以及持续不断恶化的健康问题（主要由于摄入了受盐矿污染的灰尘和水）。

这只是人类造成的全球变化恶果之一。咸海曾经是世界最大的内陆海，对中亚地区的温度能够起到缓冲作用，是形成中亚气候的重要部分，它使该地区夏季不至于过热，冬季不至于过冷。但是，随着咸海水量的减少，它对地区气候有益的自然调节作用日益减弱。咸海盆地内的降雨量减少，夏天更干更热、冬天也更冷了。

从 1999 年开始，世界银行和联合国开始通过资助来逆转这个生态灾难并解决日益增长的环境、经济和健康问题。目前有 5 个国家约 5 800 万人居住在咸海及其两个支流附近地区。通过现代卫星提供的图像进行变化监

测可以帮助科学家了解正在进行的挽
救环境努力的有效性。遗憾的是，一
些科学家表示即使咸海的总淡水量维
持稳定，咸海也将继续干涸。他们指

出，我们的地球可能已经受到了不可
挽回的伤害。未来的卫星图像将会证
明这种说法是否正确。

空航天局、美国国家海洋和大气管理局和美国地质勘探协会共同负责的项目。目前，
"陆地资源 7 号" 提供的信息已经被应用到许多有趣的领域，包括精细农业、制图学、
地理信息系统、水资源管理、洪水和飓风损失评估、环境监控和保护、全球变化研究、
山地管理、城市规划和地质学。

◎ "海洋号" 卫星（Seasat）

海洋动态卫星（或叫 "海洋号" 卫星）是美国国家航空航天局早期设计的地球
观测卫星，用于进行海洋现象和特征研究，提供海洋资料，并确定海洋动态系统
的重要特征。"海洋 A 号" 卫星 1978 年 6 月在加州范登堡空军基地由一枚宇宙神-
Agena 运载火箭发射升空，进入近圆形、约 800 千米高的轨道。其轨道倾角为 108°，
周期为 100.7 分钟。

"海洋 A 号" 和之前地球观测卫星的主要区别就在于它使用了主动和被动微波传
感器，能在任何天气条件下获得资料。在为地面发送了 106 天信息后，由于短路使
电池电量耗尽，"海洋 A 号" 与地面控制站失去了联系。在其轨道中工作的 105 天中，
"海洋 A 号" 提供了大量关于地球海洋的观测信息。在航空学中，这个重达 1 800 千
克的卫星有时也被称为 "海洋 1 号"。

◎ "雷达号" 卫星（Radarsat）

1995 年 11 月 4 日，加拿大的第一颗遥感卫星 "雷达号" 从加州范登堡空军基地
由一枚美国 "德尔塔 II 型" 运载火箭发射进入 800 千米的极轨中。卫星上最主要的
仪器就是一个先进的合成孔径雷达（SAR），即使在阴天和黑暗的情况下，也可以提
供高分辨率的地球表面图像。

"雷达号" 的合成孔径雷达（SAR）是一种主动传感器，能够传送并接收 C 波段

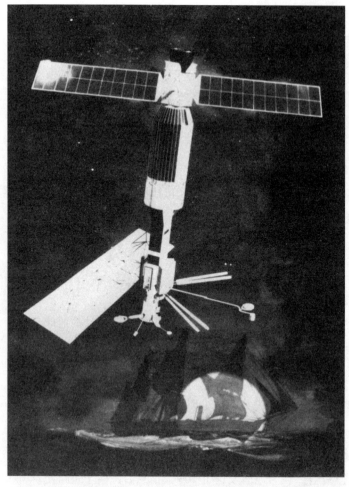

微波信号。由于它对蔬菜和土壤的温度很敏感，因此能够对加拿大和全世界的庄稼进行评估。合成孔径雷达图像还能够为矿物和石油探索提供重要的地质信息。这个仪器也能够描绘出冰盖范围（例如辨别头年雪和多年的积雪），因此可以确定南北极海洋航线。

"雷达号"是在加拿大太空署的管理下，与美国国家航空航天局、美国国家海洋和大气管理局、加拿大的各个省政府以及私人部门合作开发的。由于为这颗2 700千克重的卫星提供了运载火箭，美国可以拥有该卫星15%的观测时间。加拿大占有51%的观测时间，剩余的观测时间之后陆续出售。

图为"海洋A号"卫星概念图。"海洋A号"是美国国家航空航天局第一颗完全为海洋学服务的地球观测卫星，于1978年6月16日发射。通过主动微波仪器，该卫星能够对地球海洋进行监测

◎热容量测绘卫星（HCMM）

美国国家航空航天局的热容量测绘卫星于1978年4月发射。在1978年4月—1980年9月两年多的时间里，卫星在620千米高度的近极地轨道上运行良好。这颗地球观测卫星是美国宇航局第一次用来观测地球陆地表面的热量状态的尝试。

热容量测绘卫星的感应器能够测量地球表面反射的太阳辐射和释放的热量，其空间分辨率为600米。这颗卫星被放置在一个可以日夜测量温度条件的轨道上。卫星提供的信息可以为北美、欧洲、北非和澳大利亚的大部分指定地区绘制气温差异和

热惯量图像。科学家可以利用这些信息进行岩石类型区分、土壤温度测量、蔬菜情况评估、水体的热流监测、城市热岛评估和其他的地球环境研究。

◎ 地球辐射收支卫星（ERBS）

地球辐射收支卫星是美国国家航空航天局地球辐射收支实验的 3 颗卫星中的第一颗。这个重要实验是为了研究太阳的辐射是如何被地球吸收和反射的。这个吸收和反射的过程是地球天气模式的主要形成因素。

地球辐射收支卫星提供的信息也被用于调查人类活动（如燃烧矿物燃料）的影响和在地球辐射平衡基础上产生的自然现象（如火山喷发）。卫星还进行了平流层喷雾器实验。

地球辐射收支卫星由美国国家航空航天局的戈达德航天飞行中心开发，1984 年10 月被"挑战者号"宇宙飞船发射升空。展开后，这颗卫星在高度为 585 千米，倾角为 57° 的轨道上绕地运行。

1985 年 1 月，地球辐射收支卫星发射升空。一年后（1986 年 10 月），第三颗地球辐射收支卫星进入太空。尽管目前这 3 颗卫星上的扫描仪器已失效，但其他仪器仍能正常工作。

◎ 激光地球动力卫星（LGS）

激光地球动力卫星计划包括由美国国家航空航天局和意大利太空署发射的一系列无源球体卫星。这些地球轨道卫星用来展示卫星激光测距技术，包括测量地球构造板块活动、近板块边缘部分的地壳变形、地球引力场以及绕地轴旋转率。"激光地球动力卫星 1 号"和"激光地球动力卫星 2 号"分别于 1976 年和 1992 年发射，其轨道高度均为 5 800 千米，轨道倾角分别为 110° 和 52°。这两颗很小的球型卫星直径只有 60 厘米，但却重达 405 千克。这种高密度的设计能够尽量保持其轨道稳定，从而精确地完成卫星激光测距任务。卫星的设计寿命为 50 年。

"激光地球动力卫星"看上去像是一个高尔夫球，其表面被 426 个几乎是平均分布的回射器覆盖。回射器的前面为圆形平面，后部则是棱柱形的。这些回射器能够将激光直接发射回其激光源。当激光束离开地面站后，计时器便开始工作，直至由其中一个回射器反射回的脉冲返回地面站为止。由于光速是固定的，因此地面站与卫星之间的距离便可以被精准地计算出来。这一过程被称为卫星激光测距。科学家们利用这一技术精确地测量地球表面运动。例如，"激光地球动力卫星1号"发回的资料显示夏威夷毛伊岛地区正以每年8厘米的速度向南美洲，同时以约每年7厘米的速度向日本移动。

◎ "地球观测1号"卫星（EO-1）

美国国家航空航天局地球科学计划的主要任务之一就是确保"陆地资源号"卫星提供信息的连续性。在完成了部分任务后，戈达德航天飞行中心将"地球观测1号"卫星发射升空，这也证实了创新的技术能够降低成本并且提高未来陆地成像卫星的能量。"地球观测1号"的3个创新陆地成像仪器和"陆地资源7号"上的主题绘图设备正在收集多光谱和高光谱场景。

"地球观测1号"是轻质量材料、高表现合成探测器组和精细光谱仪领域的重大突破。科学家对"地球观测1号"和"陆地资源7号"提供的图像进行了仔细的对比，以便证实这些新仪器在后续的地球观测任务中的有效性。美国国家航空航天局将来的卫星将会比现在的更小、更轻。"地球观测1号"也提供了实现这种转变的几种航天技术。此外，通讯、能源、推进器、热能测量和资料储存方面的主要技术进步也是"地球观测1号"任务的一部分。

"地球观测1号"于2000年11月21日在加州范登堡空军基地由一枚"德尔塔7320型"火箭发射升空，进入705千米高的圆形对日同步（极）轨道，倾角为98.7°。这意味着它与"陆地资源7号"运行轨迹相同，只是落后其1分钟。这也使"地球观测1号"能够通过同一大气区域观测到地面同一点。因此，科学家们可以对这两颗卫星提供的图像进行对比。"陆地资源7号"和"地球观测1号"对地面同一地区进行观察，因此对两颗卫星收集的图片进行比较便可以评价"地球观测1号"卫星的地面成像工具。这一成像工具虽然体积较小、耗资较少，但却很有效率，因此是未来地球系统科学研究工具的趋势。"地球观测7号"的全部3个地面成像工具能够完全（或至少大部分）观测到"陆地资源7号"。由地面反射回的光线会在每个工具的焦平面上成像。每个成像工具都有一个特殊的过滤装置，只允许特定光谱带范围内的光线通过。分析家通过选择这些光谱带从而使地表特点的研究达到最优化。

"地球观测1号"的传感器能够收集每个成像场景的大量图像（特别是20GB以

知识窗

卫星激光测距

在卫星激光测距技术中，地面站负责向安装有回射器的卫星（例如激光地球动力卫星）传送短波强激光脉冲。之后，科学家通过精确地测量激光脉冲往返时间，并除去大气延迟产生的时间，从而确定该卫星的具体位置。通过激光脉冲在这些装有回射器的卫星与地面站（固定或是移动的）之间的传输，科学家可以确定卫星的轨道位置以及各个地面站的位置。通过在一段时间（例如从几个月至数年的时间）内对这些地面站位置的测量结果进行监测，研究人员可以得出由于板块运动或是其他地动学过程造成的地面运动特征。目前，已经形成了一个由三十多个卫星激光测距站组成的全球系统。

板块构造理论试图解释并预测陆地是如何到达现在的位置以及将来会移到什么位置。科学家认为，大约2亿年前，在今天的大西洋地区存在着一个巨大的陆地，叫作盘古大陆。约1.8亿年前，盘古大陆开始分裂成几个板块，并逐渐漂移开，其出现的空隙

部分便形成了岩石。现在，这些板块构成了地球100千米的固体外层。这些板块的移动速度很慢，约为每年15厘米。举例来说，北美洲和欧洲正以每年3厘米的速度彼此分离。尽管板块的运动速度很慢，但是其短期的剧烈运动（例如地震）却会造成严重的后果。板块可能会互相撞击、彼此分离或是互相水平越过，因此造成地震、形成山脉或是引发火山喷发。过去，科学家使用卫星激光测距技术对地球的运动进行研究，包括测量全球构造板块活动、近板块边缘部分的地壳变形、地球引力场以及地轴和旋转率。将来，科学家还可以将激光测距仪器放置在卫星上，从太空中测量选定的地球表面回射物体脉冲。

这种转换的卫星激光测距技术也被称为激光测高技术，可以应用到冰原地形和变化测量、云层高度测量、行星边界高度测量以及浮质纵向结构测量中。此外，激光测高系统还可以对其他星球（例如火星）进行类似的激光测距。

上的）。这些资料由一个固体的图像储存器储存在卫星上。当卫星位于地面站范围内时，就会将这些图像传到地面站暂时储存。地面站将这些原始图片储存在数码磁带中，定期发回戈达德航天飞行中心进行处理。

"地球观测 1 号"使用了先进的陆地图像传感器。其焦平面安装了 4 个传感芯片，能够覆盖 3°×1.625° 的角度。在 705 千米的轨道中帚形运动时，陆地图像传感器可为"陆地资源"系列卫星提供高光谱全色波段。这些波段用来模仿"陆地资源 7 号"的波段。此外还有 3 个备用波段，用来覆盖以下的波长范围：0.433—0.453 μm，0.845—0.890 μm，和 1.20—1.30 μm。陆地图像传感器中带有一个广角镜头用来为焦平面提供 15×1.625 度的视野范围。其多光谱像素分辨率为 30 米，全色像素的分辨率则为 10 米。

"地球观测 1 号"的成像工具是一个高分辨率的高光谱成像仪，能够以 30 米的空间分辨率分辨 220 个光谱带（0.4—2.5 μm 之间）。每张图像能够覆盖 7.5 千米 × 100 千米的陆地面积，并能够以高辐射精度提供跨越 220 个频率的具体谱映射。高光谱成像可以应用到采矿、地质学、林业、农业和环境管理领域。例如，根据成像资料对陆地资源进行具体分类可以使远程采矿更加精确，更好地预测农作物产量，并且提供更精准的包含映射。

由卫星获得的地球图像质量会受到大气层的影响。"地球观测 1 号"的大气校正仪器使用了过滤技术，可以提供很高空间分辨率的高光谱图像，其光谱覆盖范围在 0.89—1.58 μm 之间。大气校正器作为重要的卫星仪器，可以为将来的科学和商业地球遥感任务提供服务，帮助其减少大气因素（由于水蒸气和浮质引起）对地球表面发射能力测量的影响。利用大气校正器，科学家们可以对吸收值进行测量，而不仅仅是模拟。对吸收值的测量资料可以使环境科学家为各种遥感应用提供更加准确的预测模型。例如，基于大气校正器的新的运算法则能够更加精确地对陆地资源进行测量和分类，并能够提供以计算机为基础的模型应用到多种形式的陆地管理中。

◎ "陆地号"卫星（Terra）

"陆地号"卫星是美国国家航空航天局新的地球观测卫星系列的第一颗。这颗重达 4 865 千克的卫星于 1999 年 12 月 18 日从加州范登堡空军基地被成功地送入近圆形、670 千米高的对日同步轨道中，其轨道倾角为 98.2°，周期为 98.1 分钟。

"陆地号"卫星上的 5 个探测器可以使科学家们同时监测全球的气候系统。这些探测器分别为先进的空间热辐射反射辐射仪（ASTER）、云和地球辐射能量系统（CERES）、多角度成像光谱辐射计（MISR）、中分辨率成像光谱仪（MODIS）和对流层污染探测装置（MOPITT）。这些仪器可以综合观察和测量地球陆地、海洋以及地球大气层的变化。通过对全球碳循环的进一步了解，可以确定地球上的生命与气候系统如何互相影响。

最初被称为"EOS-AM1号"，这个跨越赤道的卫星载有一组传感器，用来研究云层和浮质辐射流每天的特征。卫星上的另一组仪器用于研究陆地和大气之间的能量、碳和水转换问题。此后，包括"阿卡号"和"微风号"在内的其他卫星也加入了这一地球系统科学计划。

1999年12月18日，美国国家航空航天局的"陆地号"卫星在从范登堡空军基地发射之前，被放置在无菌的室内。通过与图片右下角的航空工程师身高对比，可以看出"陆地号"的体积非常巨大（美国国家航空航天局和洛克希德·马丁公司提供）

◎ "阿卡号"卫星（Aqua）

"阿卡号"是美国国家航空航天局的一个高级地球观测卫星，2002年5月4日在加州范登堡空军基地被一枚"德尔塔Ⅱ型"火箭送入轨道。这颗重达3 120千克的卫星在一个680千米的近圆对日同步轨道上绕地运行，其轨道倾角为98.2°，周期为98.4分钟。"阿卡号"的最初任务，如其名所示（"Aqua"在拉丁语中表示水的意思），"阿卡号"是为了收集海洋循环变化信息以及云层和海洋表面的水循环如何影响地球气候的信息。

卫星装备了6个先进遥感器，收集关于全球降水、蒸发以及水循环的信息，包括大气中的水蒸气和云层信息、大气中的降水信息、土壤湿度信息、陆地和海洋中的冰

图为"阿卡号"沿地球轨道飞行（美国国家航空航天局和诺斯洛普·格鲁门公司提供）

川信息、陆地和海洋的雪覆盖信息以及全世界的海洋、海湾和湖泊中的地表水信息。这些信息可以用来帮助科学家们提高全球水循环的量化以及检测例如水循环（通过地球系统的水循环）是否加速的问题。

"阿卡号"是美国、日本和巴西的合作项目。美国提供了卫星和以下4个仪器：大气中的红外信号器（AIRS），云层和地球的辐射系统（CERES），中分辨率成像光谱仪（MODIS）和高级微波声音装置（AMSU）。日本为其提供了高级微波扫描辐射仪（AMSR-E），巴西则提供了温度信号器（HSB）。"阿卡号"由马里兰州戈达德太空飞行中心负责总体管理。

◎ "微风号"卫星（Aura）

美国国家航空航天局的"微风号"地球观测卫星的任务是研究地球臭氧层、空气质量和气候。

"微风号"在加州范登堡空军基地由一枚"德尔塔Ⅱ型"运载火箭成功地发射进入686千米高的圆形对日同步轨道，其轨道倾角为98.2°，周期为98.5分钟。

"微风号"是一系列用于研究环境和气候变化的地球观测卫星中的第三颗。前两颗（"陆地号"和"阿卡号"）是为研究陆地、海洋和地球的辐射而设计的。同美国国家航空航天局的高层大气研究卫星一样，"微风号"的大气化学成分测量会继续记录"雨云7号"和其他卫星上的全臭氧图绘制光谱仪（TOMS）收集的卫星臭氧数据。

"微风号"携带着如下一组仪器：高分辨率动力发声器（HIRDLS）、微波信号发声器（MLS）、臭氧监测仪（OMI）和对流层发射分光计（TES）。这些仪器采用了环境卫星上的先进技术。每个仪器都提供了独特的和互补的功能以支持地球臭氧层、空气质量和主要气候参数的日常观察。

图为诺斯洛普·格鲁门公司技术人员在"微风号"进行卫星重力测验前对其进行检测。这一系列的检测是卫星送入发射地之前最终测探的一部分。检测表明"微风号"适合由"德尔塔II型"运载火箭发射（美国国家航空航天局／诺斯洛普·格鲁门公司）

"微风号"由美国国家航空航天局戈达德太空飞行中心管理，希望建设成为世界上最全面的地球观测系统。地球观测系统的首要目标是确定全球变化的范围、起因和区域性后果。来自"微风号"的资料有助于科学家们更好地预测空气质量、修复臭氧层以及监测影响健康、经济和环境的气候变化。

11

地球系统科学与全球变化

美国在实行太空计划的最初 10 年中，在火箭学、遥感勘测、电子学、材料科学以及许多其他与太空科学和航空航天工程相关的学科方面都取得了巨大的成功。其中，类似美国国家航空航天局阿波罗登月计划这样的工程已经得到了全世界的认可。1969 年 7 月 20 日，在全世界的关注下，美国宇航员尼尔·阿姆斯特朗在人类历史上首次登上了月球表面。许多人都认为这可能是历史上最伟大的科技成就。

然而，其他的一些例如"日冕号"（Corona）间谍卫星计划，还是高度机密化的。尽管如此，这些冷战时期的间谍卫星在当时为美国提供了大量情报。由美国空军和中央情报局卫星计划为冷战时期美国总统提供的资料成为那个疯狂时期内（美国和苏联的对峙时期，其特点就是不断升级的核军备竞赛）维持局势稳定的重要因素。在冷战后时期的反恐时代，这些高度机密的间谍卫星仍然在为国防服务。

美国早期太空计划最深远的成就还是为世界各个角落的人们提供了俯瞰整个地球的机会。在卫星的帮助下，无论是专家还是普通人都可以从太空观测地球。与阿波罗计划和日冕号计划相比，这些为人们提供观测自己家园的卫星所产生的影响是更加深远的。从太空对地球进行的观测使许多人开始意识到保护环境的重要性。人们认识到这个被称为"蓝色大理石"的地球实际上是一个非常复杂又与周遭密切相关的系统。在地球观测卫星的辅助下，一个新的重要学科——地球系统科学产生了。

在人类历史上，科学家第一次可以将陆地、海洋、大气和生物圈（即地球上有生命活动的领域及其居住环境的整体）作为一个整体同时进行研究，而不受地理或是政治界限的限制。地球观测卫星可以使人们更好地理解并生存在这个物种多样并充满生机的星球上。

人们呼吸着的空气在自然力和太阳的共同作用下，自由地流动于整个世界，并且象征着所有生物（无论大小）的共同命运。大气科学家曾经计算过，现在的人们每次所吸进的空气与亚里士多德（Aristotle）、恺撒大帝（Julius Caesar）和莎士比亚（William Shakespeare）等人曾吸进的空气一样，包含着同样的一些原子。不管人们愿不愿意，地球系统还是将所有人在时间和空间上都联系在了一起。地球上的人们每天都会共同经历地球的绕日运动。人们必须学会理解这一宇宙现象，并利用其为地球上所有的生物服务。通过卫星得到的太阳系其他星球的图片更加加深了人们对于这个宝石一样的充满了生命的"水球"的热爱，它是宇宙海洋中的生命之舟。

◎ 地球系统科学

地球系统科学这个有趣的交叉学科包括了基于太空观察的现代地球研究。其基本原理就是：地球是一个互动的复杂系统。地球系统的4个主要组成部分是：大气圈、水圈（包括液体水和冰）、生物圈（包括所有生物）和固体地圈（特别是地球表面和土地）。

通过地球观测卫星，科学家们可以从整体角度观察地球，包括其成分之间的互动及如何变化。通过了解更多的环境变化之间的联系，可以提高科学家们对气候、天气和自然灾害的预测能力。

目前，由地球观测卫星收集到的大量资料正在将各个领域的科学家聚集在一个共同的领域，即地球系统科学。通过地球观测卫星得到的大量资料，科学家们正努力加深对地球系统的了解，例如自然或人类活动引起的变化如何对地球系统产生影响。无论是科学家还是普通人，有时候都倾向于将这个综合性的地球系统拟人化为"盖亚"（Gaia），即古希腊罗马神话中的大地女神。

美国和其他国家都利用一系列载有复杂仪器的卫星对目前的地球系统状态进行观测。以后的地球轨道卫星会发展成为更加智能的卫星，能够根据科技的变化不断地改进自己的结构。科学家还设想，在未来会出现由传感器组成的综合观测网络，为各种需求的终端客户提供及时高效的资料。到20世纪中叶，一支由先进地球观测卫星组成的舰队会构成一个综合互动的信息系统，为科学研究、国家政策制定和经济发展提供帮助。从环境信息的角度来说，世界将会变得更加透明。例如，科学家和政治家可以很快了解并评估某次自然或是人为的环境灾害造成的地区或是全球性后果，从而制定相应的补救措施。

作为美国民用航空局，美国国家航空航天局在地球系统科学中的基本目标就是将地球作为一个整体进行观测研究，发现其变化规律，从而更好地预测其改变及其

盖 亚 假 说

盖亚假说最初是由英国生物学家詹姆斯·洛夫洛克（James Lovelock，1919—2022）在1969年提出的。后来经过他和美国生物学家琳·马古利斯（Lynn Margulis）共同推进，逐渐受到西方科学界的重视，并对人们的地球观产生着越来越大的影响。该假说认为，地球的生物圈对于大气圈具有重要的调节作用。通过对大气圈底层的观察，洛夫洛克认为陆地生物圈的生命形式能够帮助控制地球大气圈的化学成分，从而继续保证适合生命存在的条件。例如，那些互换气体的微生物被认为在这个持续的环境循环过程中起到了重要的作用。如果没有这些能够互换气体的生物存在并互相作用，地球的表面就会过冷或过热，造成液体的水无法存在，而且地球会被一个充满二氧化碳的无生命的大气圈包围着。

盖亚在希腊神话中是大地女神。因此，洛夫洛克使用她的名字来代表这个陆地生物圈，即地球上的生命系统，包括生命有机体和它们赖以生存的液体、气体和固体环境。简单来说，盖亚假说指出，盖亚（即地球生物圈）会努力维持适合陆地生命生存的大气环境。

如果外空生物学家在寻找外星生命中引用盖亚假说的一些内容，他们就会发现一个有着多种多样大气成分的奇异世界（叫作外星球）。由于在这个外星球的大气圈底部缺少化学物质的相互作用，因此这个外星球被认为是没有生命有机体存在的。此外，根据盖亚假说，一旦某种形式的生命进入了这个外星球，那么它就会努力创造能够为其提供生存条件的环境。

尽管目前这个有趣的假说还需要进一步的证实，但是它在帮助人们理解地球生物圈中为了维持生命而进行的复杂的化学相互作用方面还是起到了很大作用。人们还需要继续了解这些微生物、高级动物以及它们共同享有的大气圈之间的相互作用，从而为太空探索提供服务。

对各种生物造成的影响。科学家通过了解地球系统的特征、预测其主要变化以及将这些变化过程连接成一个整体从而对地球系统进行整体的研究。

地球系统科学包括一系列的主要任务。首先就是探究地球系统主要组成部分（大陆、海洋、大气、冰河和生命）之间的相互作用。其次是要区分自然变化和人类活动引起的变化的区别。第三就是要了解并预测这些变化带来的结果。为了完成这些任务，科学家们确定了地球系统中的一些重点组成部分并仔细研究其复杂的相互作用。除了更加科学地理解地球如何工作之外，目前的地球系统科学还进行了一系列有益的尝试。

作为地球系统科学研究的一部分，航空宇宙和环境科学家正努力研究太空和遥感技术所作出的贡献，并将新卫星以及轨道下和原地观测融入地球系统模型中。科学家们还特别关注有关观测和处理地球系统模型的研究，希望能加强这些重点组成部分之间的联系，包括大气成分、浮质填充和气候之间的联系；浮质和水文循环之间的联系；气候可变性和天气之间的联系。

地球系统科学的一个重要研究领域就是如何减少科学家在理解全球变化的原因和带来后果时的不确定性。更深入地理解自然或是人类行为造成的全球变化过程（基于对卫星得到信息的科学分析而不是基于地缘政治学）可以使科学家们为其决策者提供更加实用的解决措施。

地球系统科学的另一个重要研究领域是如何提高天气预报的持久性和可靠性，从而减少自然或是人类行为引起灾害的损失。此外，如何进一步了解并预测全球海洋变化、如何理解全球变化信号对极地地区造成的影响，也是地球系统科学的重要研究对象。如果顺利的话，科学家们会在未来开展这些研究并将这些重要领域联系为一个互动的整体，从而最终形成对地球系统真实完整的描述。

为了更好地描述和理解气候的多样性并准确地预测其变化，科学家们必须收集全球范围内的气候成分资料（例如海洋的冰层），研究其如何与整个地球系统互相作用。而研究这些互相作用的过程不仅仅是观察就能够完成的，还需要建立并保持一种能够应用到实际的资料解释和使用中的模式（大都由地球观测卫星完成）。这种做法的最终目标是要使科学家不仅能够预测季节性的气候变化，还要预测出长时间的（如几十年）气候变化。

在太空透视图的帮助下，科学家们在过去的几十年中获得了很多资料。最近的

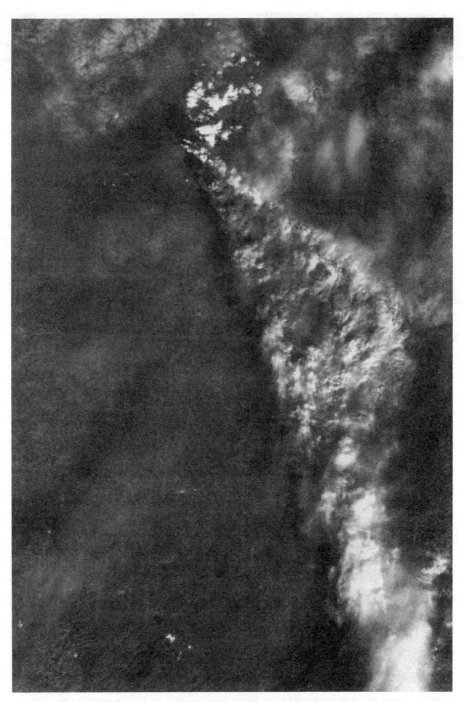

2002年11月3日，美国国家航空航天局的"陆地号"卫星拍摄到了意大利西里岛卡塔尼亚市埃特纳火山喷发时的景象。埃特纳火山是欧洲活动最频繁的活火山。卫星提供的资料有助于科学家们评估火山喷发对全球气候体系造成的影响（美国国家航空航天局、喷气推进实验室提供）

这是一张阿拉斯加南部马拉斯皮纳（Malaspina）冰川的透视图，由美国"陆地号"资源卫星于2000年拍摄。"陆地号"卫星的影像工具可以感知可见和红外辐射，其得到的资料通过计算机合成后用来分析冰川特征。马拉斯皮纳冰川是一个混合冰川，由一些山谷冰川共同形成（美国国家航空航天局、喷气推进实验室、国家地理学会提供）

发现证明，在过去的40年中，由于气候变暖，北冰洋冰盖正在减少。而在南极地区，这种趋势还不明显，只是在极少部分地区出现这种情况。卫星测高学在测量和监测近期全球环流的变化以及威胁到未来沿海地区的海平面升高现象方面都起到了重要作用。

气候系统是一个动态系统，因此对科学家来说，将现有的气候成分知识综合成整体的唯一途径就是建立模型。通过模拟研究，科学家们可以评估并预测未来气候系统的状态。但是，他们目前还并不完全了解气候多样性和气候变化的过程。因此，未来这一领域的地球系统研究重点就是要更好地理解这些过程，从而消除模拟时的不确定性。

地球系统科学研究中的另一个重要领域是要研究陆地、海洋和大气环境中碳的分布和循环。科学家们需要量化陆地上的碳产生、流动、单位面积的数量和变化。他们还要通过记录和了解目前全球碳循环、陆地和海洋生态系统和陆地表面的变化规律来预测全球碳循环以及陆地和海洋生态系统的变化。

浮　质

浮质是指停留在空气中的极小液体或固体微粒。大多数的浮质都是由于火山喷发、尘暴、森林或是草原大火等原因自然形成的。火山喷发时会将巨大的烟云推向大气层。这些烟云由包括二氧化硫在内的粒子和气体组成。数百万吨的二氧化硫气体会随着喷发进入地球大气层。一旦进入同温层，这些浮质便成为环境变化的中介。例如，二氧化硫会转化成极小的稳定的硫磺酸（即硫酸盐）粒子。这些硫酸盐粒子（浮质的一种）会反射太阳光，从而减少太阳射入地球表面的热量。例如化石燃烧等人类活动也会产生一些浮质，约占地球大气圈浮质总量的 10% 左右。

在地球大气圈中，浮质的半径为 0.001 微米到 100 微米之间。陆地上的浮质包括烟雾、灰尘、薄雾和浓烟。这些浮质在地球大气圈中起着重要的作用。例如，下雨必须首先有云，为了成云，水蒸气要有能够聚集的"核"，而空气中飘浮着的浮质就可以起到这种"核"的作用。此外，一些化学反应和太阳辐射都需要浮质的参与。科学家认为浮质还会影响地球的辐射平衡（即地球吸收和放射出去的辐射总量保持平衡），进而影响到地球表面的气候。

由于能够将太阳光反射到太空中，浮质可以减少到达地球表面的太阳辐射总量，从而具有直接冷却功效，会使地表温度迅速下降。当然，这种冷却效果的程度取决于许多因素，包括浮质的大小和成分以及地表的反射能力。科学家猜测，通过改变云层性质，浮质还会间接地改变气候。如果没有浮质，将不会有形态各异的云层，因为浮质粒子是形成云层的"种子"。大气科学家还猜测，可以通过改变大气层中的浮质来改变云层出现的频率、云层厚度以及降雨量。

但是科学家还需要继续研究浮质是如何对区域和全球气候产生影响的。他们要精确地量化自然浮质和人类活动产生的浮质对气候产生的影响。然而，科学家们目前并不确定浮质对地球到底是有冷却还是有保温作用，因此，需要地球观测卫星为其提供资料来回答这一问题以及其他重要的环境问题。作为地球系统科学整体的一部分，这些卫星可以提供月平均气候测量和评测，从而与之前的计算机模拟和预测进行对比。

在未来的 10 年内，研究领域会集中在如何提高对人类、生态系统和气候之间互相作用的理解力和模拟能力。这对于科学家综合理解地球系统如何工作是很有帮助的。通过这些研究，科学家们可以了解地球生态系统和碳循环的知识，还可以预测碳循环和生态系统如何对全球环境变化做出反应。

知识窗

低 温 层

科学家将低温层定义为由冰雪组成的地球气候系统的一部分，包括陆地冰原、高山冰川、海冰、地表积雪以及河流湖泊的冰面。其中，地表积雪通常都是季节性的，与大气环流密切相关。冰川和冰原则与全球水文循环和海平面的变化有关，通常经过数百年甚至数百万年之后才会发生变化。

无论是陆地还是海洋上的冰面都会影响到地球表面的能量交换。冰雪是地球表面最大的反射源之一。特别是海冰，比其周围的海面更具有反射能力。由于大范围全球变冷导致的海冰量增加，会将大量阳光反射回太空，这样会导致地区继续变冷，又造成更多的海冰，从而形成循环。科学家将这一变冷过程称为积极的反馈条件。如果不加控制，这种极地冰层的无限量增加会导致环境失控，称为冰层突变。简单来说，冰层突变就是一种极端的气候现象，地球表面所有的液态水都会结冰甚至完全变成冰河。

相反，如果全球变暖，更多的海冰就会融化，反射回太空的太阳能量就会减少，因此地表吸收的太阳能量就会增加。之后，地球上受此影响的地区会继续变暖，导致更多的海冰融化。这也是一种积极的反馈条件，但却是向相反的方向发展。若是不加控制，绝大部分的极地冰层就会融化，导致海平面升高，冰改变其盐度。这对于自然和人类都会产生极其严重的后果。沿海地区会被淹没，全球气温也会持续升高，导致海洋蒸发的速度加快。这种现象会引起全球环境灾难，称为失控的温室效应。这也是一种极端的气候现象，地球表面所有的水分都会被蒸发掉。

因此，要采取有效的地球观测来控制上述两种现象。而通过卫星获得观测资料的方式也被证实为监测这些面积广大而又偏远的极地地区的最实际有效的方法。

例如有害藻花和外地物种的出现和传播的预测、森林和农业体系生产力的预测都是可能进行的预测形式。这一特殊的研究领域可以帮助预测未来 50—100 年内的气候变化（包括未来大气中二氧化碳和甲烷的浓度）以及对主要生态系统和碳循环过程的理解。

地球系统科学家研究地表和内部结构的目的，就是要评估、预测并尽量减少类似地震、泥石流、沿海或内陆侵蚀、洪水、火山喷发这些自然灾害对社会的影响。而通过卫星获得资料是进行这些研究最实际、最有效的方法。遥感技术使科学家能够测量并了解地表和内部的细微变化。在这些变化中，地球若受到外力作用，就会产生火山喷发、地震、泥石流和海平面变化等现象；而气候对地球产生的影响则主要体现在地球表面。例如，热红外遥感图像资料可以提供熔岩流的地表温度和变化、火山喷发中二氧化硫的含量，从而预测火山的喷发。

地球系统科学研究还可以帮助人们理解地球内部的运动力量如何形成一些地球景象并导致地球的化学分化。卫星遥感勘测的出现对固体地球科学的发展起到了至关重要的作用。地球观测卫星提供的资料有助于更加全面准确地监控整个地球系统。

此外，科学家还在研究地球大气化学的空间和时间变化。这些研究旨在促进以下几方面的理解。首先，科学家们希望理解大气成分在一定时间内的变化。其次，科学家们希望理解并模拟引起这些变化的因素（人为或是自然的）。再次，科学家需要理解大气中的微量成分对全球环境变化作出的反应及其对气候造成的影响。此外，科学家还需要了解大气化学和全球空气质量的变化与气候变化之间的关系。

地球大气圈和地面辐射的关系包含一些重要的环境问题，例如全球臭氧损耗和恢复及其对紫外线、放射性气体和全球空气质量的影响。一些地球观测卫星，例如美国国家航空航天局的"陆地号""阿卡号"和"微风号"，提供了这一环境过程的综合测量资料。这些研究会带来直接的社会影响，例如日常空气质量等级、辐射标准以及其他保护地球措施的制定。

世界上第一颗气象卫星的出现，使准确地预报未来天气成为可能。在这些气象卫星的帮助下，气象学家可以更加准确地预测天气，并且研究地球大气圈的变化和地球系统之间的关系。对臭氧层变化、空气质量和气候的准确预测还有助于人们了解人类活动对地球的影响以及如何保护人类的生存家园。

天气系统是指大气的动态变化及其与海洋和陆地的相互作用。天气是地球系统科学中的重要部分。对天气现象和过程的正确认识在理解整个地球系统中占有极其重要的地位。天气与气候有着直接密切的联系，并关系到陆地生物圈内用以维持生命的水和能量循环。

水循环和能量循环是对地球系统内水和能量的分布、传输和变化进行的研究。由于太阳能推动水循环的进行，而水和辐射互相作用形成能量的转换，因此，能量循环和水循环是紧密相连的。

对水循环和能量循环的长期研究目标是要使科学家们对全球变化引起的水和能量循环过程作出更准确的预测。过去 30 年中，卫星系统帮助科学家量化了热带降雨量，从而提高了预测飓风的能力。然而，还有许多问题尚待解决。例如，科学家要通过观测昼夜循环和重要地表现象（如以中尺度高分辨模式测量土壤湿度和降雪量）的变化来保持全球和地区范围内的水分平衡（中尺度高分辨模式适用于地球表面中等大小的环境系统或地区，通常为 10—1 000 千米）；还需要了解云层多样性会对水和能量循环产生怎样的影响。

◎全球变化

在漫长的历史长河中，地球的环境经历了巨大的变化。其中许多变化都是极其缓慢的，需要几千年才能完全体现出其影响。而其他一些变化则相对较快，有的只需要几十年甚至更短的时间。这些全球变化主要是由于大陆板块移动、山脉的形成和侵蚀、太阳能量散发的变化、海洋的变化以及大行星和彗星的撞击等现象引起的。这些自然现象引起了地区甚至是全球范围内的变化，例如温暖或是寒冷气候的交替、热带雨林和草原的重新分布、大沙漠和沼泽地的出现与消失、冰川的上升和消退、海平面的升高和回落，甚至是大量物种的灭绝。

最近的一次大范围物种灭绝（全球范围内的）发生在距今约 6 500 万年前，很可能是由于大行星撞击的影响。科学家还推测最近的一次冰河作用发生在距今 1.8 万年左右，当时的全球气温约比现在低 5℃。

尽管这些全球变化是超出人们控制范围的自然力量结果，科学家们还是认为人类是环境变化的主要因素。例如，由于农业和工业革命，地球大气圈的化学成分发生了明显的改变；由于农业和建筑行为，造成了陆地的侵蚀以及水面和海平面下沉；有毒化学物质的产生和释放影响了生物体的健康和自然分布；人类对水源不断增长的需求影响了水文循环过程中水的变化形式等等。其中最后一点从大型人工蓄水池和小型天然河流的蒸发率对比就可以看出。大型人工蓄水池的水分蒸发率不断上升，说明人类活动会严重影响自然变化的过程。这种人类活动对环境造成的改变并不都是有益的，甚至有一些改变并不是人类活动所预期的。毫无疑问，随着世界人口的增长以及科学技术的进步，人类这一地球上最有影响力的物种还会继续对环境产生更加深远的影响。

过去的 40 年中，科学家发现的一系列证据表明，这种不断发生的环境变化是自然和人类系统互相作用的产物。例如，目前的地球气候变化不仅包括风力模式和大气云量的变化，还包括生物圈和洋流的互相作用、人类活动对大气化学成分的影响、地球轨道参数的变化、地球反射能力（反照率）的变化以及大气圈、水圈和低温层之间水分分布的变化。这种由于自然和人类活动共同引起的环境变化被称为全球变化。

包括美国在内的许多国家都开始实施关于全球变化的长期措施。过去 30 年中全球观测的初步结果为人类带来了新的担忧，即 19 世纪和 20 世纪进行的大规模工业和农业活动会对整个地球系统产生副作用。目前，对于地球和地球资源的合理文明使用已经成为政治和科学领域的重要课题。

全球变化会对人类健康和生活质量产生很大影响，例如全球变暖、海平面升高、臭氧损耗、森林过度采伐、土壤沙化、干旱以及物种减少。对于这些全球变化的现象不能割裂开来，而必须将其联系成一个整体理解。因此，需要建立一个以先进的环境观测卫星系统为基础的国际研究项目，对目前的由于自然和人类活动引起的全球环境变化及其影响进行研究。

在全球变化中，与政治关系最密切的就是全球变暖。对由人类活动引起的气候变化的预测最早是由诺贝尔奖得主、瑞典化学家斯凡特·奥古斯特·阿列纽斯（Svante August Arrhenius，1859—1927）提出的。阿列纽斯指出，工业革命的扩张和蒸汽机的大量使用会增加大气中的二氧化碳含量。并且，随着世界矿物燃料（特别是煤）的使用，二氧化碳浓度还会升高。凭借对于二氧化碳对全球变暖影响的理解，阿列纽斯预测，若大气中的二氧化碳含量加倍，那么整个地球温度就会升高几度。然而当时，阿列纽斯的这种预测却没有引起人们的重视。

现在，科学家将这种大气层底部变暖的现象称为温室效应。这种现象是由于温室气体（例如水蒸气、二氧化碳、甲烷和一氧化二氮）的存在而引起的。在地球上，

斯凡特·奥古斯特·阿列纽斯

1903 年的诺贝尔化学奖获得者斯凡特·奥古斯特·阿列纽斯（Svante August Arrhenius，1859—1927）是一个思想超前的人。他在 1884 年勉强通过的博士论文恰恰为其赢得了诺贝尔化学奖。阿列纽斯兴趣广泛，在行星科学和太空生物学方面均有所研究。1895 年，他成为第一个将地球大气中的吸热气体（如二氧化碳）同后来被人们熟知的"温室效应"联系在一起的人。20 世纪早期，他又大胆地设想生命会从一个星球蔓延到另一个星球，甚至会充满整个宇宙。这在当时的科学界引起了不小的震动。

1859 年 2 月 19 日，阿列纽斯出生在瑞典乌普萨拉附近的威克庄园。1876 年进入乌普萨拉大学学习数学、化学和物理，1878 年获得学士学位后，阿列纽斯又继续了 3 年的研究生学习。此后，阿列纽斯在博士论文中创新性地选择溶液的电导率作为研究对象。但不幸的是，他较为保守的导师并不支持这一选题。因此，阿列纽斯于 1881 年来到斯德哥尔摩瑞典皇家科学院物理研究所跟随埃里克·埃德伦德（Eric Edlund）教授继续其博士论文研究。

在斯德哥尔摩宽松的研究环境下，

阿列纽斯继续他的研究工作，他试图解释为什么盐和水都不具有导电性，而其盐水溶液却能够导电。他认为，这是由于离子（或是说电解液）在水中溶解后，会分解成钠离子（阳离子）和氯离子（阴离子），因此能够导电。1884 年，阿列纽斯在其论文中阐述了这一科学上的突破观点。但是他革命性的离子理论并没有完全说服乌普萨拉大学正统思想的答辩委员会教授们，他们只是勉强地给了他一个"四等"通过，就是说，他的研究还算是有点价值。

然而阿列纽斯并没有因此放弃他的研究。获得博士学位后，他继续推广这个创新性的离子理论。他拜访了欧洲许多思想创新的学者，不断探索新的科学领域。1891 年，阿列纽斯进入斯德哥尔摩的皇家理工学院成为一名物理学讲师。3 年后，他遇到了第一任妻子（也是他的学生兼助手）索菲亚·鲁代客（Sofia Rudeck）。一年后，阿列纽斯晋升为物理学教授，他的儿子威廉（Olev Wilhelm）也在这一年出生。但是阿列纽斯的这次婚姻只维持了两年的时间，于 1896 年离婚。

与博士答辩委员会成员相反，诺贝

尔奖评选委员会则认为阿列纽斯的离子理论非常具有价值。因此，在 1903 年，阿列纽斯由于其在电解质溶液理论研究中作出的巨大贡献获得了诺贝尔化学奖殊荣。1905 年，阿列纽斯从皇家理工学院退休后，出任新成立的斯德哥尔摩自然科学院诺贝尔学会物理和化学部主管。这一职位是瑞典皇家科学院专门为阿列纽斯设置的，目的是让他继续其广泛涉猎的科学研究。同年，阿列纽斯与第二任妻子玛莉亚（Maria Johansson）结婚，并生有两个女儿和一个儿子。

不久，自然科学院诺贝尔学会便吸引了来自世界各地的许多科学家。这里的创新环境使阿列纽斯能够自由地进行他的研究。阿列纽斯一生中涉猎过许多物理和化学的相关领域，并发表了许多有影响力的著作，其中包括《理论电化学》（Textbook of Theoretical Electrochemistry，1900）、《宇宙物理学》（Textbook of Cosmic Physics, 1903）、《理论化学》（Theories of Chemistry,1906）和《理论溶解学》（Theories of Solutions，1912）。

1895 年，阿列纽斯大胆地开始进行气候学、地球物理学和行星科学领域研究，并向斯德哥尔摩物理学会提交了一份有趣的论文《空气中的碳酸对地面温度的影响》。这篇论文竟然预想到了一百多年后的今天人们所关注的温室效应和二氧化碳含量升高问题。文章中，阿列纽斯认为，大气成分的变化（尤其是二氧化碳）会对地球整体温度造成很大的影响。

接下来的 10 年中，阿列纽斯继续研究二氧化碳对气候的影响，并将其主要思想总结到了 1903 年出版的《宇宙物理学》一书中。这本书还预言了未来两个科学领域：行星科学和地球系统科学。

1908 年，阿列纽斯出版了《形成中的世界》（Worlds in the Making）一书，具体阐述了大气的"温室理论"（即现在的温室效应）。阿列纽斯还对高空温度变化如何导致冰河时代和间冰期时代的研究特别感兴趣。

在《形成中的世界》一书中，阿列纽斯还介绍了他的有生源假设，即生命可以通过孢子、细菌或其他微生物的传播从一个星球蔓延到另一个星球，甚至会充满整个宇宙。

阿列纽斯一生中获得过许多奖项。1901 年，阿列纽斯加入瑞典皇家科学院。1902 年，他被英国皇家学会授予大卫奖章，1911 年被英国皇家学会接受为海外会员。同年，又被美国化学学会授予威廉·吉布斯奖章。1914 年，英国化学学会授予其法拉第奖章。此外，直到 1927 年 10 月 2 日在斯德哥尔摩去世之前，阿列纽斯一直都工作在自然科学院诺贝尔学会物理和化学部。

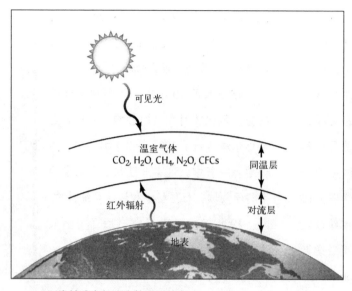

图为地球大气层中的温室效应

温室效应的出现是由于大气层可被太阳可见光穿透，而无法被地球表面发出的长波（热红外辐射）辐射所穿透。由于大气层中温室气体和人类活动产生的碳氟化合物的存在，地球表面发出的热红外辐射会受到阻碍而无法进入太空。而被吸收的热能则会使大气层底部的温度升高。由于人类活动产生的温室气体不断增加，造成更多的热能被阻隔，因此便产生了全球变暖的趋势。

这里，我们需要区分开自然的温室效应和增强的温室效应这两个概念。大气科学家认为，自然的温室效应在人类出现很久以前就已经存在了，它会使地球表面的温度提高 33℃ 左右。这对于地球生物圈是有益的，因为自然的温室效应形成的这个温度可以提供保持一个适合生物生存的良性自然环境。对地球整体的能量守恒研究发现，如果没有这种效应，地球将会是一个不适合居住的寒冷星球。

相反，增强的温室效应则是指将自然的温室效应形成的地球表面平均温度提高。通常，这种增强的温室效应都是由于大气中温室气体的含量升高（多为人类活动的结果）而造成的。这也引起了越来越多的科学家和政治家的争论，人们越来越担心温室气体浓度的增加所带来的后果。但是在这种争论中，人们一定要区分开自然的温室效应和增强的温室效应两者之间的区别。

现在，科学家们担心人类活动（例如大量使用矿物燃料）会增加大气层中温室气体的含量，破坏地球能量平衡，并引起全球变暖。他们还担心，为了经济的快速发展而使用大量的矿物燃料会为温室效应创造潜在的环境条件。这种效应会导致全球气候极度变化，所有地表的水都会蒸发掉。行星科学家们认为这种效应曾经发生在金星上面，造成了金星表面现在如地狱一般的温度。因此，要防止地球出现同样的灾难，还需要对地球大气层进行持续仔细的监测。

12

结 语

不到 70 年的时间里，地球轨道卫星已经成为现代科技不可缺少的一部分。卫星使包括天气预报、防御、通信、导航、环境监测和科学实验在内的现代生活的各个方面发生了改变。今天，卫星无论是在个人生活、政府行为还是人类整体的文明轨迹方面都发挥了极其重要的作用。

在卫星出现之前，天气预报还仅仅局限于接近地球表面的地方，而海洋和人烟稀少的地区则是气象观测的空白区。1960 年，以空间为基础的气象观测科学一经证实可行后，便迅速发展起来。现在的气象专家可以通过卫星观测到大量的气象特征，为人们提供非常精准的预报和灾难天气预警。气象卫星最重要的贡献就是可以较早地察觉并持续追踪热带气旋 —— 大西洋飓风、太平洋台风。

20 世纪中期，地球轨道军事卫星的出现大大提高了国家安全和军事工作能力。自从 1960 年美国成功发射第一颗侦察卫星以来，这种"太空中的侦察员"军事卫星就为美国政府提供了巨大帮助。

对地静止轨道通信卫星的出现使以信息为基础的地球村成为可能。这标志着现代空间技术的极大进步。此外，导航卫星的出现也改变了人们的生活。远古时期的旅行者们利用星星为其指路，而现代的旅行者则可以在先进的导航卫星帮助下到达任何目的地。

科学卫星的出现和发展使过去的 60 多年比以往任何时候都令人激动。现在的物理学家、天文学家和宇宙学家正被大量新的科学资料和频繁的科学发现所包围。他们发现，地球仅仅是这个超出任何人想象的神秘宇宙的一小部分。

对人类家园地球的观测并不仅仅局限于军事勘察，现代地球观测卫星已经成为信息采集的重要手段。

人类若想将来去往其他星球，现在首先就需要学会如何与他人和平相处，努力保护好我们的家园，还要不断地探索地球以外的宇宙空间。空间技术，特别是地球轨道卫星技术，是人类进入宇宙时代的关键所在。

大事年表

....

约公元前3000—约公元前1000年

在英国南部的索尔兹伯里平原仁立着一个巨石阵（它可能是人们为了预测夏至所使用的古代天文学日历）。

约公元前1300年

埃及天文学家辨别了所有肉眼可观测到的行星（水星、金星、火星、木星和土星），并识别了四十多个恒星组合（即星座）。

约公元前500年

巴比伦人创立了黄道十二宫的概念，此概念后被希腊人引用并加以完善。同时，它还被其他早期人类文明所使用。

约公元前375年

希腊早期数学家、天文学家欧多克斯（Eudoxus）开始根据古希腊神话将星座整理成书。欧多克斯是古希腊克尼多斯学派的代表人物。

约公元前275年

生活在萨摩斯岛的希腊天文学家阿里斯塔恰斯（Aristarchus）提出了太阳系这一天文系统。他提出的学说早于现代天文学家尼古拉斯·哥白尼提出的"日心说"。阿里斯塔恰斯在《论太阳和月亮的体积与距离》（*On the Size and Distance of the Sun and the Moon*）一书中，详细论述了自己的观点。但当时世人支持由克尼多斯学派的代表人物欧多克斯提出的"地心说"，对他的观点根本不予理睬。另外，"地心说"理论在当时还得到了亚里士多德（Aristotle）的认可。

约公元前129年

生活在尼西亚的希腊天文学家希帕恰斯（Hipparchus）完成了对850颗恒星的目录编撰。17世纪以前，这本目录一直在天文学领域拥有重要的地位。

约公元60年

生活在亚历山大的希腊工程师和数学家希罗（Hero）发明了汽转球。这是一个像玩具一样的实验仪器，科学家们利用它可以论证作用力与反作用力原理。这一原理正是所有火箭发动机工作原理的理论基础。

约公元150年

希腊天文学家托勒密完成了著名的《数学汇编》（*Syntaxis*）（这部著作后来被称为《天文学大成》）。这是一本总结古代天文学家掌握的全部天文知识的重要著作。书中提出了主导西方科学界一千五百多年的"地心说"理论模式。

820年

阿拉伯天文学家和数学家们在巴格达建立了一所天文学校，并将托勒密的著作翻译成阿拉伯语。此后，这本书被称为《麦哲斯帖》（意思是"伟大的作品"），中世纪的学者们也称它为《天文学大成》。

850年

中国人开始在节日的烟花中使用火药。其中，有一种烟花的形状看上去很像火箭。

1232年

中国金朝的女真族军队在开封府战役中使用可燃烧的箭头（长长的箭杆上带有火药的火箭雏形）将蒙古族入侵者击退。这是人类发展史上第一次记载在战争中使用火箭。

1280—1290年

阿拉伯历史学家哈桑·拉玛（Hasan al-Rammah）在他的著作《马背交锋和战争

策略》中介绍了火药和火箭的制作方法。

1379年

火箭出现在西欧。在围攻意大利威尼斯附近的基奥贾的战役中,军队使用了火箭。

1420年

意大利军队机械师乔阿内斯·德·丰塔那(Joanes de Fontana)写了《军用机械》(*Book of War Machine*)一书。这是一本理论性很强的书。他在书中提到了军队应该如何应用火药火箭,并具体提到了能够为火箭提供助推力的撞锤和鱼雷。

1429年

在奥尔良保卫战中,法国军队使用火药制火箭。在这期间,欧洲的军工厂也陆续开始进行实验,看看是否可以用各种类型的火药制火箭来代替早期的机关炮。

约1500年

根据人类对火箭进行研究的一些早期成果,一位名叫万户的中国官员试着装配了一个经过改进的靠火箭进行助推的动力装置,并让它带动自己在天空中飞行,这个装置看上去就像风筝一样。当他在驾驶位上坐好时,仆人们点燃了动力装置上的47个火药(黑火药)制火箭。不幸的是,随着一道刺眼的亮光和爆炸声,这位早期的火箭试验者从人世间彻底地消失了。

1543年

波兰教会官员和天文学家尼古拉斯·哥白尼发表了《天体运行论》(*On the Revolutions of the Heavenly Spheres*)一书,从而在科学界引发了一场革命,并最终改变了人类历史的进程。这本重要的书是在哥白尼临终时才发表的。哥白尼在书中提出了太阳中心说(日心说)的宇宙模式,这与长久以来托勒密等众多早期希腊天文学家所倡导的地球中心说(地心说)宇宙模式有巨大的差异。

1608年

荷兰光学家汉斯·利伯希（Hans Lippershey）研制了一个简易的望远镜。

1609年

德国天文学家约翰尼斯·开普勒出版了《新天文学》（*New Astronomy*）一书。他在书中对尼古拉斯·哥白尼提出的宇宙模式进行了修正，他指出：行星的运行轨道为椭圆形，而不是圆形。开普勒的行星运动定律结束了希腊天文学的"地心说"对国际天文学界的主宰。实际上，"地心说"的主导地位已经延续了两千多年。

1610年

1月7日，伽利略通过他的天文望远镜对木星进行了观测，结果发现这颗庞大的行星有4颗卫星（即木卫四、木卫二、木卫一和木卫三）。他将此次观测和其他观测的结果写入了《星际使者》一书。此次有关木星4颗卫星的发现使伽利略敢于大胆地倡导哥白尼的"日心说"理论，从而引发了他与教会之间的直接冲突。

1642年

由于倡导哥白尼的"日心说"理论，伽利略与教会之间发生了直接冲突。结果，伽利略被软禁在位于意大利佛罗伦萨附近的家中。这种生活状态一直持续到伽利略去世。

1647年

波兰裔德国天文学家约翰尼斯·赫维留斯（Johannes Hevelius）出版了名为《月图》（*Selenographia*）的著作。他在书中详细地描述了月球的近地端表面特征。

1680年

俄国沙皇彼得大帝（Peter the Great）在莫斯科建立了一个制造火箭的机构，该机构后来被迁至圣彼得堡。它主要为沙皇军队提供各式火药制火箭，这些火箭可以被用来对指定目标实施轰炸、对信号进行传输及对夜间的战场进行照明。

1687年

在埃德蒙多·哈雷爵士（Sir Edmund Halley）的鼓励和资助下，艾萨克·牛顿爵士出版了他的旷世之作《自然哲学的数学原理》（*The Mathematical Principles of Natural Philosophy*）。此书为人类理解几乎所有宇宙天体的运动奠定了数学基础，还帮助人们理解了与行星的轨道运动和火箭助推航天器的运行轨道有关的知识。

18世纪80年代

生活在迈索尔地区的印度统治者海德·阿里在他的部队中增加了一支火箭兵团。海德的儿子蒂普·苏丹在 1782—1799 年的一系列对英战役中成功地使用了火箭。

1804年

威廉·康格里夫爵士（Sir William Congreve）发表名为《火箭系统的起源和发展简述》（*A Concise Accourt of the Origin and progress of the Rocket System*）的著作，他在书中记载了英军在印度的作战经历。接下来，他开始研制一系列英军军用（黑火药）火箭。

1807年

在拿破仑战争中，英军使用大约 25 000 支经过威廉·康格里夫改良的军用（黑火药）火箭轰炸了丹麦首都哥本哈根。

1809年

杰出的德国数学家、天文学家和物理学家卡尔·弗里德里希·高斯（Johann Carl Friedrich Gauss）出版了一部关于天体动力学的重要著作。此书彻底改变了科学家们对行星轨道内的摄动现象的计算方法。19 世纪的某些天文学家正是利用他的研究成果预测并发现了海王星（1846）。在这一过程中，科学家对天王星轨道内的摄动现象的研究是功不可没的。

1812年

英军在 1812 年战争中对美军使用了威廉·康格里夫爵士研制的军用火箭，威廉·

麦克亨利堡地区受到了英国火箭的轰炸。受到战争的启发，美国诗人弗朗西斯·斯格特·基（Francis Scott Key）在著名的《星条旗》（*The Star-Spangled Banner*）中加入了与"火箭红色亮光"有关的词句。

1865年

法国科幻作家儒勒·凡尔纳出版了他的名著《从地球到月球》，这本书使许多人对太空旅行的相关知识产生了浓厚的兴趣，其中有一些年轻的读者后来还成为航天学的奠基人，例如，罗伯特·哈金斯·戈达德、赫尔曼·奥伯特（Hermann Oberth）和康斯坦丁·埃德多维奇·齐奥尔科夫斯基（Konstantin Eduardovich Tsiolkovsky）。

1869年

一位叫爱德华·埃弗雷特·黑尔（Edward Evcrett Hale）的美国牧师、作家出版了《砖砌的月亮》（*The Brick Moon*）一书。这本书是第一部描写载人空间站的科幻小说。

1877年

美国天文学家阿萨夫·霍尔（Asaph Hall）在华盛顿美国海军天文台工作时发现并命名了火星的两颗小卫星，即火卫二和火卫一。

1897年

英国作家赫伯特·乔治·威尔斯撰写了著名的科幻小说《星球大战》。这本书讲述了火星人入侵地球的经典故事。

1903年

俄国科幻小说家康斯坦丁·埃德多维奇·齐奥尔科夫斯基撰写了《用反作用力装置探索太空》（*The Exploration of Cosmic Space by Means of Reaction Devices*）一书，他是历史上将火箭和太空旅行联系起来的第一人。

1918年

美国物理学家罗伯特·哈金斯·戈达德撰写了《最后的迁徙》（*The Ultimate*

Migration）一书，这是一部意义深远的科幻作品。作者在书中假设：人类乘着一艘原子能宇宙飞船逃离了即将毁灭的太阳系。由于怕被世人嘲笑，戈达德将这部科幻小说的手稿藏了起来。他于 1945 年去世，而这部小说直到 1972 年 11 月才得以出版。

1919年

被后人称为美国"火箭之父"的罗伯特·哈金斯·戈达德在《史密森杂志》上发表了题为《到达极高空的方法》（*A Method of Reaching Extreme Altitudes*）的专题论文。这篇论文向世人介绍了几乎所有当代火箭学领域的基础理论。戈达德在论文中提出：人类可以利用一个小小的靠火箭助推的航天器抵达月球表面。遗憾的是，杂志社的编辑们完全没有认识到这篇论文的科学价值，认为上述观点纯属笑谈。他们索性把戈达德的观点称为"疯狂的幻想"，并给戈达德起了个绰号，叫"月球人"。

1923年

在没有得到罗伯特·哈金斯·戈达德和康斯坦丁·埃德多维奇·齐奥尔科夫斯基的任何帮助的情况下，德国太空旅行科幻作家赫尔曼·奥伯特出版了一部名为《探索星际空间的火箭》（*By Rocket into Planetary Space*）的作品，这部作品的问世令许多人激动不已。

1924年

德国工程学家沃尔特·霍曼（Walter Hohmann）撰写了名为《天体的可达到性》（*The Attainability of Celestial Bodies*）的著作。这部重要的著作详细阐述了关于火箭运动和宇宙飞船运动的数学原理。书中叙述了如何在两个共面轨道之间完成效率最高的（即能量消耗最少的）轨道路径转换，这种频繁使用的操作方式被称为霍曼轨道切换。

1926年

3 月 16 日，在位于美国马萨诸塞州奥本市的一个白雪覆盖的农场里，美国物理学家罗伯特·哈金斯·戈达德创造了太空科学的历史。他成功地发射了世界上第一枚液体动力火箭。尽管使用汽油（燃料）和液体氧气（氧化剂）的装置只燃烧了 2.5

秒钟便落在了 60 米开外的地方，但从技术上讲，这个装置完全可以被看作所有现代液体动力火箭发动机的鼻祖。

4 月，一本名为《惊奇故事》（*Amazing Stories*）的杂志问世了。这是世界上第一本专门刊登科幻小说的刊物。众多科学事实和科幻小说将现代火箭与太空旅行密切地联系在了一起。结果，很多 20 世纪 30 年代的（以及以后的）人类科学梦想最终被写成了与星际旅行有关的科幻作品。

1929年

德国太空旅行科幻作家赫尔曼·奥伯特出版了一本名为《太空旅行之路》（*Ways to Spaceflight*）的获奖著作。此书使许多非专业人士了解了太空旅行的概念。

1933年

克利特（P. E. Cleator）建立了英国星际协会（BIS），这个协会后来成为世界上最著名的倡导太空旅行的机构。

1935年

康斯坦丁·齐奥尔科夫斯基出版了他的最后一部著作——《在月球上》（*On the Moon*）。在书中，他强烈主张将宇宙飞船作为在地月之间和其他星际之间进行旅行的工具。

1936年

英国星际协会的创办者克利特写了一本名为《穿越太空的火箭》（*Rockets through Space*）的著作，这是英国学术界第一次将航空学上升到一定的理论高度。然而，几份权威的英国科学杂志嘲弄这本书为缺乏科学想象的不成熟的科幻作品。

1939—1945年

第二次世界大战中，各国纷纷使用了火箭和大小不等、形状不一的导向导弹。其中，在太空探测方面最具科研价值的是佩内明德的德军使用的 V-2 型液体动力火箭，该火箭是由冯·布劳恩（Wernher von Braun）研制的。

1942年

10月3日，德国的A-4火箭（后被重命名为"复仇武器2号"或V-2火箭）在位于波罗的海沿岸的佩内明德火箭试验发射场第一次成功发射。这一天可以被看作现代军用弹道导弹的诞生之日。

1944年

9月，德国军队向伦敦和英国南部发射了数百枚所向披靡的V-2火箭（每一枚火箭都携带了一个重量为一吨的爆炸性极强的弹头），德军从此开始对英国进行弹道导弹攻击。

1945年

德国火箭科学家冯·布劳恩和研发团队中的几个关键人物意识到德国大势已去，于5月初在德国罗伊特附近向美国军队投降。几个月内，美国的情报人员展开了代号为"别针行动"的特别行动。他们先后对许多德国火箭研究人员进行了盘问，并获得了大量的文件和装备。然后，他们对这些文件和装备进行了分类整理。后来，很多德国科学家和工程师也加入了冯·布劳恩在美国的研发团队并继续他们的火箭研发工作。美军将数以百计缴获的V-2火箭拆开，然后将零件用船运回美国。

5月5日，苏联军队在佩内明德缴获了德军的火箭设备并将所有剩余的装备和研发人员带回了国内。在欧洲战场的战事即将结束的日子里，被缴获的德国火箭技术和被俘的德国火箭研发人员为巨型导弹和太空竞赛登上冷战的舞台进行了必要的铺垫。

7月16日，美国在世界上首次试爆了核武器。这次代号为"三位一体"的试验发射是在位于新墨西哥州南部的一个地理位置比较偏远的试验发射场进行的。这次发射从根本上改变了战争的面貌。作为美国与苏联进行冷战对峙的表现之一，装有核装备的弹道导弹已经成为人类所发明的威力最大的武器。

10月，一位当时并不著名的英国工程师和作家——亚瑟·克拉克建议使用同步卫星来进行全球通信联系。他在《无线电世界》杂志上发表的题为《地球外的转播》（*Extra-terrestrial Relays*）的文章标志着通信卫星技术的诞生。通信卫星技术实际上是应用太空技术来支持信息革命的发展。

1946年

4月16日，美国军方在位于新墨西哥州南部的白沙试验基地火箭发射场发射了首枚经过美方改进的德国V-2火箭，这枚火箭也是在第二次世界大战中从德军那里缴获来的。

7—8月间，苏联火箭工程师谢尔盖·科罗廖夫（Sergei Korolev）着手研发德国V-2火箭的改进版。科罗廖夫为了进一步完善火箭的性能，增加了发动机的推力和燃料槽的长度。

1947年

10月30日，苏联的火箭工程师们成功地发射了一枚经过改装的德国V-2火箭。这次发射是在卡普斯京亚尔附近的一个火箭发射场进行的，该发射场位于沙漠之中。这枚火箭沿着试验飞行方向进行飞行，并最终落在距离发射点320千米的地方。

1948年

9月出版的《英国星际协会学报》刊登了由谢泼德（L. R. Shepherd）和克利弗（A. V. Cleaver）共同撰写的4篇系列学术论文中的第一篇。这篇论文探索了将核能应用于太空旅行的可行性，并提出了核电推进力和核动力火箭的概念。

1949年

8月29日，苏联在哈萨克沙漠的一个秘密试验点进行了首枚苏制核武器的爆炸试验。这次试验的代号为"首次闪电"，它不但成功地打破了美国对核武器的垄断，同时也使世界陷入了大规模的核武器军备竞赛。当然，它的成功也加速了对射程达几千千米的战略弹道导弹的研发进程。由于当时在核武器技术上还落后于美国，苏联领导人决定研发威力更大、推力更强的火箭。这些火箭可以被用来携带体积更大、设计更独特的核武器。这一决定为苏联在发射工具方面赢得了巨大的优势。为了向全世界证明各自国力，两个超级大国决定在太空展开军备竞赛（开始于1957年）。

1950年

7月24日，美国使用其设计的名为"WAC下士"的二级火箭成功发射了一枚经过改造的德国 V-2 火箭。这枚火箭是美国空军在新建的远程导弹试验发射场发射的，该发射场位于佛罗里达州的卡纳维拉尔角。这枚混合多级火箭（也被称为"丰收 8 号"）成功开启了在卡纳维拉尔角进行的系列航天发射的大幕。此后，许多军事导弹和宇宙飞船在这个世界最著名的火箭发射场被发射升空。

同年 11 月，英国科幻作家亚瑟·克拉克发表了题为《电磁发射对太空飞行的主要贡献》的论文。他在文章中提出对月球的资源进行开采并利用电磁弹射器将开采到的月球物质弹射到星际空间。

1951年

科幻电影《地球停转之日》震惊了电影院里的观众。这个经典的故事讲述了强大的外星人来到地球，陪同它的还有一个机器人。它此行的主要目的是警告世界各国政府不要再继续进行愚蠢的核军备竞赛。在这部影片中，人类第一次将外星人描写成来帮助地球人的聪明使者。

荷兰裔美国天文学家杰拉德·彼得·柯伊伯（Gerard Peter Kuiper）提出在冥王星轨道的外侧存在许多冰冷的小行星体，由这群冰冷的天体构成的小行星带也被称为"柯伊伯带"。

1952年

沃纳·冯·布劳恩和威利·莱伊（Willey Ley）等太空专家在一本名为《科利尔》的杂志上发表了不同系列的配有精美插图的科普文章，这些文章使许多美国人开始对太空旅行感兴趣。其中一组有名的系列文章由 8 篇论文组成。它的第一篇发表于 3 月 22 日，这篇文章选用了一个大胆的标题——《人类即将征服太空》（*Man Will Conquer Space Soon*）。这本杂志聘请了当时最有影响力的太空美术家切斯利·邦艾斯泰（Chesley Bonestell）为其绘制彩色插图。之后的系列文章向数百万美国读者介绍了与太空空间站、月球旅行和火星探险有关的知识。

冯·布劳恩还出版了《火星计划》（*The Mars Project*）一书。他在书中提议：让 70 名宇航员搭乘 10 艘宇宙飞船到达火星，并对火星进行为期一年左右的探测活动，然后返回地球。这是科学界第一次对人类火星探险进行专门的学术研究。

1953年

8月，苏联试爆了第一枚热核武器（一颗氢弹）。这一科学发展史上的伟大成绩使超级大国之间的核武器军备竞赛进一步升级，并进一步突出了刚刚问世的战略核武器弹道导弹的重要地位。

10月，美国空军组建了一个由约翰·冯·诺伊曼领导的专家小组，对美国战略弹道导弹系统进行评估。1954年，这个小组建议对美国弹道导弹系统进行重大技术调整。

1954年

美国总统艾森豪威尔采纳了约翰·冯·诺伊曼的建议，给予发展战略弹道导弹全美国最高的战略地位。当时，在美国政府的内部，人们普遍担心在战略弹道导弹方面美国已经落后于苏联。所以，在当时的世界舞台上，冷战带来的导弹军备竞赛愈演愈烈。卡纳维拉尔角成为著名的弹道导弹发射试验场，在这里先后试验发射的重要弹道导弹包括："雷神号""宇宙神号""大力神号""民兵号"和"北极星号"等。其中许多威力巨大的军用弹道导弹在研发成功以后，被美国当作太空发射工具使用。在美国航天发展的关键时期，美国空军的伯纳德·施里弗将军（General Bernard Schriever）曾经对"宇宙神号"弹道导弹的研发工作进行了全程指挥。这枚弹道导弹的成功研发是工程学和航天技术领域取得的又一伟大成就。

1955年

沃特·迪斯尼（Walt Disney，美国娱乐科幻作家）制作了激励人心的电视片三部曲，片中描绘了著名太空专家冯·布劳恩的形象。这部系列电视片向美国观众宣传了太空旅行。随着第一集《人类在太空》（Man in Space）于3月9日播出，这部系列片开始向数百万美国电视观众介绍太空旅行的梦想。接下来的两集分别被命名为《人类和月球》（Man and the Moon）和《火星不是终点》（Mars and Beyond）。随着这些电视片的播出，冯·布劳恩这个名字和"火箭科学家"的称呼渐渐家喻户晓。

1957年

10月4日，苏联火箭科学家谢尔盖·科罗廖夫在苏联领导人赫鲁晓夫（Nikita

Khrushchev）的允许下，使用威力十足的军事火箭成功地将"斯普特尼克1号"（世界第一颗人造卫星）送入地球轨道。发射成功的消息在美国的政治领域和科技领域引起了强烈的冲击。"斯普特尼克1号"的成功发射标志着太空时代的开始。同时，它也标志着冷战时期的太空军备竞赛的开始。在冷战时期，人们通过各国在外层空间取得的成就（或失败）来衡量它们的综合国力和国际声望。

11月3日，苏联发射了"斯普特尼克2号"——世界上第二颗人造卫星。这艘在当时看起来极为巨大的宇宙飞船携带了一只名为莱卡的小狗。在这次航天飞行结束的时候，对莱卡执行了安乐死。

美国对使用新设计的民用火箭发射第一颗卫星的计划进行了大规模的宣传。但是，人们在12月6日那一天等来的却是一场灾难。这枚"探索号"火箭在从卡纳维拉尔角的发射台升起几厘米以后发生了爆炸。苏联的"斯普特尼克1号"和"斯普特尼克2号"的成功发射和美国的"探索号"经历的富有戏剧性的失败更加激起了很多美国人的愤怒。对外层空间的探索和利用成为冷战时期政治的宣传工具。

1958年

1月31日，美国成功发射了"探险者1号"，它是美国发射的第一颗围绕地球飞行的卫星。一支由冯·布劳恩统一指挥，由美国军队弹道导弹协会（ABMA）和加利福尼亚理工学院喷气推进实验室的工作人员匆忙组建的队伍，完成了拯救国家声望的任务。这支队伍把一颗军用弹道导弹作为发射工具。"探险者1号"利用爱荷华大学詹姆斯·范·艾伦博士（Dr. James van Allen）提供的科学设备发现了地球周围的辐射带——为了纪念詹姆斯·范·艾伦博士，这一辐射带现在被命名为"范艾伦辐射带"。

美国国家航空航天局于10月1日成为美国政府下属的官方民用航天机构。10月7日，新成立的美国国家航空航天局宣布启动水星计划。按照这一富有开拓性的计划，美国宇航员将第一次被送入绕地运行轨道。

12月中旬，"宇宙神号"火箭从卡纳维拉尔角被发射升空并进入绕地运行轨道。火箭的有效负载实验舱内搭载了卫星自动操纵准备装置（即进行信号传输的轨道中继转播实验设备）。这个设备播放了一段提前录好的艾森豪威尔总统的圣诞节讲话录音。这是人类的声音第一次从外层空间传回地球。

1959年

1月2日，苏联将一艘重达360千克的大型宇宙飞船——"月球1号"送往月球。尽管"月球1号"与月球表面最终还有5 000~7 000千米的距离，它仍然是第一个摆脱地球引力并进入绕月运行轨道的人造天体。

9月中旬，苏联发射了"月球2号"。这艘重量为390千克的大型宇宙飞船成功地到达了月球的表面，并成为第一个在其他星球表面着陆（或撞击其他星球表面）的人造天体。此外，"月球2号"还将苏联的国徽和国旗带到了月球表面。

10月4日，苏联发射了"月球3号"。这个飞船不仅成功地环绕月球进行了飞行，而且拍下了第一张月球背面的照片。因为月球在围绕地球运行的同时还要进行同步自转，所以地球表面的观测者只能看到月球表面的正面。

1960年

美国在3月11日将"先驱者5号"宇宙飞船发射升空并使其进入绕日飞行的预定轨道。这个体积适中的球形宇宙飞船的质量为42千克，它成功地探测了介于地球和金星之间的星际空间的基本情况。地球和金星之间的距离约为3 700万千米。

在5月24日，美国空军从卡纳维拉尔角发射了一颗导弹防御警报系统卫星。这件事在美国历史上开创了利用特殊军事监视卫星探测敌方导弹发射的先河。该卫星主要观测火箭释放出的气体具有什么样的红外线（热量）特征。由于该任务的高度机密性，公众在几十年的时间内对此事一无所知。导弹监视卫星的出现使美国政府针对苏联方面有可能发动的洲际弹道导弹（ICBM）突袭建立起可靠的早期预警系统。监视卫星帮助美国政府在冷战期间执行战略核威慑政策，并有效地预防了突发的核冲突。

美国空军成功地于8月10日在范登堡空军基地发射了"发现者13号"宇宙飞船。这艘太空飞船实际上是由美国空军和美国中央情报局共同负责的侦察计划的一部分，这个高度机密的侦察计划的代号为"日冕"。根据艾森豪威尔总统的特殊指令，这个间谍卫星计划开始实施，卫星从太空拍摄了一些地区的重要图像资料，美国在当时还无法接近这些地区。8月18日，"发现者14号"（也被叫作"日冕14号"）向美国的情报机构提供了第一批卫星拍摄的关于苏联的照片。从此以后，人类社会进入了卫星侦察时代。美国国家侦察局依靠间谍卫星收集到的数据对美国的国家安全做出重大的贡献，而且这些数据也有助于在政治冲突频发的特定时期保持全球的稳定。

8 月 12 日，美国国家航空航天局成功地发射了"回声 1 号"实验宇宙飞船。这个巨大的航天器的直径为 30.5 米，它看上去就像一个膨胀的金属球，是世界第一颗被动通信卫星。在太空电信时代即将到来的时候，美国和英国的工程技术人员利用"回声 1 号"实验宇宙飞船在两国之间进行无线电信号的发射与接收实验。

苏联发射了围绕地球飞行的"斯普特尼克 5 号"宇宙飞船。这艘巨大的飞船实际上是即将把宇航员带入太空的"东方号"飞船的实验飞船。"斯普特尼克 5 号"还携带了两只分别被叫作斯特莱卡和贝尔卡的小狗。当飞船的返回舱在第二天正常工作时，这两只小狗成为第一批在成功进行轨道运行以后又成功返回地球的生命体。

1961年

1 月 31 日，美国国家航空航天局从卡纳维拉尔角成功地发射了执行水星计划的"红石号"太空舱，这个太空舱将进行亚轨道飞行。在到达海拔 250 千米的高空时，太空舱里的黑猩猩乘客汉姆利用降落伞安全地降落在大西洋的安全区域内。灵长类动物所进行的太空之旅的成功是把美国宇航员安全送入太空的关键一步。

苏联第一次利用宇宙飞船成功地将人类送入了环绕地球运行的轨道，这次航天任务的成功完成在人类探索宇宙空间的历史上具有里程碑式的重要意义。宇航员尤里·加加林（Yuri Gagarin）乘坐"东方 1 号"宇宙飞船进入了太空，他也因此成为第一个在绕地运行航天器中对地球进行观测的人类。

5 月 5 日，美国国家航空航天局从卡纳维拉尔角将"红石号"火箭发射升空，火箭将宇航员艾伦·谢泼德（Alan B. Shepard, Jr.）送入太空，进行了 15 分钟具有历史意义的亚轨道飞行。在执行"水星探测计划"的"自由 7 号"太空舱内，谢泼德在海拔 186 千米的高空乘坐航天器进行飞行，他也因此成为第一个在太空旅行的美国人。

5 月 25 日，肯尼迪总统在美国国会参众两院联席会议上发表了鼓舞人心的演讲。演讲主要涉及为了保证美国的国家安全利益当时急需完成的任务。这位刚刚上任的美国总统提出了美国在太空领域所要面对的巨大挑战。他当众宣布："在 1970 年之前，我们一定能成功地实现人类登月并保证宇航员安全返回地球。为了实现这一理想，我相信我们这个国家一定会全力以赴。"由于肯尼迪总统具有前瞻性的领导，美国最终被公认为冷战时期太空军备竞赛的获胜者。1969 年 7 月 20 日美国宇航员尼尔·阿姆斯特朗和埃德温·奥尔德林第一次踏上了月球的表面。

1962年

2月20日，宇航员约翰·赫歇尔·格伦（John Herschel Glenn, Jr.）成为第一位乘坐宇宙飞船围绕地球飞行的美国人。美国国家航空航天局用"宇宙神号"火箭将执行"水星探测计划"的"友谊7号"太空舱从卡纳维拉尔角发射升空。在完成了3圈飞行任务以后，格伦乘坐的太空舱安全地降落在大西洋海域。

8月下旬，美国国家航空航天局从卡纳维拉尔角将飞往金星的"水手2号"宇宙飞船发射升空。1962年12月14日，"水手2号"到达了距离金星3.5万千米的宇宙空间，从而成为世界上第一个成功的星际太空探测器。宇宙飞船的观测数据显示：金星的表面温度可以达到430℃。这些数据彻底地推翻了人们在太空时代到来以前对金星的假设。当时，许多人认为：金星的表面分布着许多茂盛的热带丛林；从某种意义上讲，金星就像地球的双胞胎兄弟一样。

在10月间，苏联在古巴境内部署了具有核武器性质的攻击性弹道导弹，从而使整个世界陷入了古巴导弹危机。两个超级大国之间的对峙导致整个世界格局充满了危险，核战争一触即发。经过肯尼迪总统和众多国家安全顾问的政治斡旋，苏联领导人赫鲁晓夫撤回了苏联的弹道导弹，古巴导弹危机也最终得以化解。

1964年

11月28日，美国国家航空航天局的"水手4号"宇宙飞船在卡纳维拉尔角成功发射，它也成为第一艘从地球到火星探访的宇宙飞船。它于1965年7月14日成功地针对火星这颗红色行星进行了近天体探测飞行。当时，它与火星之间的距离是9 800千米。"水手4号"拍摄的近距离照片显示：火星的表面是一个贫瘠得如沙漠般的世界。人类对火星的早期认识也因此得到了纠正。在太空时代到来以前，许多人认为：火星的表面有许多古代的城市以及一个巨大的人工运河网络。

1965年

3月23日，一枚"大力神号"Ⅱ型火箭将载有维吉尔·伊万·格里森（Virgil "Gus" I. Grissom）和约翰·杨（John W. Young）这两名宇航员的宇宙飞船从卡纳维拉尔角发射升空。这两名宇航员乘坐的是能够容纳两名宇航员的"双子星3号"飞船。美国国家航空航天局的"双子星3号"这次所执行的飞行任务是进行第一次载人航天飞行，它标志着美国宇航员为了准备执行"阿波罗号"月球探测任务，开始进行载人太空活动了。

1966年

1月31日，苏联将"月球9号"宇宙飞船发射升空。这个飞船的目的地是月球，它的质量为100千克。这个球形航天器于2月3日在月球表面的风暴洋地区实现了软着陆。在彻底停下来以后，这个航天器展开了4个像花瓣一样的盖子，然后从月球表面传回了第一组全景电视画面。

3月31日，苏联将"月球10号"宇宙飞船发射升空，这个飞船的目的地仍是月球。这个巨大的航天器的质量为1500千克，它也成为第一个围绕月球飞行的人造天体。

5月30日，美国国家航空航天局向月球发射了一个着陆航天器，它的名字叫"勘察者1号"。这个全能型的机器人航天器于6月1日成功地在风暴洋地区实现了软着陆，然后从月球表面传回了1万张照片，并为下一步完成"阿波罗号"探测项目的人类登月任务进行了多次土壤动力实验。

8月中旬，美国国家航空航天局从卡纳维拉尔角发射了"月球轨道器1号"飞往月球。这次航天发射是系列太空探测任务中的第一次。这些探测任务的主要目标是从月球轨道对月球进行全方位的拍摄。在每次拍摄任务结束以后，轨道环行器将会按照最初的设计落在月球的表面，以避免对未来的轨道活动产生干扰。

1967年

1月27日，灾难袭击了美国国家航空航天局的"阿波罗号"航天计划。当宇航员维吉尔·伊万·格里森、爱德华·怀特（Edward H. White）和罗杰·查菲（Roger B. Chaffee）正在位于34号航天器发射台的"阿波罗1号"宇宙飞船内进行训练时，一场突发的大火在飞船内蔓延开来，这3名宇航员不幸遇难。美国的月球登陆计划也因此延期了18个月。美国国家航空航天局还对执行"阿波罗号"航天计划的航天器在设计和安全性能方面进行了重大改进。

4月23日，悲剧也袭击了苏联的航天项目。当时，苏联宇航员弗拉基米尔·科马洛夫（Vladimir Komarov）正在刚刚投入使用的"联盟1号"宇宙飞船内执行太空飞行任务。在执行轨道飞行任务期间，科马洛夫就已经遇到了许多困难。在执行重返地球大气层的任务时，由于降落伞无法正常展开而飞船又以极高的速度撞击地球的表面，弗拉基米尔·科马洛夫不幸遇难。

1968年

12月21日，美国国家航空航天局的"阿波罗8号"宇宙飞船（只包括指挥舱和服务舱）在肯尼迪航天中心的39号航天器发射台被发射升空。这是巨大的"土星5号"探测器进行的第一次载人航天飞行。宇航员弗兰克·博尔曼、小詹姆斯·亚瑟·洛弗尔和威廉·安德斯也因此成为第一批摆脱地球引力影响的人。他们进入了围绕月球运行的轨道，并拍摄到了一组画面：美丽得令人难以置信的地球从质朴无华的月球地平线上徐徐升起。上百万人在看到这些画面以后发出了由衷的感叹，此后他们就发起了保护地球环境的运动。在围绕月球飞行了10圈以后，他们乘坐的航天器于12月27日成功地返回了地球。

1969年

7月16日，美国国家航空航天局的"阿波罗11号"航天器在世人目光的注视下从肯尼迪航天中心起飞并飞往月球。宇航员是尼尔·阿姆斯特朗、迈克尔·柯林斯和埃德温·奥尔德林3人。这些宇航员实现了人类长期以来一直拥有的梦想。7月20日，美国宇航员尼尔·阿姆斯特朗小心翼翼地从月球舱的梯子上走了下来，并最终踏上了月球的表面。他感叹："对我个人来说这仅是一小步，但却是全人类的一大步。"他和奥尔德林成为最先在其他星球上行走的地球人。很多人把"阿波罗号"月球登陆计划看作人类历史上最伟大的科学成就。

1970年

4月11日，美国国家航空航天局的"阿波罗13号"航天器从地球起飞飞往月球。4月13日，在"阿波罗号"的服务舱内突然发生了危及宇航员生命的爆炸。此时，宇航员詹姆斯·亚瑟·罗弗尔、约翰·莱昂纳德·斯威格特（John Leonard Swigert）和小弗莱德·华莱士·海斯（Fred Wallace Haise, Jr.）必须把他们的月球旅行舱当作救生艇来使用。全世界的人们都在焦急地等待和聆听他们的消息。宇航员们熟练地驾驶着已经部分失去控制的飞船继续围绕月球飞行。由于关键燃料的不足，飞船只能沿着自由轨道返回地球。4月17日，他们放弃了登月小艇（LEM）的"水瓶座号"航天器，然后登上了"阿波罗号"宇宙飞船的指令舱，并在成功返回地球大气层之后降落在太平洋海域。

1971年

4月19日，苏联发射了第一个宇宙空间站（它被叫作"礼炮1号"）。这个宇宙空间站最初处于不载人的状态。这主要是由于"联盟10号"（于4月22日被发射升空）的3名宇航员曾经试图与空间站完成对接，但是他们无法登上该空间站。

1972年

1月初，理查德·尼克松总统批准了美国国家航空航天局的航天飞机计划。这个决定为人们勾画出美国国家航空航天局在未来30年进行太空探索的蓝图。

3月2日，一枚宇宙神–半人马座运载火箭在卡纳维拉尔角被成功发射，该火箭将美国国家航空航天局的"先驱者10号"宇宙飞船送入太空。这个长距离飞行的机器人航天器成为第一个通过主小行星带的航天器，它还是第一个针对木星进行近天体探测飞行的航天器（1973年12月3日）。1983年6月13日，它穿过了海王星（当时被认为是离太阳最远的行星）的运行轨道。它被认为是第一个离开太阳系边界的人造天体。在星际空间的运行轨道内进行飞行的过程中，"先驱者10号"（和它的孪生兄弟"先驱者11号"）向那些可能存在的外星人展示它们所携带的特殊装饰板。几百万年以后，也许这些外星人会发现这个在星际空间漂流的航天器。

12月7日，美国国家航空航天局的"阿波罗17号"宇宙飞船从肯尼迪航天中心出发，开始进行20世纪最后一次月球探测之旅，它是由巨大的"土星5号"火箭发射升空的。当宇航员罗纳德·E.埃文斯（Ronald E. Evans）留守在月球轨道中时，他的同伴尤金·A.塞尔南（Eugene A. Cernan）和哈里森·H.施密特（Harrison H. Schmitt）成为在月球上进行漫步的第十一位和第十二位地球人。他们利用月球漫游车探测了陶拉斯·利特罗山谷地区。他们于12月19日成功地返回了地球，将人类的太空探索历史带入了一个漫长而壮丽的新阶段。

1973年

4月初，由宇宙神-半人马座火箭发射的美国国家航空航天局"先驱者11号"宇宙飞船从卡纳维拉尔角开始了一次星际旅行。该宇宙飞船在1974年12月2日在太空中遇到了木星，并且利用木星的引力助推作用建立了针对土星进行近天体探测飞行的运行轨道。它是第一个对土星进行近距离观测的航天器（在1979年9月1日那一天它与土星之间的距离达到了最小值）。然后，它沿着运行轨道进入了星际空间。

5月14日，美国国家航空航天局发射了"天空实验室"——美国第一个宇宙空间站。巨大的"土星5号"火箭仅利用一次航天发射就将这个巨大的航天器送入了预定轨道。由于宇宙空间站在发射升空的过程中受到了一定程度的损坏，最初的3名美国宇航员在5月25日到达预定位置以后，马上对空间站进行了紧急维修。宇航员小查尔斯·皮特·康拉德、保罗·维茨（Paul J. Weitz）和约瑟夫·科文（Joseph P. Kerwin）在空间站工作了28天。后来，宇航员艾伦·比恩、杰克·洛斯马（Jack Lousma）和欧文·加里欧特（Owen Garriott）接替了他们的工作。这一批宇航员于7月28日抵达空间站并在太空生活了59天。最后一批天空实验室的工作人员［宇航员杰拉德·卡尔（Gerard Carr）、威廉·波格（William Pogue）和爱德华·吉布森（Edward Gibson）］11月11日到达了空间站，并在那里一直居住到1974年2月8日，从而创造了在太空停留84天的纪录。美国国家航空航天局后来放弃了对天空实验室的使用。

11月初，美国国家航空航天局从卡纳维拉尔角发射了"水手10号"宇宙飞船。它在1974年2月5日与金星在太空相遇，并且利用金星的引力助推作用使自己成为第一个对水星进行近距离探测的航天器。

1975年

8月末9月初,美国国家航空航天局先后从卡纳维拉尔角向火星发射了一对卫星－登陆车组合式宇宙飞船："海盗1号"（8月20日）和"海盗2号"（9月9日）。它们在1976年到达火星表面。至此，所有执行"海盗号"太空探测计划的航天器（两个登陆车和两个人造卫星）均出色地完成了既定任务，但是利用显微镜在火星表面寻找生命的详细探究没有得出最后的结论。

1977年

8月20日，美国国家航空航天局从卡纳维拉尔角将"旅行者2号"发射升空，这个航天器将进行大规模的太空探索任务。在这期间，它会遇到太阳系的四颗行星，然后沿着星际轨道离开太阳系。利用引力助推作用，"旅行者2号"在太空中先后遇到了木星（1979年7月9日）、土星（1981年8月25日）、天王星（1986年1月24日）和海王星（1989年8月25日）。这个有弹力的机器人航天器（和它的孪生兄弟"旅行者1号"）在进行远距离太空飞行的过程中，为人类带去了来自地球的特殊星际信息，那就是被称为"地球之声"的数字记录数据。

9月5日，美国国家航空航天局从卡纳维拉尔角发射了"旅行者1号"，这个航天器将通过快速运行轨道飞向木星、土星和太阳系以外的星际空间。它于1979年3月5日和1980年3月12日先后与木星和土星相遇。

1978年

5月，英国星际协会发表了一篇关于"代达罗斯计划"的研究报告。根据这项理论研究，为了对"巴纳德"恒星进行探测，人类将在21世纪末发射一个单行机器人航天器。

1979年

12月24日，欧洲太空总署在位于法属圭亚那库鲁的圭亚那航天中心成功地发射了首枚"阿丽亚娜号"火箭，即"阿丽亚娜1号"火箭。

1980年

印度空间研究所在7月1日成功将一颗35千克的实验卫星（被叫作"罗西尼号"）发射升空，并使其进入低地球轨道。这次发射采用的发射装置是印度生产的四级火箭，这枚火箭使用固体推进剂。"标准发射器3号"（SLV-3）的成功发射，标志着从此以后印度也可以独立地对外层空间进行科学探索了。

1981年

4月12日，美国国家航空航天局从肯尼迪航天中心的39-A发射台发射了首次进行航天飞行的"哥伦比亚号"航天飞机。宇航员约翰·杨和罗伯特·克里彭（Robert Crippen）对这个新的航天器进行了全方位的测试。当这个航天器重新进入地球的大气层时，它在大气中滑行并像一架飞机一样降落在地球的表面。以前的航天器在返回地球时根本无法完成上述飞行操作。另外，以前的航天器只能使用一次，而"哥伦比亚号"航天飞机可以再一次进行航天飞行。

1986年

1月24日，美国国家航空航天局发射的"旅行者2号"与天王星相遇。

1月28日，"挑战者号"航天飞机从美国国家航空航天局肯尼迪航天中心起飞，开始了它的最后一次航天飞行。在进入STS51-L任务状态仅仅74秒钟的时候，一场致命的爆炸发生了。结果，航天飞机上的宇航员全部遇难，航天飞机也由于爆炸发生了解体。以罗纳德·里根总统（Presedent Ronald Reagan）为代表的全体美国人对在"挑战者号"事故中遇难的7名宇航员表达了深深的悼念。

1988年

9月19日，以色列使用一个"彗星号"三级火箭将这个国家的首枚卫星（被叫作"地平线1号"）发射到一个特殊的运行轨道上。在这条特殊轨道上运行的天体将会自东向西旋转，这与地球自转的方向正好相反，这样做完全是出于发射安全方面的考虑。

9月29日，"发现号"航天飞机成功发射升空，这次航天飞行主要是为了完成STS-26航天任务。在"挑战者号"失事后，美国国家航空航天局在时隔32个月后再一次将"发现号"航天飞机投入使用。

1989年

8月25日，"旅行者2号"与海王星相遇。

1994年

1月末，由美国国防部和美国国家宇航局联合建造的高科技航天器"克莱门汀号"离开了范登堡空军基地向月球进发。这个航天器传回的一些数据显示：月球表面实际上拥有大量的固态水资源，分布在终年不见阳光的两极地区。

1995年

2 月，"发现号"航天飞机在完成美国国家航空航天局的 STS-63 号航天任务时，到达了俄罗斯的和平（米尔）宇宙空间站，这也成为国际空间站发展的序曲。宇航员艾琳·玛丽·柯林斯（Eileen Marie Colins）成为有史以来第一位女航天飞行员。

3 月 14 日，俄罗斯从拜科努尔航天发射基地向和平（米尔）空间站发射了"联盟 TM-21 号"宇宙飞船。宇宙飞船上的 3 名宇航员中还包括美国宇航员诺曼·萨加德（Norman Thagard）。诺曼·萨加德是首位乘坐俄罗斯火箭来到外层空间旅行的美国人，他还是第一位在和平（米尔）空间站工作的美国人。"联盟 TM-21 号"上的宇航员还替换了此前一直在和平（米尔）空间站进行工作的宇航员，其中包括宇航员瓦列里·波利亚科夫（Valeri Poliakov），他创造了在太空中停留长达 438 天的世界纪录，并于 3 月 22 日返回地球。

6 月下旬，美国国家航空航天局的"亚特兰蒂斯号"宇宙飞船首次与俄罗斯的和平（米尔）空间站实现了对接。在执行 STS-71 号航天任务的过程中，"亚特兰蒂斯号"将第 19 组宇航员［阿纳托利·索洛维约夫（Anatoly Solovyev）和尼古拉·布达林（Nikolai Budarin）］送到和平（米尔）空间站，然后将此前一直在和平（米尔）空间站工作的第 18 组宇航员（包括美国宇航员诺曼·萨加德在内）接回地球。诺曼·萨加德在和平（米尔）空间站一共停留了 115 天。飞船与和平（米尔）空间站的对接项目是国际空间站第一阶段的任务。在 1995—1998 年间，飞船与和平（米尔）空间站一共进行了 9 次对接。

1998年

1 月初，美国国家航空航天局从卡纳维拉尔角向月球发射了月球探测器。从飞船传回的数据进一步证实了人们的猜想：在终年见不到阳光的月球两极地区拥有大量的固态水资源，这些冰块中还包含大量的尘埃。

12 月初，"奋进号"航天飞机从美国国家航空航天局的肯尼迪航天中心被发射升空，从而开始了国际空间站的第一次组装任务。在执行 STS-88 号太空任务的过程中，"奋进号"与俄罗斯此前发射的"曙光号"太空舱相会合。两国的宇航员将这个太空舱与美国建造的"联合号"太空舱对接在一起。此前,"联合号"太空舱一直被放置在"奋进号"航天飞机的货舱里。

1999年

7月,在执行STS-93号航天任务时,宇航员艾琳·玛丽·柯林斯成为第一位女性航天指挥员。搭载了美国国家航空航天局的钱德拉X射线太空望远镜的"哥伦比亚号"航天飞机进入了预定轨道。

2001年

4月初,美国国家航空航天局向火星发射了"火星奥德赛2001号"火星探测器。同年10月,该飞船成功地实现了围绕火星飞行。

2002年

5月4日,美国国家航空航天局从范德堡空军基地成功发射了"水号"探测卫星。这个结构复杂的地球观测卫星将与"土号"卫星共同完成针对地球进行的系统科学研究。

10月1日,美国国防部成立了美国战略指挥中心,这个中心将控制所有美国的战略武器(核武器)。同时,它还负责进行太空军事行动、战略预警和情报评估。此外,它还负责美国全球战略计划的制定。

2003年

2月1日,在成功地完成了为期16天的(STS-107)太空探测任务以后,"哥伦比亚号"航天飞机开始返回地球。在返回途中,当飞行到美国西部上空海拔63千米处时,"哥伦比亚号"航天飞机遭遇了一次灾难性的事故。结果,这个航天器在18倍声速的高速状态下解体了。这次事故夺走了所有7名宇航员的生命。其中的6名美国宇航员分别是:里克·哈兹班德(Rick Husband)、威廉·麦库(William McCool)、迈克尔·安德森(Michael Anderson)、卡尔帕娜·楚拉(Kalpana Chawla)、劳瑞尔·克拉克(Laurel Clark)和大卫·布朗(David Brown);还有1名以色列宇航员伊兰·拉蒙(Ilan Ramon)。

6月10日，美国国家航空航天局利用德尔塔Ⅱ型火箭将"勇气号"火星探测车发射升空。"勇气号"也被称为MER-A，它于2004年1月3日安全抵达了火星表面，并且在喷气推进实验室技术人员的远程监控下开始对火星表面进行探索活动。

美国国家航空航天局利用德尔塔Ⅱ型火箭发射了第二个火星探测车。这个探测车也被称为"机遇号"。它于2003年7月7日从卡纳维拉尔角空军基地被发射升空。"机遇号"也被叫作MER-B，它在2004年1月24日成功地登陆了火星。

10月15日，中国成为继俄罗斯（苏联）和美国之后第三个使用自主研发的发射器把人类送入环地球轨道的国家。10月15日，中国"长征2F号"火箭从酒泉卫星发射中心起飞，把载有航天员杨利伟的"神舟五号"飞船送入环地球轨道。10月16日，飞船重新进入大气层，杨利伟在中国内蒙古着陆场安全着陆。

2004年

7月1日，美国国家航空航天局的"卡西尼号"航天器抵达了土星，并开始了长达4年的全方位土星科学研究。

10月中旬，"远征号"的第10组宇航员乘坐从拜科努尔发射基地起飞的俄罗斯航天器到达国际空间站。"远征号"的第9组宇航员安全地返回了地球。

12月24日，重达319千克的"惠更斯号"探测器成功地实现了与"卡西尼号"宇宙飞船的分离，并且飞向土星的卫星土卫六。

2005年

1月14日，"惠更斯号"探测器进入了土卫六的大气层，并于大约147分钟后到达土卫六的表面。"惠更斯号"是第一个在月球之外的卫星上着陆的宇宙飞船。

7月4日，美国国家航空航天局的深度撞击探测器到达了"坦普尔1号"彗星的表面。

7月26日，美国国家航空航天局从佛罗里达州肯尼迪航天中心成功发射了"发现号"航天飞机，"发现号"将执行STS-114号太空探测任务。在与国际空间站对接以后，"发现号"又返回了地球，并于8月9日降落在加利福尼亚州爱德华空军基地。

8月12日，美国国家航空航天局从佛罗里达州的卡纳维拉尔角发射了火星探测卫星。

9月19日，美国国家航空航天局宣布将设计一个新的航天器，把4名宇航员送往月球。同时，美国国家航空航天局还将利用这个航天器将宇航员和物资运往国际空间站。美国国家航空航天局还向人们介绍了两个由航天飞机发展而来的新航天发射器：一个载人火箭和一个载重量极大的载物火箭。

10月3日，"远征号"的第12组宇航员〔指挥官威廉·麦克阿瑟（William McArthur）和航天飞行工程师瓦列里·托卡雷夫（Valery Tokarev）〕到达了国际空间站，并且替换了"远征号"的第11组宇航员。

10月12日，中国成功地发射了第二艘载人飞船，即"神舟六号"。"神舟六号"的2名宇航员分别是费俊龙和聂海胜，他们在太空停留了将近5天的时间，并在围绕地球飞行了76圈以后安全地返回了地球。在降落伞装置的帮助下，返回舱在预定区域实现了软着陆。

2006年

1月15日，美国国家航空航天局的"星尘号"宇宙飞船携带着装有彗星样本的样本包成功地返回了地球。

1月19日，美国国家航空航天局从卡纳维拉尔角发射了"新视野号"宇宙飞船，并成功将这个机器人航天器发射到较长的单行轨道中。这种设计主要是为了保证它在2015年与冥王星系统在太空相遇。同时，这也是为了探索更遥远的柯伊伯带的部分区域。

2月22日，根据美国国家航空航天局的哈勃太空望远镜提供的观测数据，科学家们得出结论：在遥远的冥王星的周围的确存在两颗新卫星。这两颗卫星暂时被称作S/2005P1和S/2005P2。它们在2005年5月被哈勃太空望远镜首次发现。但是科研小组想要对冥王星星系做深入的研究，以便概括出这些新卫星的轨道特征，并最终证实此前的发现。

3月9日，美国国家航空航天局的科学家宣称："卡西尼号"航天器可能在土星的卫星土卫二上找到存在液态水的证据。这些水源就像黄石国家公园内的间歇泉一样不定期地向外喷水。

3月10日，美国国家航空航天局的火星探测器成功地抵达了火星，在对火星进行近距离拍摄之前，它首先要调整运行轨道的形状，这一工作持续6个月的时间。

4月1日，"远征号"的第13组宇航员〔指挥官帕维尔·维诺格拉多夫（Pavel Vinogradov）和航天飞行工程师杰弗里·威廉姆斯（Jeffrey Williams）〕到达了国际空间站，他们接替了"远征号"的第12组宇航员。在随第12组宇航员返回地球之前，巴西的首位宇航员马科斯·庞特斯（Marcos Pontes）在国际空间站逗留了几天。

8月24日，国际天文联合会（IAU）的会员国在捷克布拉格召开了该组织2006年度的大会。经过激烈的辩论，2 500名与会的天文学家（通过投票）决定：将冥王星从九大行星的行列清除，并将它列入矮行星这个新的级别当中。国际天文联合会的决定使太阳系成为包括八大行星和三个矮行星的星系。这三个矮行星分别是：冥王星（也叫原型矮行星）、谷神星（最大的小行星）和被称为2003 UB313(昵称为齐纳）的遥远的柯伊伯带天体。科学家预测：在太阳系的遥远区域内会发现其他的矮行星。

鸣　谢

在这里，我要感谢为本书提供公共信息的专家们，他们分别来自：美国国家
航空航天局（NASA）、美国国家海洋和大气管理局（NOAA）、美国空
军（USAF）、美国国防部（DOD）、美国能源部（DOE）、美国国家侦察局
（NRO）、欧洲航天局（ESA）和日本宇宙航空研究开发机构（JAXA）。在本丛书
的筹备过程中，这些专家提供了大量的技术材料。在这里，还要特别感谢弗兰克·达
姆施塔特和 Facts On File 出版公司的其他编辑为本书的问世所作出的贡献。正是
由于他们的精心润色，使本丛书从理论性很强的著作转变为可读性极强的科普读物。
在这里，还要特别提及另外两位为本书作出贡献的重要人物：首先我要提到的是我
的私人医生查理斯·斯图尔特博士，正是他的高超医术使我在进行本丛书的撰写工
作时始终保持良好的身体状态；接下来我要提到的是我的妻子——琼，在过去的40
年里，正是她在精神上和感情上的支持使我在事业上获得了成功。对于本丛书的成
功问世，她是功不可没的。